● 高等学校水利类专业教学指导委员会
● 中国水利教育协会　　共同组织编审
● 中国水利水电出版社

普通高等教育“十二五”规划教材
全国水利行业规划教材

U0792231

水资源规划与管理

（第二版）

左其亭　窦明　吴泽宁　编著

中国水利水电出版社
www.waterpub.com.cn

内 容 提 要

水资源规划与管理是水利部门的重点工作内容之一，是人类在长期水事活动实践过程中形成和发展起来的一门分支学科。本书从水资源规划与管理一般概念叙述到基础理论知识介绍，从量化研究方法论述再到水资源规划与管理方案和措施制定，试图在总结传统水资源规划与管理相关理论的基础上，以可持续发展思想、人水和谐思想、最严格水资源管理制度、水生态文明理念为指导，系统地阐述水资源规划与管理的理论、方法及应用实例，从而为现代水资源规划与管理工作提供科学的研究思路和研究方法。本书是在2005年出版的《水资源规划与管理》（中国水利水电出版社，2005）教材的基础上，结合多年教学实践，并增添新的水资源规划与管理思想和成果，重新撰写的第二版《水资源规划与管理》本科教材。

本书可作为水利工程类、资源科学类、地理科学类、环境工程类、市政工程类等专业本科生教材，也可供上述专业的研究生和教师以及相关专业的科技工作者参考和使用。

图书在版编目（CIP）数据

水资源规划与管理 / 左其亭，窦明，吴泽宁编著. -- 2版. -- 北京 : 中国水利水电出版社，2014.4(2022.1重印)
普通高等教育“十二五”规划教材 全国水利行业规划教材
ISBN 978-7-5170-1918-3

Ⅰ. ①水… Ⅱ. ①左… ②窦… ③吴… Ⅲ. ①水资源管理－高等学校－教材 Ⅳ. ①TV213.4

中国版本图书馆CIP数据核字(2014)第075582号

书名	普通高等教育“十二五”规划教材 全国水利行业规划教材 **水资源规划与管理（第二版）**
作者	左其亭 窦明 吴泽宁 编著
出版发行	中国水利水电出版社 （北京市海淀区玉渊潭南路1号D座 100038） 网址：www.waterpub.com.cn E-mail：sales@waterpub.com.cn 电话：（010）68367658（营销中心）
经售	北京科水图书销售中心（零售） 电话：（010）88383994、63202643、68545874 全国各地新华书店和相关出版物销售网点
排版	中国水利水电出版社微机排版中心
印刷	清淞永业（天津）印刷有限公司
规格	184mm×260mm 16开本 15印张 356千字
版次	2005年5月第1版 2005年5月第1次印刷 2014年4月第2版 2022年1月第4次印刷
印数	9001—11000册
定价	**43.00**元

第二版前言

随着人口增长、经济社会发展，对水资源的需求量不断增加，水资源短缺和水环境污染问题日益突出，严重地困扰着人类的生存和发展。水问题已不再仅限于某一地区或某一时段，而成为全球性、长期的关注焦点。如何应对水问题，不仅要靠科学技术和经济基础来保障，更要靠水行政主管部门的合理规划和科学管理。水资源规划与管理正是在这一背景下形成的，它是水利工作的重要组成部分，对水资源的合理开发利用、优化调配和有效保护具有重要的指导作用。

为了配合水资源规划与管理课程教学，作者在总结多年相关教学经验和多个科研项目成果的基础上，于2005年编写出版了《水资源规划与管理》教材，力图向读者展现一个现代的、科学的、完善的水资源规划与管理理论方法体系。不同于传统的理论方法，该书讲解的水资源规划与管理理论方法，是以可持续发展为基本指导思想，通过科学的规划与管理，为经济社会发展和生态环境保护提供水资源保障，实现水资源在当代人之间、当代人与后代人之间以及人类社会与生态环境之间公平合理的分配。第一版《水资源规划与管理》教材的内容共分四部分，包括十二章，各章主要按照水资源规划与管理的工作流程来编排。

自从2005年5月出版第一版《水资源规划与管理》教材以来，时间已经过去近9年，相关内容发生了很大的变化，非常有必要增加新的内容，重新撰写该教材。变化的内容主要表现在：①水资源规划与管理的指导思想发生较大的变化。在第一版中引用当时最新的可持续发展指导思想。而目前提出的指导思想除了可持续发展指导思想外，还有人水和谐思想、最严格水资源管理制度、水生态文明理念等；②水资源规划与管理的工作方法及实践经验更加丰富。在第一版中主要总结了2005年以前的水资源规划与管理工作方法和经验，而从2005年以来的近9年间，水资源规划与管理的内容发生很大的变化，特别是对一些认识更加深入；③水资源规划与管理工作的成功案例越来越多。在第一版中介绍的案例较少，当时正是全国水资源综合规划编制时期，成功案例较少，而目前在很多地区做过水资源规划工作，可以把这些成功案例编入教材中。

本书内容共分三部分，包括十一章。第一章由左其亭撰写，第二章由窦明撰写，第三章由左其亭、马军霞撰写，第四章由左其亭、张金萍撰写，第五章由吴泽宁、梁士奎撰写，第六章由梁士奎撰写，第七章由张金萍撰写，第八章由窦明撰写，第九章由吴泽宁、张金萍撰写，第十章由左其亭撰写，第十一章由左其亭、马军霞撰写。全书由左其亭统稿。

第一部分内容包括第一、二、三章，是对水资源规划与管理的概念、意义及主要内容，以及指导思想的介绍。

第二部分内容包括第四～九章，是对水资源规划与管理基础内容、理论方法的介绍。详细介绍了水资源规划与管理的重要基础——水资源评价的主要内容，水资源规划与管理的4个基础内容——需水预测、供水预测、节约用水、水资源保护，以及水资源系统分析方法及应用。

第三部分内容包括第十、十一章，是对水资源规划与管理两方面工作内容和方法的介绍。详细介绍了水资源规划的工作流程、方案制定和报告书编写，以及水资源管理的工作流程、方案制定和主要管理措施等。

本书具有以下特点：

（1）系统性。本书从概念、定性分析开始，先介绍水资源规划与管理的理论基础知识，在此基础上介绍水资源规划与管理的工作内容及相关问题。

（2）思想先进性。本书及时吸纳了水资源规划与管理的新思想，包括可持续发展思想、人水和谐思想、最严格水资源管理制度、水生态文明理念等。

（3）技术方法先进性。本书就目前广泛关注的热点问题（如人水和谐、最严格水资源管理制度、生态环境需水、水资源系统分析等）进行论述。

（4）理论与实践相结合。本书除了介绍基本知识、理论方法外，还增加介绍一些具体应用实例。

在本书的每章最后列出了思考题和参考文献，特别是为了便于与国际接轨，包括了一些需要广泛查阅资料才能完成的课程论文，以帮助巩固所学内容。

本书的编写参阅了作者研究团队的大量研究成果，除了第一版《水资源规划与管理》列举的研究课题外，自2005年以来作者研究团队又承担了一些有关的研究课题。特此向关心和支持作者教学、科研工作的所有单位和个人表示衷心的感谢！感谢出版社同仁为本书出版付出的辛勤劳动。书中部分内容参考了有关单位或个人的研究成果，均已在参考文献中列出。另外，在撰写过程中，还参考或引用了《中华人民共和国水法》、《江河流域规划编制规范》、《水资源评价导则》、《地表水资源质量标准》、《全国水资源综合规划技术大纲》、《水资源公报》等多个法规、标准及其他技术文件，在文中未全部列出，在此一并致谢。

书中的错误和不妥之处，恳请读者批评指正。

作　者

2013年10月

第一版前言

随着人口增长、社会经济发展，对水资源的需求量不断增加，水资源短缺和水环境污染问题日益突出，严重地困扰着人类的生存和发展。水问题已不再仅限于某一地区或某一时段，而成为全球性、跨世纪的关注焦点。

如何应对水问题，不仅要靠科学技术和经济基础来保障，更要靠水行政主管部门的合理规划和科学管理。水资源规划与管理正是在这一背景下形成的，它是水利工作的重要组成部分，对水资源的合理开发利用、优化调配和有效保护具有重要的理论指导意义。作者在总结多年相关教学经验和多个科研成果的基础上编写了此书，力图向读者展现一个现代的、科学的、完善的水资源规划与管理理论体系。

不同于传统的理论方法，本书讲解的水资源规划与管理理论方法，是以可持续发展为基本指导思想，通过科学的规划与管理，为社会经济的发展和生态环境的保护提供水资源保障，实现水资源在当代人之间、当代人与后代人之间以及人类社会与生态环境之间公平合理的分配。

本书内容分四部分，包括十二章，各章主要按照水资源规划与管理的工作流程来编排。第一、六、九、十、十一章由左其亭撰写，第二、三、五、七、十二章由窦明撰写，第四、八章由吴泽宁撰写。全书最后由左其亭、窦明统稿，吴泽宁校订。

第一部分内容包括第一章和第二章，是对水资源规划与管理基本概念及相关内容的简单介绍。

第一章为绪论，是对全书的铺垫。首先，综述了国内外水资源开发利用现状；接着，提出当前世界与中国所面临的水资源问题及其引起的社会影响；最后，说明了水资源规划与管理工作的重要性，并提出对当前水资源规划与管理工作的要求。

第二章是对水资源规划与管理内容的简单概述。首先，分别阐述了水资源规划与水资源管理的概念、内涵、原则等基础内容；接着，比较水资源规划与水资源管理之间的联系和区别，并给出水资源规划与管理的整体工作流程；最后，介绍了可持续发展和可持续水资源管理的概念和由来，论述了可持续发展对水资源规划与管理的指导意义。

第二部分内容包括第三章～第九章，是对水资源规划与管理涉及的理论基础知识的介绍。详细介绍了水资源规划与管理工作流程中的某一具体方面及所用到的基础知识和理论方法。由于面向可持续发展的水资源规划与管理是架构在社会经济—水资源—生态环境复合大系统之下，因此在各章中分别涉及到其中某一方面的基础内容。

第三章为水循环过程与水资源量。首先，简要介绍了自然界的水循环过程及水量平衡原则；接着，介绍了天然状况下的水资源转化过程和人类活动对水资源转化过程的影响；最后，从水循环机理出发，介绍了水资源量的组成与估算方法。

第四章为社会经济系统发展预测。主要从社会经济—水资源—生态环境复合大系统中的社会经济系统入手。首先，讨论了社会经济发展与水资源的关系；接着，介绍了反映社会经济系统发展的指标体系和社会经济系统发展的预测方法；最后，给出社会经济发展规划的内容和步骤。

第五章为生态环境与水资源保护。从社会经济—水资源—生态环境复合大系统中的生态环境角度入手。首先，介绍了生态环境与水资源之间的关系；接着，针对水资源的水质和水量双重属性，分别介绍了水环境容量和生态环境需水量的计算方法；最后，在总结上述方法的基础上，介绍了水资源保护的工作内容和流程。

第六章为水资源评价。水资源评价是水资源规划与管理的基础工作之一，该章简要介绍了水资源评价的内容和要求，并重点论述了水资源数量评价和水资源质量评价的内容和方法。

第七章为水资源供需分析。水资源问题的核心是水的供需关系，因此在对水资源评价的基础上，必须着眼于如何解决水资源的供需矛盾。本章首先介绍了水资源开发利用现状分析的工作内容和步骤；接着，分别说明需水预测和供水预测的内容和方法；最后，介绍水资源供需平衡分析的基本思路和内容。

第八章为水资源系统分析方法。由于水资源规划与管理是一项涉及社会、经济、水资源、环境等多方面的系统工程，因此运用系统科学的理论方法来寻求解决水资源规划与管理工作中所出现的问题的最优方案是十分必要的。本章首先介绍了水资源系统的结构、功能与特征；其次，叙述了水资源系统分析的步骤、目标和约束；再次，介绍了水资源系统分析模型的建立步骤和系统识别方法；最后，介绍了水资源系统分析中两种常用的优化技术——解析技术与计算机模拟技术。

第九章为可持续发展的量化研究方法。本章首先从社会—经济—资源—环境相互协调的角度，说明了可持续发展思想对水资源规划与管理的指导意义；接着，介绍了可持续发展的量化准则与量化指标；最后，阐述了基于“社会净福利函数”和基于“发展综合指标测度”的可持续发展量化方法。

第三部分内容包括第十章和第十一章，是对水资源规划与管理两方面工作的内容和方法的详细介绍。

第十章为水资源规划。首先，介绍了水资源规划的指导思想和工作流程；其次，建立了水资源可持续利用优化配置模型；再次，叙述了水资源规划方案的比选原则及规划内容；最后，简单介绍了乌鲁木齐区域水资源优化配置研究的应用实例。

第十一章为水资源管理。首先，介绍了水资源管理的工作流程；其次，建立了可持续水资源管理的量化准则、指标体系和量化研究方法，为可持续水资源管理提供了量化研究基础；再次，给出了水资源管理的具体措施；最后，介绍了博斯腾湖流域可持续水资源管理研究的应用实例。

第四部分内容包括第十二章，是对水资源规划与管理工作的展望。

第十二章为水资源规划与管理的新理念。首先介绍了当前与水资源规划和管理有关的一些比较新颖的概念、观点；接着又介绍了高新技术在水资源规划与管理中的应用；最后对水资源规划与管理进行展望，指出将来的研究方向和重点。

本书具有以下特点：①系统性。本书从概念、定性分析开始，先介绍水资源规划与管理的基础理论知识，在此基础上进一步介绍水资源规划与管理的工作内容及相关问题。②面向可持续发展。以可持续发展为基本指导思想，阐述水资源规划与管理问题。③定量化研究。提出了可持续发展的量化方法以及水资源规划与管理的优化模型，并应用于实际。④先进技术方法的采用。本书就目前广泛关注的水问题（如可持续水资源管理、水资源承载能力、生态环境需水等）进行论述，还对水资源管理信息系统、“3S”等技术方法在水资源规划与管理中的应用作了简单介绍。

本书是在《面向可持续发展的水资源规划与管理》（左其亭、陈曦著，中国水利水电出版社，2003）专著的基础上，结合多年试用的《水资源规划与管理》讲义，不断总结完善后撰写而成的，是专门面向相关专业本科生教学的教材，也可作为某些专业研究生教材。在本书的每章后面列出了思考题，特别是便于与国际接轨，包括一些需要广泛查阅资料才能完成的试题，以帮助读者巩固所学内容。

本书的编写得到了水资源与水电工程科学国家重点实验室开放基金(2003B007)、河南省杰出青年科学基金（512002500)、中国科学院新疆生态与地理研究所“绿洲学者计划”、河南省青年骨干教师资助计划的资助。特此向支持和关心作者教学、科研工作的所有单位和个人表示衷心的感谢！感谢出版社同仁为本书出版付出的辛勤劳动。书中部分内容参考了有关单位或个人的研究成果，均已在参考文献中列出。另外，在撰写过程中，还参考或引用了《中华人民共和国水法》、《江河流域规划编制规范》、《水资源评价导则》、《地表水资源质量标准》、《全国水资源综合规划技术大纲》等多个法规、标准及其他技术文件，在文中未全部列出，在此一并致谢。

由于水资源规划与管理工作的复杂性和特殊性，编撰本书确实有一定难度。特别是作者水平所限，书中错误和缺点在所难免，欢迎广大读者不吝赐教。

作 者

2005 年元旦

目 录

第一章　绪　　论

水，是生命之源，是自然环境和生态系统不可替代的要素，又是人类经济社会可持续发展的基础条件。然而，随着人口与经济的增长，对水资源的需求量在不断增加，随之而来的水资源短缺、水环境恶化等问题，也越来越严重地困扰着人类的生存和发展。历史发展到今天，水问题已不再仅限于某一地区或某一时段，而成为全球性、长期的关注焦点。正如联合国在 1997 年《对世界淡水资源的全面评价》报告中提到的那样，“缺水问题将严重地制约 21 世纪经济和社会发展，并可能导致国家间的冲突”，水资源危机已经成为继粮食危机、能源危机之后，人类社会所面临的又一大生存危机。

如何应对这些水问题，不仅要靠科学技术和经济基础来保障，更要靠水行政主管部门的合理规划和科学管理。“水资源规划与管理”正是在这一背景下形成的，它是水利工作的重要组成部分，对水资源的合理开发利用、优化调配和有效保护具有重要的指导作用。

第一节　水资源的概念与特点

一、水资源的概念

随着 1894 年美国地质调查局水资源处的成立，“水资源”一词正式出现并被广泛接纳。在经历了人类不同发展时期后，出现了对水资源的不同界定，其内涵也得到不断的充实和完善[1]。在《英国大百科全书》中，水资源被定义为“全部自然界任何形态的水，包括气态水、液态水和固态水”。这个定义为水资源赋予了极其广泛的内涵，却忽略了资源的使用价值。在 1963 年英国的《水资源法》中，水资源又被定义为“具有足够数量的可利用水资源”，在这里则强调了水资源的可利用性特点。1988 年，在联合国教科文组织（UNESCO）和世界气象组织（WMO）共同制定的《水资源评价活动——国家评价手册》中，水资源则更详细地被定义为“可以利用或有可能被利用的资源，具有足够数量和可用的质量，并在某一地点为满足某种用途而可被利用”。当然，这也不是对水资源的最终定义，许多学者对水资源有其个人的见解，如《水资源学概论》中介绍的几个观点[2]：

● 降水是大陆上一切水分的来源，但降水只是一种潜在的水资源，只有降水量中可被利用的那一部分才是真正的水资源（张家诚）。

● 从自然资源的观点出发，水资源可定义为与人类生产与生活（有关）的天然水源（刘昌明）。

● 一切具有利用价值，包括各种不同来源或不同形式的水，均属水资源范畴（陈梦熊）。

● 水资源主要指与人类社会用水密切相关而又能不断更新的淡水，包括地表水、地下水和土壤水，其补给来源为大气降水（贺伟程）。

● 作为维持人类社会存在并发展的重要自然资源之一的水资源应该具有下列特性：

①可以按照社会的需要提供或有可能提供的水量；②这个水量有可靠的来源，且这个来源可以通过自然界循环不断得到更新或补充；③这个水量可由人工加以控制；④这个水量及其水质能够适应人类用水的要求（陈家琦）。

综上所述，可以认为水资源的概念存在着广义和狭义之分。广义的水资源，是指人类能够直接或间接利用的地球上的各种水体，包括天上的降水、河湖中的地表水、浅层和深层的地下水（包括土壤水）、冰川、海水等[3]。

狭义的水资源，是指与生态环境保护和人类生存与发展密切相关的、可以利用的、而又逐年能够得到恢复和更新的淡水，其补给来源为大气降水。该定义反映了水资源具有下列性质：①水资源是生态环境存在的基本要素，是人类生存与发展不可替代的自然资源；②水资源是在现有技术、经济条件下通过工程措施可以利用的水，且水质应符合人类利用的要求；③水资源是大气降水补给的地表、地下产水量；④水资源是可以通过水循环得到恢复和更新的资源[4]。

对于某一流域或局部地区而言，水资源的含义则更为具体。广义的水资源就是大气降水，地表水资源、土壤水资源和地下水资源是其三大主要组成部分。对于一个特定范围，水资源主要有两种转化途径：一是降水形成地表径流、壤中流和地下径流并构成河川径流，通过水平方向排泄到区外；二是以蒸发和散发的形式通过垂直方向回归到大气中。因为河川径流与人类的关系最为密切，故将它作为狭义水资源。这里所说的河川径流包括地表径流、壤中径流和地下径流。水资源的一般组成如图 1-1 所示。

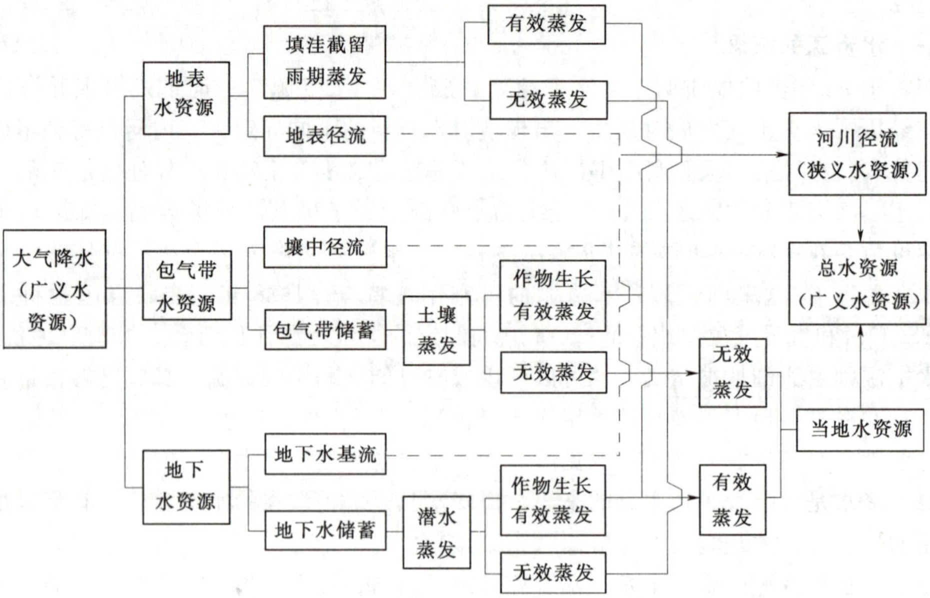

图 1-1　流域水资源组成示意图[4]

从图 1-1 中可以看出，常说的“水资源”（或计算的水资源量）有两种不同的含义。一般在流域或区域水资源规划中，常常用到的是狭义水资源，即河川径流。另外，为了避开人类活动的影响，便于对比分析，人们又经常计算天然状态下的水资源量，并将其作为一个流域或区域水资源规划或配置的基础流量。本书在没有特别说明的情况下均把天然状态下的河川径流作为水资源量来计算。

二、水资源的特性

水资源是人类和所有生物不可缺少的一种特殊的自然资源。它具有以下特性[5]。

1. 流动性

自然界中所有的水都是流动的，地表水、地下水、土壤水、大气水之间可以互相转化，这种转化是永无止境的，没有开始也没有结束。这一特性是由水资源自身的物理性质决定的。也正是由于水资源这一固有特性，才使水资源可以恢复和再生，为水资源的可持续利用奠定了物质基础。

2. 可再生性

自然界中的水不仅是可以流动的，而且是可以补充更新的，处于永无止境的循环之中。这就是水资源的可再生性。具体来讲，水资源的可再生性是指水资源在水量上损失（如蒸发、流失、取用等）后和（或）水体被污染后，通过大气降水和水体自净（或其他途径）可以得到恢复和更新的一种自我调节能力。这是水资源可供永续开发利用的本质特性。

3. 多用途性

水是一切生物不可缺少的资源。不仅如此，人类还广泛地利用水，使水有多种用途，比如，工业生产、农业生产、水力发电、航运、水产养殖等用水。人们对水的多用途性的认识导致其对水资源依赖性日益加深，特别是在缺水地区，为争水而引发的矛盾或冲突时有发生。水的多用途性是人类开发利用水资源的动力，也是水被看作一种极其珍贵资源的缘由，同时也是水矛盾产生的外在因素。

4. 公共性

水是流动的，不能因为水流经本地区就认为水归本地区所有，要把水资源看成是一种公共资源，这是由水资源的自然属性所决定的。另外，许多部门、行业都使用水，也要求把水资源看成是一种公共资源，这是由水资源的社会属性决定的。自 2002 年 10 月 1 日起施行的《中华人民共和国水法》第三条明确规定，“水资源属于国家所有。水资源的所有权由国务院代表国家行使”；第二十八条规定，“任何单位和个人引水、截（蓄）水、排水，不得损害公共利益和他人的合法权益”。

5. 利与害的两重性

水是极其珍贵的资源，给人类带来很多利益。但是，如果水的集中过快（如暴雨洪水）、过多（如洪涝）时，又会给人类带来灾害。人们常说，水是一把双刃剑，比金珍贵，又凶猛于虎。这就是水的利与害的两重性。人类在开发利用水资源的过程中，一定要“用其利、避其害”。

6. 有限性

虽然水资源具有流动性和可再生性，但它同时又具有有限性。这里所说的“有限性”是指，“在一定区域、一定时段内，水资源量是有限的，即不是无限可取的”。从全球情况来看，地球水圈内全部水体总储存量达到 13.86 亿 km^3，绝大多数储存在海洋、冰川、多年积雪、两极和多年冻土中，现有的技术条件很难利用。便于人类利用的水只有

0.1065 亿 km^3，仅占地球总储存水量的 0.77%。也就是说，地球上可被人类所利用的水量是有限的。从我国情况来看，中国国土面积 960 万 km^2，多年平均河川径流量为 27115 亿 m^3。在河川径流总量上仅次于巴西、俄罗斯、加拿大、美国、印度尼西亚。再加上不重复计算的地下水资源量，我国水资源总量大约为 28124 亿 m^3。总而言之，人类每年从自然界可获取的水资源量是有限的。这一特性对我们认识水资源极其重要。以前，人们认为“世界上的水是无限的”，从而导致人类无序开发利用水资源，并造成水资源短缺、水环境破坏。事实说明，人类必须保护有限的水资源。

第二节　水资源的形成与转化

一、水循环与水资源形成

水循环，是指地球上各种形态的水，在太阳辐射、地心引力等作用下，通过蒸发、水汽输送、凝结降水、下渗以及径流等环节，不断地发生相态转换和周而复始运动的过程。对水循环过程的描述如图 1-2 所示。水循环是联系大气圈、水圈、岩石圈和生物圈相互作用的纽带，形成自然界千差万别的水文现象，是水资源形成的基础。也正是由于水循环作用，水才处在永无止境的循环之中，使水成为一种可再生的资源。人类活动对自然界的改造（如城市化建设、土地开发利用），在一定程度上改变了水循环过程，进而影响到了水循环过程和水资源形成特征[5]。

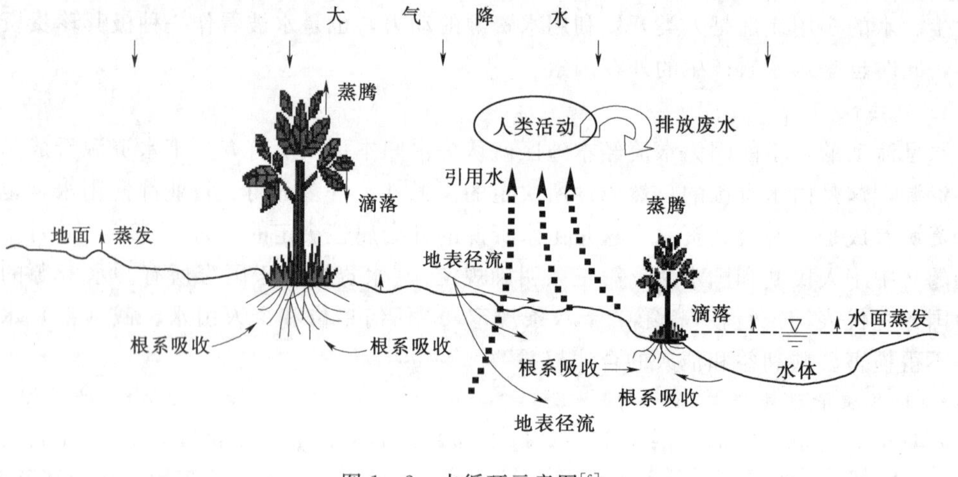

图 1-2　水循环示意图[6]

自然界的水循环一般包含蒸发、水汽输送、凝结降水、下渗以及径流等环节。本书所指的蒸发包括水面蒸发、陆地蒸发、植物蒸腾。水循环各环节及水资源形成介绍如下[5]。

1. 蒸发

蒸发是水分通过热能交换从固态或液态转换为气态的过程，是水分从地球地面和水体进入大气的过程[7]。蒸发过程是水循环的重要环节，陆地上年降水量的 66% 是通过蒸发（包括蒸腾）返回大气的。

影响蒸发的因素很多。首先它取决于热能的供应（如太阳辐射），蒸发 1g 水约需

2.5kJ热量。其次，它必须有水汽运动机制，主要取决于水汽梯度。另外，还受水温、气温、风、气压、太阳辐射等气象因素的影响。这些因素综合作用影响着蒸发过程及蒸发量大小。因此，计算蒸发量不是一件易事。尽管如此，还是有很多方法可以测定或计算蒸发量，主要包括：器测法、经验公式法、微气象学方法（如能量平衡法、空气动力学法、能量平衡——空气动力学法）和遥感法等。

2. 水汽输送

水汽输送，是指大气中的水汽由气流携带着从一个地区上空输送到另一个地区的过程。它揭示了一个地区上空水汽输送的源地、水汽输送路径、水汽输送强度、水汽输送场的结构以及它们随时间的变化[8]。

陆地和海洋表面的水经蒸发后，如果不经过水汽输送就只能降落到原地，不会形成地区间或全球水循环。而实际上，蒸发返回大气中的水分通过水汽输送可能会降落到其他地方，增加了水循环的复杂性和多样性。

大气中的水汽含量虽然只占全球水循环系统中总水量的1.53%，但却是全球水循环过程中最活跃的成分。全球大气水更新一次平均只需8天，即一年中大气中的水汽可更新45次，其更新速度远快于其他任何水体。正是由于大气中的水汽如此活跃的更新和输送，才实现了全球各水体间的水量连续转换和更新[8]。

3. 降水

降水是水汽在大气层中的微小颗粒周围进行凝结，形成雨滴，再降落到地面的过程。因此，降水主要来自于大气中的云。但有云并不一定能形成降水，因为云滴的体积很小，不能克服空气的阻力和上升气流的顶托。只有当云滴增长为雨滴并足以克服空气阻力和上升气流的顶托时，在降落至地面的过程中才不致被蒸发掉时，降水才能形成[8]。

降水是水循环中一个十分重要的过程，自然界中的水资源或能被人类所利用的水资源均来自于大气的降水。因此，人们在计算水资源量时，常常把降水量看作是一个地区或流域的“广义水资源量”。

4. 下渗

降落到地面上的水并不是都能形成径流，可能有一部分水被蒸发掉，一部分下渗到地面以下，只有一部分会变成径流。下渗是地下径流和地下水形成的重要过程，它不仅直接决定着地面径流量的大小，同时也影响着土壤水分的增长和地下径流的形成。下渗的物理过程分为渗润、渗漏和渗透三个阶段。其中前两个阶段属于非饱和水流运动，而渗透属于饱和水流运动。

影响下渗的因素很多，主要有：土壤因素（包括土壤均质性、土壤质地和孔隙率等）、土壤初始含水率、地表结皮（表土结皮能减少入渗量）、降雨因素（包括雨型、降雨强度等）和下垫面因素（包括植被、坡度、坡向、耕作措施等）等。

5. 径流（形成水资源）

径流又称为河川径流，亦即地表径流和地下径流、壤中流之和。在大气降水降到地面以后，一部分水分通过蒸发返回到大气；一部分通过下渗进入到土壤（包括植物吸收、壤中流）；一部分可能蓄积在地表低洼处；剩余的水量在一定条件下可能会形成地表径流。当下渗的水量达到一定程度后会形成地下径流。河川径流是由地面和地下（包括土壤）汇流到河槽并沿河槽流动的水流的统称。

地表径流过程，以降雨补给的河流为例，可以分为降水过程、蓄渗过程、坡地漫流过程、河槽集流过程四个阶段。地表径流量，等于降水总量减去地表蓄水量和下渗量、蒸发量。影响径流量大小的主要因素包括：流域气象条件（如降水、蒸发、气温、湿度、风等）、地理位置、地形条件、植被以及人为因素（如水利工程、开垦、城市建设等）。人类活动对径流的形成过程和径流量大小的影响是显而易见的，比如，自然的流域区如果被建设成公路、广场和房屋密集的城市，使下垫面发生很大变化，就会直接影响到地表径流的形成。

地下径流过程，先由降水下渗到透水层形成地下水，再经过一段相当长的时间，通过渗透流动形成地下径流。它与地表径流不同，在数量和变化过程上表现得更稳定，流速也要比地表径流慢得多。其形成和变化也受气象、地理、地质、植被以及人为因素等的影响，但响应速度和受影响的程度明显小于地表径流。

二、水资源转化过程

天然情况下，水资源的转化过程主要表现在大气水、地表水、地下水之间的相互转化。大气降水是水资源的主要补给来源，降落到地面上的水在经过植物截流后，一部分产生径流流入河川、湖泊或水库形成地表水；一部分渗入到地下储存并运动于岩石的孔隙、裂隙或岩溶空洞中，形成地下水；还有一部分通过地球表面的蒸发返回到大气中。河流是水循环的主要途径，降水落到地面后，除了满足下渗、蒸发、截留、填洼等损失外，多余的水量以地面径流（又称漫流）的形式汇集成溪流，再由许多溪流汇集成江河。渗入到土壤和岩土中的水分，除一小部分被蒸发到大气中外，大部分成了地下水，储存于地下岩石的孔隙、裂隙和岩溶中，并以地下径流的形式运动，当运动到地势比较低的地方则以泉水的形式溢出。通常，把考虑了大气水、地表水与地下水之间由于水的循环和流动而引起的单向或双向补给的转化关系称为“三水”转化关系。如果再考虑土壤水的作用关系，则称为“四水”转化关系。

水资源的这种复杂转化关系在我国西北干旱地区表现最为明显。西北干旱地区高山和盆地相间的地形特征，形成了其特有的水循环系统，构成了相互之间没有直接水力联系的内陆河大小流域，水资源在流域水循环过程中补给、转化、耗散。通常河流上游山区为径流形成区，海拔较高且基本没有人类活动，径流沿程加大，水资源在形成转化的同时还支撑了山地生态系统。出山口以下为径流消失区，这里降水稀少，大部分地区基本不产流。径流出山后以地表水与地下水两种形式相互转换，其间不断地蒸散发和渗漏，最终消失。平原盆地上中游的沿河两岸，属于径流消耗和地表—地下水强烈转化区，50%以上的出山口径流支撑了人工绿洲生态系统；在平原盆地的下游和人工生态系统周边地带，属于径流的排泄，积累和蒸散发区，水资源支撑了天然绿洲、内陆河尾闾水域及低湿地生态系统；在尾闾和天然绿洲周边及下游的广大荒漠，属于水分严重稀缺的无流区，依靠极为有限的降水和大气凝结水，支撑着脆弱的荒漠生态系统[9]。

三、人类活动对水资源转化过程的影响

在人类活动未涉及之前，水资源是一个天然的系统，其降水补给、产流、汇流、径流过程以及地表水与地下水转化等作用是按照自然规律进行。但在人类活动影响作用下，人

为改变原有的水资源系统（包括水资源系统结构、径流过程以及作用机理等），使原来的水资源系统更加复杂。人类活动对水资源转化的影响主要表现在：①兴建蓄水、调水工程，改变水资源自然的流动特性和转化过程；②兴建引水、提水工程，大量开采地表、地下水，增加水资源的使用量和消耗量；③生活污水、工业废水、灌溉退水的排放，改变了天然水体的水质状况。图 1-3 是包含了人工作用的水资源转化过程，其中左边部分是天然状况下的水资源转化过程，右边部分是人工作用对水资源转化的影响。

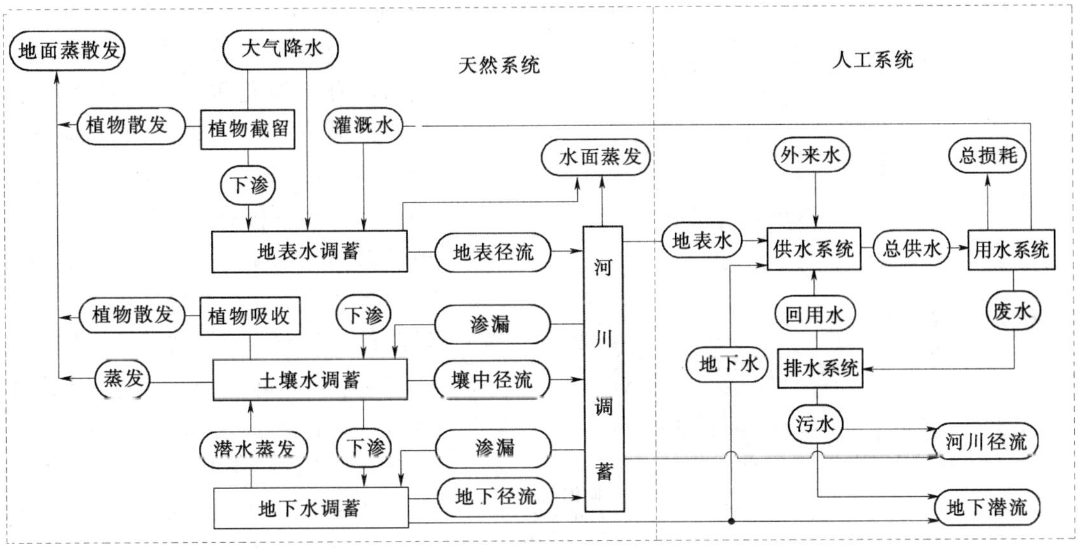

图 1-3　水资源转化过程示意图[1]

水资源的转化关系是分析和研究一个地区水资源平衡的科学基础和依据，尤其是对我国西北干旱地区水资源开发利用来说。西北干旱地区的水资源来源比较单一，主要是山区降水产生的出山径流量，而坐落于平原区的城市和灌区则靠大量引用地表水、地下水得以维持和发展。随着地表水、地下水的引入，复杂的水资源转化过程在城市和灌区中开始。总的来说，西北干旱地区人工作用下的四水转化过程为：

(1) 地表水包括城市和灌区引用的水库蓄水、河川径流和外区调水。引用的径流在渠道输水过程中，通过蒸发、渗漏转化为大气水、土壤水和地下水。

(2) 地下水来源于地表水与降水的入渗补给、区外（山前）侧渗补给，其消耗是：通过潜水蒸发补给非饱和带土壤水、通过侧渗以地下水的形式排入河道、通过抽水作为引用水水源、通过越层入渗补给深层地下水。

(3) 土壤水是四水转化的中心环节，来源于地表水的入渗和地下水的潜水蒸发补给。土壤水除少量补给地下水外，主要转化为大气水，消耗于蒸散发。

(4) 大气水指降水与蒸散发的水量。城市和灌区的降水除少量入渗补给地下水和排水外，直接被蒸散发而消耗掉。蒸散发总量是当地最终的水资源消耗量。

在水资源规划与管理工作中，往往在明确研究区域水资源转化关系的基础上，再进行水资源量的估算。这对于掌握研究区域供水、用水状况，进行水量平衡分析和需水量计算具有重要的意义。

第三节　全球与中国水资源状况

一、全球水资源状况

从表面上看，地球上的水量是非常丰富的。地球表面积约5.1亿km^2，水圈内全部水体总储存量达到13.86亿km^3。海洋面积3.61亿km^2，占地球表面积的70.8%。海洋水量为13.38亿km^3，占地球总储存水量的96.5%。但这部分巨大的水体属于高盐量的咸水，除极少量水体被利用（作为冷却水、海水淡化等）外，绝大多数是不能被利用的。地球上陆地面积为1.49亿km^2，占地球表面积的29.2%，水量仅有0.48亿km^3，占地球总储存水量的3.5%。就是陆面上的有限水体也并不全是淡水，淡水量仅有0.35亿km^3，占陆地水储存量的73%，其中的0.24亿km^3，分布于冰川、多年积雪、两极和多年冻土中，现有技术条件很难利用。便于人类利用的水只有0.1065亿km^3，占淡水总量的30.4%，仅占地球总储存水量的0.77%。也就是说，虽然地球上水量丰富，但水资源总量极其有限。地球上水的组成，如图1-4所示。

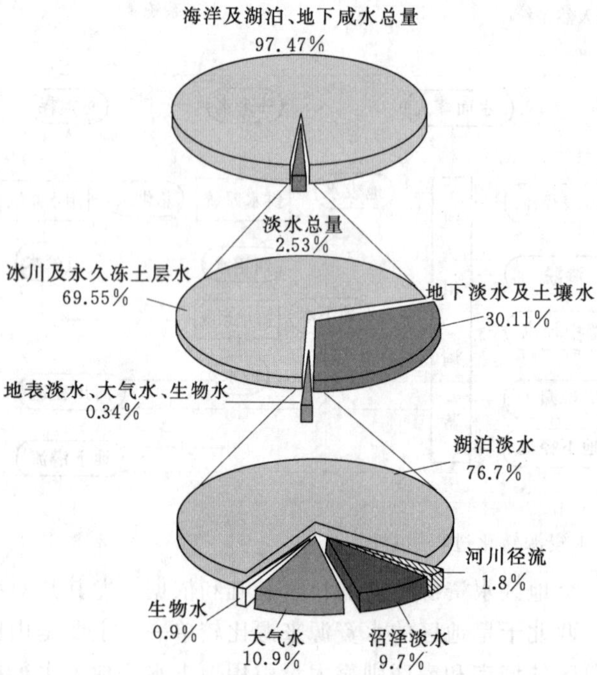

图1-4　地球上水的组成

（根据联合国教科文组织1978年发布的数据）

同时，由于受地理位置和地形地貌的影响，水资源的空间分布是极不均衡的。表1-1给出了世界各大洲年降水及年径流分布状况。

表1-1　　世界各大洲年降水及年径流分布

洲　名	面　积（万km^2）	年降水		年径流		径流系数
		mm	$\times10^3km^3$	mm	$\times10^3km^3$	
亚　洲	4347.5	741	32.2	332	14.41	0.45
非　洲	3012.0	740	22.3	151	4.57	0.20
北美洲	2420.0	756	18.3	339	8.20	0.45
南美洲	1780.0	1596	28.4	661	11.76	0.41
南极洲	1398.0	165	2.31	165	2.31	1.00
欧　洲	1050.0	790	8.29	306	3.21	0.39
澳大利亚	761.5	456	3.47	39	0.30	0.09
大洋洲（各岛）	133.5	2704	3.61	1566	2.09	0.58
全球内陆	14902.5	798	118.88	314	46.85	0.39

资料来源：《中国大百科全书》（水利卷，1992年）。

由表 1－1 可见，全球以大洋洲（澳大利亚除外）年降雨量最大，其水资源量也极为丰富，而澳大利亚由于降水稀少，荒漠和半荒漠面积达到 2/3，使得径流系数明显偏低；次之，降雨量较丰沛的是南美洲，而亚洲、非洲、北美洲、欧洲的降雨量都接近全球平均水平，非洲气候炎热，蒸发强烈，有大面积的沙漠存在，因此径流系数比其他洲明显偏小；南极洲降水虽然不多，但由于降水全部储存于冰川中，因此径流量等于降水量。

即使在同一个洲内，由于空间跨度大，再加上自然条件的差异，水资源的分布也是很不均匀的。因此，如何合理配置水资源，减少由于水资源分布不均而造成的经济社会发展不平衡，是当前水利工作所面临的主要任务之一。目前，许多国家已建或在建大型调水工程，这也反映了人类对于水资源均衡分配的一种渴望。

二、我国水资源状况

我国地域辽阔，国土面积 960 万 km^2，地处欧亚大陆东南部，濒临太平洋，地势西高东低，境内山脉、丘陵、盆地、平原相互交错，构成众多江河湖泊。据第一次全国水利普查统计，流域面积在 10000km^2 以上的河流有 238 条；面积在 1km^2 以上的湖泊约有 2865 个，总面积约为 7.80 万 km^2，约占全国总面积的 0.8%。

由于我国处在季风气候区域，受热带、太平洋低纬度温暖而潮湿气团的影响以及西南印度洋和东北鄂霍茨克海水蒸气的影响，使得我国东南地区、西南地区以及东北地区有充足的水气补允，降水量丰沛，成为世界上水资源相对比较丰富的地区之一。

据统计，我国年平均河川径流量为 27115 亿 m^3，折合年径流深为 282mm。在地表水资源总量上仅次于巴西、俄罗斯、加拿大、美国、印度尼西亚。另外，我国地下水资源总量年平均为 7279 亿 m^3。由于地表水与地下水之间存在相互转化，扣除其中重复计算部分，我国水资源总量大约为 28124 亿 m^3。

虽然我国水资源总量较大，但人均占有量、平均降水深度较小。据计算，我国多年平均降水量约为 61889 亿 m^3，折合降水深度为 648mm，与全球陆地平均降水深 800mm 相比约低 20%。我国人均占有河川径流量约为 2086m^3，仅相当于世界人均占有量的 1/4，美国人均占有量的 1/6，亩均水量约为世界亩均水量的 2/3。这些统计数据均说明：从总量上看，我国水资源相对比较丰富，属于丰水国，但我国的人口基数和面积基数大，人均和亩均水资源量都较小，如果按照这一参数比较，我国仍属于贫水国。

我国广阔的地域和特殊的地形、地貌、气候条件，决定了它的水资源特点。主要表现如下。

1. 水资源总量丰富，但人均水资源占有量少

如前所述，我国水资源总量较大，居世界第 6 位，但它面积辽阔，需要养育的人口众多，这就导致了亩均和人均水资源量均较小。人均水资源量居世界倒数第 13 位，属于世界上的贫水国。这是我国水资源的基本国情。

2. 水资源空间分布不均匀

由于我国所处的地理位置和特殊的地形、地貌、气候条件，导致水资源丰枯地区之间差异比较大，总体状况是南多北少，水量与人口和耕地分布不相适应。长江流域及其以南的珠江流域、浙闽台、西南诸河等四片，面积占全国的 36.5%，耕地占全国的 36%，水资源量却占全国总量的 81%，人均占有水资源量为 4180m^3，约为全国平均值的 1.6 倍；

亩均占有水资源量为4130m³，为全国平均值的2.3倍。辽河、海滦河、黄河、淮河四个流域片，总面积占全国的18.7%，接近南方四片的一半，耕地占全国的45.2%，人口占全国的38.4%，但水资源总量仅相当于南方四片水资源总量的10%（本段以上数据均为估计的大致数据）。不相匹配的水土资源组合必将影响国民经济发展和水土资源的合理利用。

3. 水资源时间分布不均匀

我国水资源分布不均，不仅表现在地域分布上，还表现在时间分配上。无论是年内还是年际，我国降水量和径流量的变化幅度都很大，这主要是受我国所处的区域气候影响。

我国大部分地区受季风影响明显，降水量年内分配不均匀，年际变化较大，并有枯水年和丰水年连续出现的特点。这种变化一般是北方大于南方。

从全国来看，我国大部分地区冬春少雨，夏秋多雨。南方各省汛期一般为5～8月，降水量占全年的60%～70%，2/3的水量以洪水和涝水形式排入海洋；而华北、西北和东北地区，年降水量集中在6～9月，占全年降水的70%～80%。这种集中降水又往往集中在几次比较大的暴雨中，极易造成洪涝灾害。

水资源在时间上的分布不均，一方面给正常用水带来困难，比如正是用水的春季反而少雨，而在用水量相对少的季节有时又大量降水，导致降水与用水时间上的不协调，为水资源充分利用带来不便；另一方面由于过分的集中降水或过分的干旱，易形成洪涝灾害和干旱灾害，都会对人民生产、生活带来影响。

第四节　水问题及其影响

一、当今世界所面临的三大水问题

当今世界所面临的水问题可概括为三个方面：干旱缺水（水少）、洪涝灾害（水多）和水环境恶化（水脏）。这三个方面不是完全独立的，它们之间存在着一定的联系，往往在一个问题出现时，也伴随其他问题产生。如我国西北地区石羊河流域，由于中上游地区对水资源的大量开发导致下游民勤盆地来水量锐减，这又引起当地对地下水资源的过度开采、重复利用，地下水的多次使用、转化引起水体矿化度增高、耕地盐碱化加重等水环境问题。下面对这三大水问题分别进行说明。

（1）干旱缺水，是当今和未来主要面临的水问题之一。一方面，由于自然因素的制约，如降水时空分布不均和自然条件差异等，导致某些地区降雨稀少、水资源紧缺，如南非、中东地区以及我国的西北干旱地区等；另一方面，随着人口增长和经济发展，对水资源的需求量也在不断增加，从而出现"水资源需大于供"的现象。

（2）洪涝灾害，则是水问题的另一个对立面。由于水资源的时空分布不均，往往在某一时期，世界上许多地区干旱缺水的同时，在另一些地区又出现因突发性降水过多而形成洪涝灾害的现象，这也是地球整体水量平衡的一个反映。此外，由于全球气候变化加上人类活动对水资源作用的加剧，导致世界上洪涝灾害发生的因素在宏观上是逐步加强的，洪水造成的危害也在增强。近年来，全球范围内的洪涝灾害时有报道。可以肯定，随着都市化的迅速发展，城市洪灾对经济社会发展带来的负面影响和潜在威胁将日益加重和扩大。

(3) 水环境恶化，是人类对水资源作用结果最直接的体现，也是三大水问题中影响面最广、后果最严重的问题。随着经济社会的发展、都市化进程的加快，排放到环境中的污水、废水量日益增多。据估计，2000 年前后世界每年有超过 $420km^3$ 的污水排入江河海湖，污染了 $5500km^3$ 的淡水，约占全球径流总量的 14%以上。并且随着今后的发展，这个数值还会增加。水环境恶化，一方面降低了水资源的质量，对人们身体健康和工农业用水带来不利影响；另一方面由于水资源被污染，原本可以被利用的水资源现在失去了使用价值，造成“水质型缺水”，加剧了水资源短缺的矛盾。

要解决当今世界所面临的三大水问题，首先，要加强水资源科学问题的研究，为科学解决水问题提供理论依据；其次，需要全人类的广泛参与，加大水资源的投资，尽量避免水问题的发生；第三，要加强水资源规划与管理的力度，确保所制定的水资源规划全面、详实、具有前瞻性，并考虑经济社会发展与生态环境保护相协调；确保水资源管理落到实处，使水资源得以合理开发、利用和保护，防止水害，充分发挥水资源的综合效益。

二、我国面临的水问题

我国地处中纬度，受气候条件、地理环境及人为因素的影响，曾经是一个洪涝灾害频繁、水资源短缺、生态环境脆弱的国家。新中国成立后，水利建设工作取得了很大的进展，初步控制了大江大河的常遇洪水，形成了 6107.2 亿 m^3（2011 年统计数据）的年供水能力，有效灌溉面积从 2.4 亿亩扩大到 9.25 亿亩（2011 年统计数据）。但在很多地区，水的问题仍然是限制区域经济和社会可持续发展的瓶颈。从全国范围看，我国面临的水问题主要有以下三方面。

一是防洪标准低，洪涝灾害频繁，对经济发展和社会稳定威胁较大。20 世纪 90 年代至 21 世纪初，我国几大江河发生了 6 次比较大的洪水，损失近 9000 亿元。特别是 1998 年发生在长江、嫩江和松花江流域的特大洪水，造成全国 29 个省（自治区、直辖市）农田受灾面积 2229 万 hm^2，死亡 4150 人，倒塌房屋 685 万间，直接经济损失 2551 亿元。2011 年全国有 260 多条江河发生超警戒线洪水，钱塘江发生 1955 年以来的最大洪水，汉江上游、嘉陵江、黄河泾洛渭流域同时发生严重秋汛。总体来看，近年来，国家加大了对防洪工程的投入，一些重要河流的防洪状况得到了很大改善，然而从全国范围来看，防洪建设始终是我国的一项长期而紧迫的任务。

二是干旱缺水日趋严重。按照目前正常用水需求同时又不超采地下水的前提下，全国年缺水总量约为 400 亿 m^3。农业、工业以及城市都普遍存在缺水问题，尤其以农业缺水最为严重。早在 20 世纪 70 年代，我国农田年均受旱面积为 1.7 亿亩，到 90 年代增加到 4 亿亩，农业年缺水量达到 300 亿 m^3 左右。2000 年全国大旱，两季累计受旱面积 3300 万 hm^2，成灾面积 2700 万 hm^2，绝收面积 600 万 hm^2。2011 年，北方冬麦区、长江中下游和西南地区连续出现三次大范围严重干旱。城市和农村生活用水也受到水资源短缺的严重影响。目前农村有 3000 多万人饮水困难，1/4 人口饮用水达不到国家饮用水卫生标准；全国 663 个城市中，有 400 多个出现供水不足的现象，其中近 150 个城市严重缺水，日缺水量达 1600 万 m^3。可见，干旱缺水严重制约了我国经济社会尤其是农业的稳定发展，影响到人类的生活质量和城市化发展。

三是水环境恶化。近些年，我国水体的水质状况总体上呈恶化趋势。1980 年全国污废水排放量为 310 多亿 m^3，1997 年为 584 亿 m^3，2011 年为 807 亿 m^3。受污染的河长也逐年增加，在 2011 年全国水资源质量评价的约 18.9 万 km 河长中，水质Ⅵ类及以下的河长占 45.8%。全国 90%以上的城市水域受到不同程度的污染。此外，土壤侵蚀，河流干枯断流，河湖萎缩，森林、草原退化，土地沙化，部分地区地下水超量开采等诸多问题都严重影响了水环境。

随着未来人口增加和经济发展，我国的水问题将更加突出。总体来看，造成我国水问题严峻形势的根源主要有两个方面：

一是自然因素，这与气候条件的变化和水资源的时空分布不均有关。在季风气候作用下，我国降水时空分布不平衡。在我国北方地区，年降水量最少只有 40mm，最多也仅 600mm。而长江流域及其以南地区，年降水量均在 1000mm 以上，最高超过 2000mm。气候变化对我国水资源的年际变化产生很大影响，从长期气候变化来看，在近 500 年中，我国东部地区偏涝型气候多于偏旱型，而近百年来洪涝减少，干旱增多。在黄河中上游地区，数百年来一直以偏旱为主。

二是人为因素，这与经济社会活动和人们不合理地开发、利用和管理水资源有关。目前我国正处于经济快速增长时期，工业化、城市化的迅速发展以及人口的增加和农业灌溉面积的扩大，使得水资源的需求量不可避免地迅猛增加。长期以来，由于水资源的开发、利用、治理、配置、节约和保护不能统筹安排，不仅造成了水资源的巨大浪费，破坏了生态环境，还加剧了水资源的供需矛盾。突出表现为：

(1) 流域缺乏统一管理，上下游同步开发，造成用水紧张，同时下游由于来水减少而导致河道萎缩甚至干涸。如西北内陆区塔里木河下游约 300km 河道干涸；黄河于 1978 年出现断流，20 世纪 90 年代几乎年年断流（仅 1997 年就累计断流 226 天），这都是由于中游地区用水量加剧，无节制的引水所造成的。

(2) 过度开采地下水，造成地下水资源枯竭。地下水是我国北方地区的重要水源，然而由于经济发展导致对地下水开采的迅猛增加，从而引发了一些负面影响的产生，如海水入侵、地下水质恶化、城市地面沉降等。

(3) 水资源浪费严重。目前，我国一些地区的农业灌溉仍采用漫灌、串灌等十分落后的灌溉方式，2000 年农业用水平均有效利用系数仅为 0.4 左右，2011 年提高到 0.51，而发达国家已实现了农田的喷灌、滴灌化和输水渠道的管道化，水资源利用系数达到 0.7～0.8。同时，由于水价偏低，城市居民节水意识较差，因此造成城市生活用水浪费十分严重，其中仅供水管道跑冒滴漏损失的水资源量就占总供水量的 20%以上。

(4) 污废水大量排放，造成水资源污染严重。随着经济社会的迅速发展，工业和城市的污废水排放量增长很快，而相应的污水处理设备和措施往往跟不上，从而造成对水资源的严重污染，导致有水不能用，即出现“水质型缺水”。如，淮河流域、海河流域、长江三角洲和珠江三角洲的一些缺水地区就属于这种类型缺水。

(5) 人类活动破坏了大量的森林植被，造成区域生态环境退化，水土流失严重，洪水泛滥成灾。一方面，造成了河道冲沙用水量增加；另一方面，又使一部分本可以成为资源的水，却以洪水的形式宣泄入海，极大地降低了可用水资源的数量。

三、水问题带来的影响

水资源短缺、洪涝灾害、水环境污染等水问题严重威胁了我国乃至世界范围内的经济社会发展，其造成的社会影响主要表现在以下几个方面。

1. 水资源紧缺会给国民经济带来重大损失

目前，我国水资源短缺现象越来越严重，尤其是北方地区，水资源的开采量已接近或超过了当地的水资源可利用量。目前，全国每年因缺水造成的直接经济损失达2000亿元，仅胜利油田1995年因黄河断流造成的减产损失就达30亿元。同时，水资源短缺又引起农业用水紧张，北方地区由于缺水而不得不缩小灌溉面积和有效灌溉次数，致使粮食减产，干旱缺水成为影响农业发展和粮食生产的主要制约因素之一。

2. 水资源问题将威胁到社会安全稳定

自古以来，水灾就是我国的众灾之首，“治国先治水”是祖先留下的古训。每次大的洪水过后，不仅造成上千亿元的经济损失，还给灾区人民的生产生活造成极大的破坏，使他们不得不再次体会重建家园的艰辛。同样，水环境质量变差也会危及到人民的日常生活稳定，在20世纪90年代汉江中下游曾发生了三次严重的水华事件，不仅给沿岸自来水厂造成上百万元的经济损失，还直接危及到中下游地区城市居民的供水安全。1991年由国际水资源协会（IWRA）在摩洛哥召开的第七届世界水资源大会上，曾提出了“在干旱或半干旱地区，国际河流和其他水源地的使用权可能成为两国间战争的导火线”的警告。在几次中东战争中，军事双方都曾出现以摧毁对方供水系统为作战目标。可以说，水问题的每一方面都与社会的安全稳定息息相关。

3. 水资源危机会导致生态环境恶化

水不仅是经济社会发展不可替代的重要资源，同时也是生态环境系统不可缺少的要素。随着经济的发展，人类社会对水资源的需求量越来越大，为了获取足够的水资源以支撑自身发展，人类过度开发水资源，从而挤占了维系生态环境系统正常运转的水资源量，结果导致了一系列生态环境问题的出现。例如，我国西北干旱地区水资源天然不足，为了满足经济社会发展的需要，当地盲目开发利用水资源，不仅造成水资源的消退，加重水资源危机，同时使得原本十分脆弱的生态环境更进一步恶化，天然植被大量消亡、河湖萎缩、土地沙漠化等问题的相继出现，已经危及到人类的生存与发展。目前，水资源短缺与生态环境恶化已经成为制约部分地区经济社会发展的两大限制性因素。

综上所述，我国水资源所面临的形势非常严峻。造成如此局面的原因，一部分是自然因素，与水资源时空分布的不均匀性有关；另一部分是人为因素，与人类不合理地开发、利用和管理水资源有关。如果在水资源开发利用上没有大的突破，在管理上没有新的转变，水资源将很难满足国民经济迅速发展的需要，水资源危机将成为所有资源问题中最为突出的问题，它将威胁到我国乃至世界的经济社会可持续发展。

第五节　实施水资源规划与管理的意义及要求

水资源规划与管理是水利部门的重点工作内容之一，对人类社会的进步和发展具有十分重要的意义。不管是水资源规划还是水资源管理，都是人类在长期水事活动实践过程中形成和发展起来的。它在内容上不断增添新的内涵，在观念上不断引入新的思想，从而使水资源规划与管理的理论方法不断更新，不断完善。

一、实施水资源规划与管理的意义

1. 水资源规划与管理是保障经济社会可持续发展、促进生态文明建设、实现人与自然和谐相处的迫切要求

我国正处在经济发展和国家建设的重要阶段，经济社会的良性运转离不开水资源这个关键因素。目前，我国诸多地区的经济发展正面临着水问题的严重制约，如防洪安全、干旱缺水、水质恶化和水污染扩散、耕地荒漠化和沙漠化、生态环境质量下降等。要解决这些问题，必须在可持续发展的思想指导下，对水资源进行系统规划、科学管理，这样才能为经济社会的发展提供供水、防洪、环境安全保障。同时，也是我国政府提出的生态文明建设，实现人与自然和谐相处的重要基础工作。

2. 水资源规划与管理是发挥水资源综合最大效益的重要手段

从前面的叙述知道，我国人均水资源量很低，同时由于改革开放以来经济快速发展导致水资源需求量迅猛增加，因此，如何利用有限的水资源发挥最大的社会、经济、环境效益是当前急需解决的重要问题之一。根据经济社会发展需求，通过水资源规划手段，分析当前所面临的主要水问题，同时提出可行的水资源优化配置方案，使得水资源分配既能维持或改善当前的生态环境，又能发挥最大的经济社会效益。同时，通过水资源管理手段，包括供水调度、排水监控、污水处理等工程管理措施和方案选择、水价调整等非工程管理措施，确保水资源优化方案能落到实处并达到预期效果。

3. 水资源规划与管理是新时期水利工作的重要环节

自21世纪初期以来，我国政府提出了一系列治水新思路和措施，给新时期水利工作带来了新的机遇和发展。提出的资源水利、生态水利、可持续发展水利、人水和谐、水生态文明、最严格水资源管理制度等指导思想，带动了新时期水利工作的快速转变，既反映了新时期对水利工作更高的要求，也反映了人类对世界更理性的认识。水资源规划与管理正是实现新时期水利工作目标的重要工具，也是新时期水利工作的重要内容，只有在综合考虑人类社会发展、经济发展、生态环境保护、水资源可持续利用的条件下，充分运用水资源规划与管理这个重要的水利技术手段，才能早日实现水利现代化的飞跃。

4. 水资源规划与管理是巩固水务体制改革的重要方面

自1993年7月深圳市实施水务体制改革以来，水务管理体制已在全国范围内不断深入发展。到2011年，全国76%的县级以上行政区域实行城乡水务一体化。水务体制改革体现了精简高效和一事一部的机构设置原则，也有利于对水资源的统一调配、统一管理，使水源、供水、节水、排水和污水处理及中水回用有机结合起来，目前已取得显著的成效。可以看出，水务体制改革的一个重要方面就是加强水资源规划与管理工作的科学性、系统性和整体性，只有做到这一点，才能算真正意义上实现水务一体化管理。

二、水资源规划与管理的转变

近年来，随着人类对世界认识的深入和环境保护意识的增强，对水资源规划与管理的认识和理解也发生了重大变化，主要表现在以下几个方面。

1. 从单一性向系统性转变

单一性包括单一部门、单一目标、单一地区和单一方法。具体地说，过去由于条件的限制，在进行水资源规划与管理时，往往由某一部门来具体负责某一方面的职责，比如规划部门负责水利规划、水利部门负责水源管理、环境部门负责污水处理、城建部门负责供水管线铺设等；水事活动的出发点也往往仅考虑某一目标或侧重考虑某一目标，特别是考虑经济目标多一些；活动范围常常以行政区域界限来划分，各地区负责自己辖区内的事务，对于跨区域的水事活动很难做到统筹安排；针对具体问题的解决方法也往往比较单一或过于简单，对水资源系统的复杂性和多变性考虑不够。水资源是一个大系统，地表水与地下水之间，水质与水量之间都存在紧密的联系，这就要求水资源规划与管理不能仅从某个单一方面出发，必须将水资源系统作为一个整体来研究，做到统筹兼顾、系统分析、综合决策，应站在系统整体的高度，采用系统科学的理论方法来分析问题。随着我国经济的发展和科技水平的提高，在水资源规划与管理的工作中已注意到维护水资源系统的完整性，对于水问题的处理也更理性化、系统化。

2. 从单纯追求经济效益向追求社会—经济—环境综合效益转变

过去，我国水资源开发利用的衡量标准主要从工程角度和经济角度出发，而忽略了其潜在的环境效益和社会效益，如黄河中游三门峡水库的兴建就缺乏对来水来沙影响的可行性论证，在实际运行过程中出现库区泥沙严重淤积，影响发电、航运等后果，综合效益远远低于预期目标。当今社会，随着人口的增长、耕地面积减少、水资源利用量逐年上涨、水环境污染日益严重，宏观上影响水资源开发利用的因素不断加强。这就造成地区与地区之间、部门与部门之间的用水矛盾日益增多，社会发展、经济增长与资源利用、生态环境保护之间的利益冲突日益尖锐，因此也对当前的水资源规划和管理工作提出了更高的要求。目前，我国的水行政主管部门已认识到这些问题的存在，在水资源规划与管理时也更突出强调对社会—经济—环境综合效益的分析。如著名的南水北调工程在做水资源规划论证时，不仅考虑了调水工程的施工问题、技术难关和经济效益，还对未知的生态环境影响进行了充分论证，并提出了相应的环境保护和水量补偿配套工程方案，从而全面地考虑了工程综合效益的发挥。

3. 从只重视当前发展向可持续发展战略转变

以往，由于受物质条件和认识水平的限制，在做水资源规划与管理时，水资源条件多以现状为基础，来讨论水资源的开发利用方案，对未来的水资源系统变化分析以及对后代人用水产生的影响考虑较少，因此往往导致一些“以大量消耗水资源，牺牲环境，来换取暂时的经济发展”的方案出现，如我国华北地区本是半干旱地区，水资源相当紧缺，而一些地方为了自身利益却发展水田、种植水稻。实践证明，缺乏对水资源情况深入认识的经济社会发展规划是不可能长久维持的。这就要求，在水资源规划、开发和管理中，寻求经济发展、环境保护和人类社会福利之间的最佳联系与协调，即人们常说的探求水资源开发利用和管理的良性循环。随着可持续发展战略思想融入到经济社会发展的各个领域，对于水资源规划与管理也同样提出了类似的要求，需要在水利工作中积极贯彻可持续发展思想的指导思想，将其所表达的内涵和精髓融入到实际工作中去。

4. 从重视水资源本身向重视人水和谐转变

由于受认识水平和现实条件的限制，过去在水资源规划与管理中较多关注水资源系统本身，重视水资源的形成、转化、开发利用与引起的问题及治理等，主要是"就水论水"，通过规划和管理，保证水资源有效开发利用和治理。然后，随着用水矛盾的突出，水问题越来越复杂，水的问题不仅仅是水资源本身的问题，还涉及与水资源有联系的人类社会和生态环境系统。在进行水资源规划与管理工作中，不能单纯就水论水，而要把水资源变化及其引起的生态系统变化放在流域、区域乃至全球变化系统，从自然、社会、经济多方面相互联系和系统综合的角度来开展研究[10]，实现人水和谐的目标。

三、现代水资源规划与管理的要求

随着当今世界人类活动的加剧，对水资源开发利用规模的不断扩大，地区之间、部门之间的用水矛盾将更加尖锐，经济发展与生态环境保护的冲突也日益紧张。在这种形势下，人们不得不更加注重社会、经济、环境之间的协调发展，地区、部门之间的协调用水，当代社会与未来社会之间的协调过渡。这就向传统的水资源规划与管理思想提出了挑战，具体表现在以下几个方面。

1. 必须加强水资源规划与管理的系统性研究

由于水资源系统不是一个独立的个体，它与人类社会、生态系统和自然环境等外部要素紧密相连，它们之间相互作用、相互影响、相互制约，因此在开展水资源规划与管理工作时，必须要将它们联系起来，进行系统分析和研究。同时，就水资源本身来说，它也包含许多属性和用途，如水量和水质属性，地表水和地下水分类，生产用水、生活用水和生态用水不同用途等，因此只有把水资源的各个方面都纳入一个整体来研究，才能避免出现这样或那样的不良影响和问题。

2. 必须加强多学科的基础性研究

水资源规划与管理研究的内容比较广泛，仅靠水利科学的理论知识是不能满足实际需求的，必须加强水利科学、社会经济学、生态学、环境科学、数学、化学、系统科学等多种学科的基础性研究，只有在完成这些扎实的基础工作后，制定可行的水资源规划与管理方案或措施才能有保障。同时，要加强它们之间的交叉运用和融合，借鉴其他学科的理论和思想，并运用到实际工作中去，这样才会使研究内容更全面，更具备通用性和实用性。

3. 必须加强可持续发展思想的指导作用

在进行水资源规划与管理时，应当考虑长远的效应和影响，包括对后代人用水的影响，以及考虑"当代人用水而不危及后代人用水"的条件。这正是可持续发展的指导思想，水资源规划与管理的准则应当包括可持续发展的思想。因此，新时期水资源规划与管理工作应该坚持可持续发展的指导思想，从社会、经济、资源、环境相协调的高度，来分析问题，制定水资源规划与管理的方案和措施，将可持续发展思想落到实处。

4. 必须坚持人水和谐理念，促进生态文明建设

水问题是人类共同面临的挑战，追求人水和谐是人类共同的目标。水资源规划与管理必须坚持人水和谐思想，人水和谐也成为新时期我国治水思路的核心内容，涉及"水与社会、水与经济、水与生态"等多方面，需要在包含与水和人类活动相关的社会、经济、地理、生态、环境、资源等方面及相互作用的人一水复杂系统中进行研究[10]。中国共产党

十八大报告提出“大力推进生态文明建设”，其中水资源保障是生态文明建设的重要基础，因此做好水资源规划工作，有利于促进生态文明建设。

5. 必须加强新技术和新理论的应用研究

随着科技水平的飞速发展，新理论、新技术（如遥感技术、地理信息技术、水文信息技术、决策支持系统、数据传输技术等）已在诸多领域得到广泛运用，并推动了各学科的前进和发展。水资源规划与管理也应跟上时代前进的步伐，积极吸纳前沿的技术和方法，加强与它们之间的结合和应用，使水资源系统的研究层次和科学管理水平有所提高，以适应现代管理的需要。

思 考 题

1. 水资源的定义是什么？分析一下冰川、污水、海水、大气水是不是水资源。

2. 从水资源的特性分析入手，阐述保护水资源的重要意义。

3. 简要介绍水资源的形成与转化关系。从水资源转化关系中分析人类活动对水资源的可能影响。

4. 人类主要面临哪些水问题？你是如何看待这些问题的？

5. 论述实施水资源规划与管理的意义？

6. 水资源规划与管理是水利行业重要的工作内容之一，结合你比较熟悉的流域或地区，谈谈你对这一工作的认识和理解。

参 考 文 献

[1] 左其亭，窦明，吴泽宁．水资源规划与管理．北京：中国水利水电出版社，2005.
[2] 陈家琦，王浩．水资源学概论．北京：中国水利水电出版社，1995.
[3] 吴季松，石玉波．水务知识读本．北京：中国水利水电出版社，2003.
[4] 左其亭，王中根．现代水文学．郑州：黄河水利出版社，2002.
[5] 左其亭，窦明，马军霞．水资源学教程．北京：中国水利水电出版社，2008.
[6] 左其亭，陈曦．面向可持续发展的水资源规划与管理．北京：中国水利水电出版社，2003.
[7] Vijay P. Singh. 水文系统流域模拟．赵卫民，戴东，牛玉国，等译．郑州：黄河水利出版社，2000.
[8] 魏文秋，赵英林．水文气象与遥感．武汉：湖北科学技术出版社，2000.
[9] 雷志栋，苏立宁．青铜峡灌区水土资源平衡分析的探讨．水利学报，2002（6）：9-14.
[10] 左其亭，张云．人水和谐量化研究方法及应用．北京：中国水利水电出版社，2009.

第二章 水资源规划与管理的基本内容

水资源规划与水资源管理是两个联系紧密但又相互独立的概念。水资源规划是我国水利规划的重要组成部分，它对水资源的合理评价、供需分析、优化配置、有效保护具有十分重要的指导意义。水资源管理是对水资源开发、利用和保护的组织、协调、监督和调度等方面工作的具体实施，是我国水行政管理部门行使行政职能，合理利用水资源，以达到最佳综合效益的有效保证。它们在水利工作中的侧重点不同，前者主要强调水资源开发利用和水利工程建设前的规划安排，后者则偏重于水资源实际开发利用和水利工程运行时的管理调度。本章将介绍水资源规划和水资源管理的概念、基本内容、联系与区别以及工作流程等。

第一节 水资源规划的基本内容

水资源规划的概念形成由来已久，它是人类长期水事活动的产物，是人类在漫长的历史长河中通过防洪、抗旱、开源、供水等一系列的水利活动逐步形成的理论成果，并且随着人类认识的提高和科技的进步而不断得以充实和发展。

一、水资源规划的概念

在我国台湾省出版的《中国工程师手册》中认为，“以水之控制及利用为主要对象之活动，统称水资源事业，它包括水害防治、增加水源和用水”，对这些内容的总体安排即为水资源规划。美国的古德曼（A. S. Goodman）认为，水资源规划就是在开发利用水资源的活动中，对水资源的开发目标及其功能在相互协调的前提下作出的总体安排。我国的陈家琦教授则认为，水资源规划是指在统一的方针、任务和目标约束下，对有关水资源的评价、分配和供需平衡分析及对策，以及方案实施后可能对经济、社会和环境的影响方面而制定的总体安排。由此可见，水资源规划的概念和内涵随着研究者的认识、侧重点和实际情况不同而有所差异。作者基本上同意后者的观点，曾给出如下定义：水资源规划是以水资源利用、调配为对象，在一定区域内为开发水资源、防治水患、保护生态环境、提高水资源综合利用效益而制定的总体措施、计划与安排[1]。

水资源规划为将来的水资源开发利用提供指导性建议，它小到江河湖泊、城镇乡村的水资源供需分配，大到流域、国家范围内的水资源综合规划、配置，具有广泛的应用价值和重要的指导意义。

二、水资源规划的目的、任务和内容

水资源规划的目的是合理评价、分配和调度水资源，支持经济社会发展，改善生态环境质量，以做到有计划地开发利用水资源，并实现水资源开发、经济社会发展及生态环境

保护相互协调的良好效果。

水资源规划的基本任务是：根据国家或地区的经济发展计划、生态环境保护要求以及各行各业对水资源的需求，结合区域内或区域间水资源条件和特点，选定规划目标，拟定水资源开发治理方案，提出工程规模和开发次序方案，并对生态环境保护、社会发展规模、经济发展速度与经济结构调整提出建议。其规划成果，将作为区域内各项水利工程设计的基础和编制国家水利建设长远计划的依据。

水资源规划的主要内容包括：水资源量与质的计算与评估、水功能区划分与保护目标确定、水资源的供需平衡分析与水量合理分配、水资源保护与水灾害防治规划以及相应的水利工程规划方案设计及论证等。水资源规划涉及的内容包括水文学、水资源学、社会学、经济学、环境科学、管理学以及水利经济学等多门学科，涉及国家或地区范围内一切与水有关的行政管理部门。因此，如何使水资源规划方案既科学合理，又能被各级政府和水行政主管部门乃至基层用水单位或个人所接受，确实是一个难题。特别是随着社会的发展，人们思想观念以及对水资源的需求在不断变化，如何面对未来变化的社会以及变化的自然环境，如何面对不断调整的区域可持续发展新需求，这都给水资源规划提出了严峻挑战。

三、水资源规划的类型

根据规划的对象和要求不同，水资源规划可分为以下几种类型。

1. 流域水资源规划

流域水资源规划是指以整个江河流域为研究对象的水资源规划，包括大型江河流域的水资源规划和中小型河流流域的水资源规划，简称为流域规划。其研究区域一般是按照地表水系空间地理位置划分的、以流域分水岭为界线的流域水系单元或水资源分区。流域水资源规划的内容涉及国民经济发展、地区开发、自然资源与环境保护、社会福利与人民生活水平提高以及其他与水资源有关的问题，研究范畴一般包括防洪、灌溉、排涝、发电、航运、供水、养殖、旅游、水环境保护、水土保持等工作内容。针对不同的流域规划，其规划的侧重点有所不同。比如，黄河流域规划的重点是水土保持；淮河流域规划的重点是水资源保护；塔里木河流域规划的重点是水生态保护与修复。关于江河流域规划，水利部出台了《江河流域规划编制规范》(SL 201—97)，可供参考。

2. 跨流域水资源规划

跨流域水资源规划是指以一个以上的流域为对象，以跨流域调水为目的的水资源规划。例如，为“南水北调”工程实施进行的水资源规划，为“引黄（河）济青（岛）”、“引（长）江济淮（河）”工程实施进行的水资源规划。跨流域调水，涉及多个流域的经济社会发展、水资源利用和生态环境保护等问题。因此，其规划考虑的问题要比单个流域规划更广泛、更深入，既需要探讨水资源的再分配可能对各个流域带来的经济社会影响、生态环境影响，又需要探讨水资源利用的可持续性以及对后代人的影响及相应对策。

3. 地区水资源规划

地区水资源规划是指以行政区或经济区、工程影响区为对象的水资源规划。其研究内容基本与流域水资源规划相近，其规划重点则视具体区域和水资源功能的差异而有所侧重。比如，有些地区是洪灾多发区，水资源规划应以防洪排涝为重点；有些地区是缺水的干旱区，则水资源规划应以水资源合理配置、实施节水措施与水资源科学管理为重点。在做地区水资源规划时，应该既要重点关注本地区实际情况，又要兼顾更大范围或流域尺度的水资源总体规划，不能只顾当地局部利益而不顾整体利益。

4. 水资源专项规划

水资源专项规划是指以流域或地区某一专项任务为对象或某一行业所做的水资源规划。比如，防洪规划、抗旱规划、节水规划、水力发电规划、水资源保护规划、生态水系规划、城市供水规划、水污染防治规划以及某一重大水利工程规划（如三峡工程规划、小浪底工程规划）等。这类规划针对性比较强，就是针对某一专项问题，但在规划时不能只盯住要研究解决的专项问题，还要考虑对区域（或流域）的影响以及区域（或流域）水资源利用总体战略。

5. 水资源综合规划[2]

水资源综合规划是指以流域或地区水资源综合开发利用和保护为对象的水资源规划。与水资源专项规划不同，水资源综合规划的任务不是单一的，而是针对水资源开发利用和保护的各个方面，是为水资源综合管理和可持续利用提供技术指导的有效手段。水资源综合规划是在查清水资源及其开发利用现状、分析和评价水资源承载能力的基础上，根据经济社会可持续发展和生态系统保护对水资源的要求，提出水资源合理开发、高效利用、有效节约、优化配置、积极保护和综合治理的总体布局及实施方案，促进流域或区域人口、资源、环境和经济的协调发展，以水资源的可持续利用支持经济社会的可持续发展。

四、水资源规划的原则

水资源规划是根据国家的经济社会、资源、环境发展计划、战略目标和任务，同时结合研究区域的水文水资源状况来开展工作的。这是关系着国计民生、社会稳定和人类长远发展的一件大事。在制定水资源规划时，水行政主管部门一定要给予高度的重视，在力所能及的范围内，尽可能充分考虑经济社会发展、水资源开发利用和生态环境保护的相互协调；尽可能满足各方面的需求，以最小的投入获取最满意的社会效益、经济效益和环境效益。水资源规划一般应遵守以下原则。

1. 全局统筹、兼顾局部的原则

水资源规划实际上是对水资源本身的一次人为再分配，因此，只有把水资源看成一个系统，从整体的高度、全局的观点来分析水资源系统、评价水资源系统，才能保证总体最优的目标。一切片面追求某一地区、某一方面作用的规划都是不可取的。当然，“从全局出发”并不是不考虑某些局部要求的特殊性，而应是从全局出发、统筹兼顾某些局部要求，使全局与局部辩证统一。如在对西北干旱地区作水资源规划时，既要考虑到地区之间、城乡之间以及流域上下游之间的水量合理分配，又要考虑对一些局部地区的特殊用水需求，如在塔里木河流域规划时，要重点考虑防止塔里木河下游台特玛湖干涸和生态环境恶化的生态用水。

2. 系统分析与综合利用的原则

如前所述，水资源规划涉及多个方面、多个部门和多个行业。同时，由于客观因素的制约导致水资源供与需很难完全一致。这就要求在做水资源规划时，既要对问题进行系统分析，又要采取综合措施，尽可能做到一水多用、一库多用、一物多能，最大程度地满足合理配置，共同享受人类发展与文明，减少贫富差别。

总的来说，对可持续发展的定义有很多种，但较为常用的还是布伦特兰夫人在《我们共同的未来》的报告中提出的定义。

二、可持续发展的内涵

从可持续发展的概念可以看出，可持续发展的内涵十分丰富，涉及社会、经济、人口、资源、环境、科技、教育等各个方面，但究其实质是要处理好人口、资源、环境与经济协调发展关系。其根本目的是满足人类日益增长的物质和文化生活需求，不断提高人类的生活质量。其核心问题是有效管理好自然资源，为社会进步和经济发展提供持续的支撑力。

可持续发展的内涵概括如下：

(1) 促进社会进步是可持续发展的最终目标。可持续发展的核心是"发展"，是要为当今和子孙后代造福。造福的标准不仅仅是经济增长，还特别强调用社会、经济、文化、环境、生活等多项指标来衡量，需要把当前利益与长远利益、局部利益与全局利益有机地结合起来，使经济增长、社会进步、环境改善统一协调起来。

(2) 可持续发展以资源、环境作为其支撑的基本条件。因为社会发展与资源利用和环境保护是相互联系的有机整体，如果没有资源与环境作为基本支撑条件，也就谈不上可持续发展。资源的持续利用和环境保护的程度是区分传统发展与可持续发展的主要标准，所以如何保护环境和有效利用资源就成为可持续发展研究的首要问题。

(3) 可持续发展鼓励经济增长，但可持续发展所鼓励的经济增长绝不是以耗竭资源、污染环境为代价，而是力求减少消耗、避免浪费、减小对环境的压力。

(4) 可持续发展强调资源在当代人群之间以及代际之间公平合理地分配。为了全人类长远和根本的利益，当代人群之间应在不同区域、不同国家之间协调好利益关系，统一、合理地使用地球资源，以期共同实现可持续发展的目标。同时，当代人也不应只为自己谋利益而滥用资源，在追求自身的发展和消费时，不能剥夺后代人理应享有的发展机会，即人类享有的权利和承担的义务应是统一的。

(5) 可持续发展战略的实施以适宜的政策和法律体系为条件，必须有全世界各国、全社会公众的广泛参与。可持续发展是全球的协调发展，虽然各国可以自主选择可持续发展的具体模式，但是生态环境问题是全球的问题，必须通过全球综合地、整体地发展加以解决。因此，各国必须着眼于整个人类的长远和根本利益，积极统一采取行动，加强合作，协调关系。同时，积极倡导全社会公众的广泛参与。

三、可持续水资源管理的提出

"可持续发展"这一涉及人类社会方方面面的新观念的出现，是人类思想认识的一次飞跃，同样，由"可持续发展"派生出来的"可持续水资源管理"的理念，则激发了水利科学和水利技术的一场深刻革命。

1. 可持续水资源管理的由来

针对已出现的水问题和21世纪所面临的水压力，国际社会十分重视，水资源学术界也曾多次召开学术研讨会专题讨论有关问题。比如，1996年10月在日本东京召开的《国际水资源及环境研究大会：面向21世纪新的挑战》以及1998年5月，在中国武汉召开的

2012 年 8 月，水利部启动了全国水资源保护规划编制工作，该规划重点聚焦于水资源保护顶层设计、水量保障、水质保护和水生态保护与修复四大方面任务，通过科学制定水资源保护各项措施，促进经济社会发展与水资源水环境承载能力相协调。

从流域层面来看，随着《全国水资源综合规划》的全面展开，全国七大流域机构也分别编制了适合本流域实际情况的流域水资源综合规划报告。例如，2012 年 12 月，国务院以国函〔2012〕220～221 号文件正式批复了长江流域、辽河流域的《流域综合规划(2012～2030 年)》；2013 年 3 月，国务院以国函〔2013〕34～39 号文件正式批复了黄河流域、淮河流域、海河流域、珠江流域、松花江流域、太湖流域的《流域综合规划(2012～2030 年)》。以上流域综合规划分别研究制定了 2020 年、2030 年完善流域防洪减灾、水资源综合利用、水资源与水生态环境保护、流域综合管理四大体系的目标和任务，明确了相应工程布局、主要任务、实施意见和管理措施，对切实保障流域防洪安全、供水安全、粮食安全、生态安全和全面提升水利服务经济社会的能力具有十分重要的意义。

从地区层面来看，为保障《全国水资源综合规划》的有效落实，各地区纷纷编制了本地区的水资源综合规划报告，并形成省级、地级、县级三个层次的水资源综合规划支撑体系。例如，2011 年 5 月，江苏省以苏政复〔2011〕29 号文件批复了《江苏省水资源综合规划》；2011 年 9 月，广东省以粤府函〔2011〕265 号文件批复了《广东省水资源综合规划》；2010 年 12 月，济宁市以济政字〔2010〕168 号文件批复了《济宁市水资源综合规划》；2012 年 3 月，河南省首个县（市）级行政区域水资源规划——《新密市水资源开发利用规划》通过验收审查。地区水资源规划工作的开展，为指导当地合理开发水资源、确保《全国水资源综合规划》贯彻实施提供了重要支撑。

第二节　水资源管理的基本内容

随着当今社会水资源问题的日益突出，人们普遍把“解决用水矛盾”的希望寄托在对水资源的科学管理上，水资源管理受到前所未有的重视，同时也面临着巨大的压力和挑战。

一、水资源管理的概念

水资源管理是指对水资源开发、利用和保护的组织、协调、监督和调度等方面的实施，包括运用行政、法律、经济、技术和教育等手段，组织开发利用水资源和防治水害；协调水资源的开发利用和治理与经济社会发展之间的关系，处理各地区、各部门间的用水矛盾；监督并限制各种不合理开发利用水资源和危害水源的行为；制定水资源的合理分配方案，处理好防洪和兴利的调度原则，提出并执行对供水系统及水源工程的优化调度方案；对来水量变化及水质情况进行监测与相应措施的管理等[5]。

水资源管理是水行政主管部门的重要工作内容，它涉及水资源的有效利用、合理分配、保护治理、优化调度以及水利工程的布局协调、运行实施及统筹安排等一系列工作。其目的是通过水资源管理工作的组织实施，规范各类水资源开发利用行为、有效落实水资源保护政策和措施，进而达到科学合理地开发利用水资源、支持经济社会发展、改善自然生态环境的效果。

各方面的需求，让水资源创造更多的效益，为人类做更多的贡献。国外在这方面有许多成功经验值得借鉴，如澳大利亚曾以“绿色奥运”的口号获得了2000年奥运会的主办权，其水资源的充分利用和管理具有较强的代表性，在奥运村建有污水处理厂，40%的用水经处理后回用于清洗、绿化等用途。

3. 因时因地制定规划方案的原则

水资源系统不是一个孤立的系统，它不断受到人类活动、社会进步、科技发展等外部环境要素的作用和影响，因此它是一个动态的、变化的系统，具备较强的适应性。在做水资源规划时，要考虑到水资源的这些特性，既要因时因地合理选择开发方案，又要留出适当的余地，考虑各种可能的新情况的出现，让方案具有一定“应对”变化的能力。同时，要采用“发展”的观点，随时吸收新的资料和科学技术，发现新出现的问题，及时调整水资源规划方案，以满足不同时间、不同地点对水资源规划的需要。

4. 实施的可行性原则

无论是什么类型的水资源规划，在最终选择水资源规划方案时，既要考虑所选方案的经济效益，又要考虑方案实施的可行性，包括技术上可行、经济上可行、时间上可行。如果不考虑“实施的可行性”这一原则，往往制定出来的方案不可操作，成为一纸空文，毫无意义。如有的学者曾提出“把喜马拉雅山炸开一个缺口，让印度洋的水汽进入我国西北地区以增加当地降水，从而改变青藏高原和西北干旱区的面貌”，这种说法作为一种科学假想可以，实际运作是不科学的。因为炸开喜马拉雅山，将会对西北地区现有的生态系统有较大扰动，而且即使炸开了，水汽是否能到达我国西北地区、对我国其他地区（如湖南、广东和福建）会产生什么影响，都需要进行科学的论证后再下结论[4]。

五、我国已开展的水资源规划简介

进入21世纪以来，我国先后开展了一系列的水资源规划工作。从国家层面来看，2010年12月，我国第一个国家水资源战略规划——《全国水资源综合规划》由国务院正式批复。该规划提出了我国在近期和中远期的用水总量控制、用水效率控制和水功能区限制纳污控制目标值，并给出支撑该目标实现的水资源保障工程与非工程措施体系。《全国水资源综合规划》的制定和实施对指导今后一个时期我国水资源宏观配置、开发利用、节约保护与科学管理工作，着力解决我国突出的水资源问题，推动水资源可持续利用，促进经济长期平稳较快发展和社会和谐发展，具有十分重要的现实意义和战略意义。

此外，近年来我国还先后启动了地下水利用与保护规划、抗旱规划、水资源保护规划等一系列的专题规划。2007年，水利部下发了《关于做好全国地下水利用与保护规划编制工作的通知》（办规计函〔2007〕409号），要求编制地下水利用与保护规划。该规划是全国水资源综合规划的专项规划，它在第二次水资源评价的基础上，进行了浅层地下水功能区的划分，提出了地下水开采量控制方案与水位目标，并给出保障规划实施的措施体系。经过近五年的工作，规划成果已于2012年5月顺利通过水利部审查。

2011年11月，温家宝总理主持召开国务院常务会议，讨论通过了《全国抗旱规划》。该规划提出了今后一个时期的抗旱工作目标，并指出抗旱根本出路在节水，要充分运用价格等经济杠杆，引导节约用水，严格控制高耗水项目，鼓励发展低耗水的高新技术产业。根据《全国抗旱规划》，我国将因地制宜建设农村、乡镇和城市抗旱应急备用水源工程。

续发展为指导思想，以如何充分利用有限的水资源来发挥最大的社会、经济、环境综合效益为最终目标。通过工程措施或非工程措施，使水资源为人类提供更多的服务，使人类的生存环境朝着良性的方向发展。

2. 具有共同的研究对象

水资源系统不是一个孤立的系统，它受到人类活动的影响，为经济发展提供服务，同时水资源的开发水平又受到生态环境条件的约束，可以说水资源与经济社会、生态环境之间紧密相连、密不可分。因此，在开展水资源规划与水资源管理工作时，其研究对象不仅要包括水资源系统本身，还要考虑水资源所在的外部环境——经济社会系统和生态环境系统对它的作用，即要以经济社会—生态环境—水资源复合大系统为研究对象，考虑在该系统综合作用下的水资源配置问题。

3. 包含相似的研究内容

水资源规划与水资源管理都应坚持可持续发展的指导思想，以水资源持续高效利用作为方案评估的准则和依据。在对水资源现状进行评价分析的基础上，进行经济社会发展预测，研究在一定时段内（水资源管理强调短期内预测，水资源规划则要考虑不同水平年的情况）水资源的供需状况和存在的问题；最后，寻求解决问题的方案和措施，为水资源合理开发利用提供决策参考。

4. 采用相近的研究方法

在进行水资源规划与水资源管理时，常常涉及到针对某一问题进行多种方案的决策分析，这就要用到水资源系统分析方法，建立水资源优化配置模型，通过目标函数和约束条件求解全局最优值，或通过计算机模拟多个方案或多种情景，对其进行评价比较，从中选出最优结果。

二、水资源规划与水资源管理的区别

1. 工作的侧重点不同

虽然水资源规划与水资源管理都包含了对水资源进行优化配置的相关内容，但水资源规划的内容相对单一，重点是通过计算方法求出使水资源与外部环境平衡协调的最佳方案；而水资源管理的内容则比较宽泛，它更多的是强调人对水资源的能动作用，包括实施水量调度、制定水法、处理水事纠纷、水利工程的日常管理等。

2. 技术手段的运用不同

水资源规划的技术手段通常是进行科学分析、论证，在模型计算的基础上，进行决策分析；而水资源管理的技术手段则多种多样，既运用了数学方法进行计算，为决策提供参考，又要通过行政部门的行政职能、水法的法律效力、群众的自身觉悟等多方面来贯彻落实。

3. 工作的时效不同

水资源规划往往是对水资源开发利用的远景分析，侧重于对未来状况的预测，时效一般比较长（有近期、中期、远期之分）；而水资源管理则强调实时决策，即对当前的水资源进行管理、调配、使用，其时效一般不会太长。

4. 对工程的意义不同

水资源规划往往是在水利工程施工前，进行的评价论证，或规划设计可行的方案；而了水资源的滥用，浪费极大。采用经济手段来加强水资源管理是可行的。水本身是有价值的，应把加强水权管理摆在战略位置，明确水是商品，通过改革水价体制、制定合理的水资源价格，来实现对水资源管理的宏观调控，调节各行各业的用水比例，达到水资源合理分配、合理利用的目标。同时，适时、适度地调整水资源费和水费的征收幅度，还可调动全社会节水的积极性。

四、现行水资源管理的准则

从科学意义和社会实践的观点看，科学准则是一个范例，是在共识的基础上，从理论到实践都应遵循的行为准则。就现行的水资源管理准则而言，主要考虑的是以下几方面。

1. 经济效益

经济效益是目前水资源规划与管理所追求的首要目标之一，有时甚至是在满足约束条件下的唯一目标。通常的做法是将水资源分配量作为决策变量，以水资源带来的经济效益为目标函数，其他条件作为约束，建立优化模型，从而得到最优决策方案。因此，追求经济效益就成为现行水资源管理的准则之一。

2. 技术效率

技术上可行、效率较高是现行水资源管理的另一个准则。它要求所选定的水资源管理方案，在技术上是可行的，并且使用效率较高。如果技术不可行，再好的方案也是不可取的；另外，如果技术上需要很大的代价才能实现，也就是说使用效率不高时，这样的水资源管理方案是很难实施的。

3. 实施可靠性

由于水资源系统总是存在着内在和外在的影响因素，在制定水资源管理方案和落实水资源管理措施时，要分析这些方案措施实施的可靠性。尽可能抓住影响实施的主要因素，寻找有效的对策以保证具体方案的实施。

4. 可持续发展

可持续发展强调社会发展不仅要保证现代的发展，而且要保证将来的发展。这一理念要一直贯穿在整个水资源管理工作中。因此，水资源管理必须考虑水资源的承载能力和水资源系统本身对自然界生态系统的影响，以可持续发展思想为指导，使有限的水资源能够被可持续利用。

第三节　水资源规划与管理的联系及工作流程

在对水资源规划与水资源管理的概念、内容、原则等进行介绍的基础上，本节将讨论它们之间的联系和区别，同时还将叙述水资源规划与管理的工作流程。

一、水资源规划与水资源管理的联系

总体来说，水资源规划与水资源管理之间的关系为：水资源规划为水资源管理指明方向，水资源管理将水资源规划落实到位。同时，它们之间还存在如下相似点。

1. 具有相同的出发点

水资源规划与水资源管理的目的都是为了更合理有效地利用水资源，以支持经济社会发展和改善生态环境质量。因此，在开展水资源规划与水资源管理工作时，都必须以可持与水资源管理意义相近的是另外一个词汇“水资源行政管理”。水资源行政管理，是指与水资源相关的各类行政管理部门及其派出机构，在宪法和其他相关法律、法规的规定范围之内，对与水资源有关的各种社会公共事务进行的管理活动，不包括水资源行政组织对其内部事务的管理。科学高效的水资源行政管理，能够保障水资源法律法规的顺利实施，保护水权拥有者和水资源利用者的合法权益，保证水资源开发利用的持续高效，是解决各种水资源问题的关键环节[7]。

对比两者的概念可见，水资源管理的内涵要比水资源行政管理更加宽泛，它不仅指运用单一的行政管理手段去解决水资源问题，还包括经济、技术、教育等其他手段，在管理内容和形式上要更加丰富多样。但水资源行政管理是水资源管理的主体工作内容，是其他管理方式得以落实的基础和保障。在本教材介绍的水资源管理工作内容中，包含了水资源行政管理在内的水资源管理整体。

二、水资源管理内容

水资源管理是一项复杂的水事行为，其内容涉及范围很广。归纳起来，水资源管理工作主要包括以下几部分内容。

1. 制定水资源管理法规政策

水法规和政策的内容反映了一个国家水资源行政管理的目标和方向，它应根据水资源状况、社会政治体制、宏观经济发展等条件的变化而不断做出调整。比如，编制水费和水资源费征收政策、水污染保护与防治政策等；通过需求管理、价格机制和调控措施，实行对水资源合理分配的政策。因此，水资源管理工作具有制定管理政策的义务和执行管理政策的职责。

2. 水资源调查评价和信息发布

水资源调查评价和信息发布是水资源管理的基础服务职能，为政策制定、规划编制等其他职能的开展提供基础数据和依据[7]。其内容包括对水源地、重点流域、河流、湖泊、水库等的水文、水量、水质和开发利用状况的调查、监测、现状评价，并通过有效途径将这些结果进行定期发布，以增进部门之间的沟通，促进公众的参与和监督。因此，水资源管理工作具有摸清水资源基本情况的义务。

3. 制定水资源合理利用方案和措施

制定目标明确的国家和地区水资源合理开发利用实施计划和投资方案；在自然、社会和经济的制约条件下，实行最适度的水资源分配；采取征收水费以及其他经济措施，限制不合理的用水行为，这是确保水资源可持续利用的重要手段。因此，水资源管理工作具有制定决策和实施决策的功能和义务。

4. 水利工程的运行管理

堤坝、水库、排灌工程等水利工程是水资源开发利用的基础，对这些工程的维护和管理也是水资源管理的一项重要职能。对大型水利工程的管理包括相应管理条例的制定、审批和实施，进行工程环境影响评价和综合效益评价，加强工程建设管理、确保工程质量，以及为工程建设进行投资融资等[7]。因此，水资源管理工作具有管理和维护水利工程的义务和职责。

5. 实时进行水量分配与调度

在洪水季节，需要及时预报水情、制定防洪对策、实施防洪措施；在旱季，需要及时评估旱情、预报水情、制定并组织实施抗旱具体措施；在突发水污染事故时，需要及时预报污染物运移情况、制定应急调度和处置措施。因此，水资源管理工作具有对水资源实时管理的义务和职责。

6. 加强宣传教育，提高公众觉悟和参与意识

公众的广泛参与是实施水资源可持续利用战略的群众基础。要加强对有关水资源信息和业务准则的传播和交流，广泛开展对用水户的教育。提高公众对水资源的认识，应该让公众意识到：水资源是有限的，只有在其可承载的范围内利用，才能保证水资源利用的可持续性；如果随意使用和污染，必然导致水资源短缺的后果。因此，水资源管理工作具有对外宣传教育的义务和职责。

7. 其他管理内容

水资源管理涉及面广、内容繁杂，除以上几项职能外，还有一些其他职能，如推广节水技术、普及节水知识、水利科技创新的组织研发、工程项目的验收审查、水质和生态系统保护与修复、水资源规划的组织实施等。

三、水资源管理的原则

水资源管理是由国家水行政主管部门组织实施的、带有一定行政职能的管理行为，它对一个国家和地区的生存和发展有着极为重要的作用。加强水资源管理，必须遵循以下原则。

1. 坚持依法治水的原则

我国现行的法规、规范是指导各行业工作正常开展的依据和保障，它也是水利行业合理开发利用和有效保护水资源、防治水害、充分发挥水资源综合效益的重要手段。因此，水资源管理工作必须严格遵守我国相关法律和规章制度，如《水法》、《水污染防治法》、《水土保持法》、《环境保护法》等。这是水资源管理的法律依据。

2. 坚持水是国家资源的原则

水，是国家所有的一种自然资源，是社会全体共同拥有的宝贵财富。虽然水资源可以再生，但它毕竟是有限的。过去，人们习惯性地认为水是取之不尽、用之不竭的。实际上，这是不科学的、浅显的认识，它可能会导致人们无计划、无节制的用水，从而造成水资源的浪费。因此，加强水资源管理首先应该从观念上认识到水是一种有限的宝贵资源，必须加以精心管理和保护。

3. 坚持整体考虑和系统管理的原则

前面提到过，人类所能利用的水资源是非常有限的。因此，某一地区、某一部门滥用水资源，可能会影响相邻地区或部门的用水保障；某一地区、某一部门任意排放废水、污水，也可能会影响相邻地区或部门的用水安全。因此，必须从整体上来考虑对水资源的利用和保护，系统管理水资源，避免“各自为政”、“损人利己”、“强占滥用”的水资源管理现象发生。

4. 坚持用水资源价格来进行经济调控的原则

长期以来，人们认为水是一种自然资源，是无价值、可以无偿占有和使用的，这导致

水资源管理则是在水利工程结束后，进行管理调度，发挥工程的综合效益。如调水工程，在工程施工前，成立“调水工程规划局”，而在工程结束后，则将更名为“调水工程管理局”。

三、水资源规划与管理的工作流程

尽管水资源规划与水资源管理在许多方面存在差异，但两者的指导思想和理论基础还是基本一致的。本书将针对水资源规划与管理的工作目标和内容，从理论方法和关键技术中选取两者的相似部分，构架出水资源规划与管理的工作流程，如图 2-1 所示。

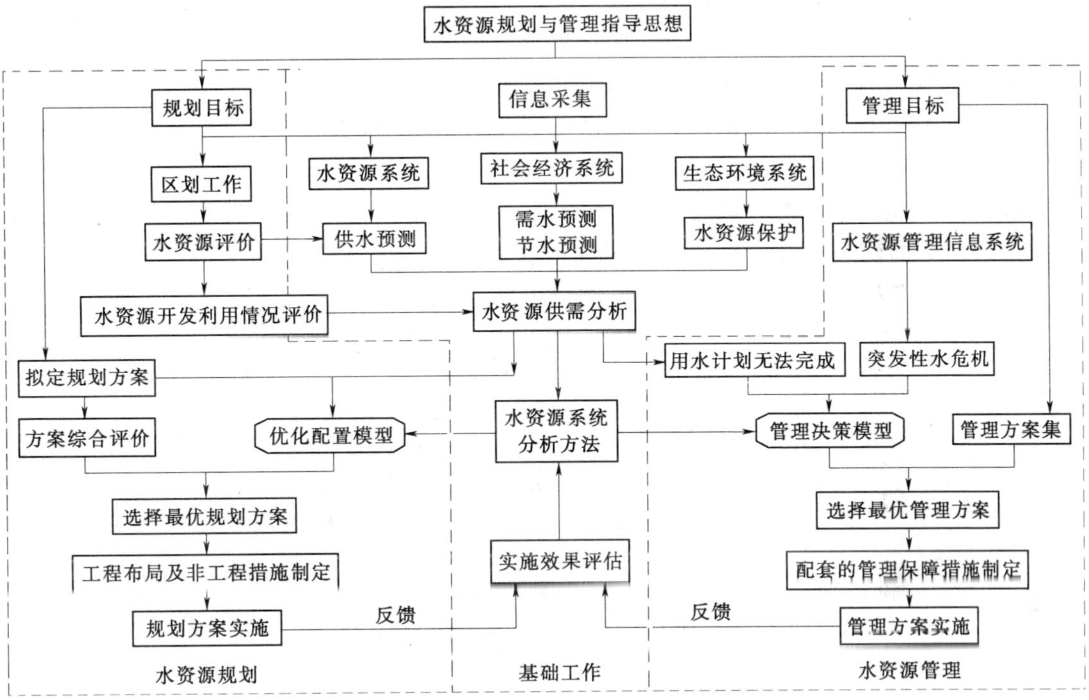

图 2-1 水资源规划与管理工作流程图

图 2-1 中，左边虚线框内部分是水资源规划的工作内容和流程，包括确立水资源规划目标，区划工作，水资源评价，水资源开发利用情况评价，拟定规划方案，水资源优化配置研究，最优规划方案选取，工程布局及非工程措施制定等，详细叙述将在第十章展开。

右边虚线框内部分是水资源管理的工作内容和流程，包括水资源管理信息系统的建立及信息采集和传输，管理决策模型的构建，管理方案集的生成，最优管理方案选取，配套的管理保障措施制定，管理方案实施等，详细叙述将在第十一章展开。

中间虚线框内部分则是水资源规划与管理的基础工作，即本书所要用到的理论方法体系，具体包括：在对水资源系统进行模拟和水资源评价的基础上，预测可供水量大小；通过经济社会系统发展预测求出各项经济指标、人口增长速度等，进而得出未来需水量大小；分析用水效率和节水潜力，编制节水规划方案和节水措施；分析生态环境系统状况，计算研究区的水功能区纳污能力大小，并提出相应的水资源保护措施；在对以上环节分析的基础上，求出整个系统的水资源供需状况，再通过水资源系统分析方法和方案的拟定、评价，对规划目标和管理目标的方案进行优选；最后，结合规划方案和管理方案的实际运行情况，实施效果评价，并提出方案修订和调整的建议。这些内容将在本书第三章～第九章中分别进行介绍。

思考题

1. 水资源规划的目的和工作内容是什么？
2. 水资源规划有哪些类型？介绍各自的特点。
3. 水资源管理包括了哪些内容？试举例说明。
4. 根据你的理解，水资源管理应该坚持哪些原则？为什么？
5. 简述水资源规划与水资源管理的联系及区别。
6. 简述水资源规划与管理的工作流程。

参考文献

[1] 左其亭，窦明，吴泽宁. 水资源规划与管理. 北京：中国水利水电出版社，2005.
[2] 左其亭，窦明，马军霞. 水资源学教程. 北京：中国水利水电出版社，2008.
[3] 何俊仕，粟晓玲. 水资源规划及管理. 北京：中国农业出版社，2006.
[4] 吴季松. 现代水资源管理概论. 北京：中国水利水电出版社，2002.
[5] 陈家琦，等. 水资源管理. 中国大百科全书——大气科学、海洋科学、水文科学. 北京：中国大百科全书出版社，1987，741-742.
[6] 赵宝璋. 水资源管理. 北京：水利电力出版社，1994.
[7] 姜文来. 水资源管理学导论. 北京：化学工业出版社，2004.

第三章 水资源规划与管理的指导思想

水资源规划和水资源管理，都是水利工作的重要内容之一，是一项涉及面很广、专业性很强的业务工作。水资源规划与管理工作的指导思想也是遵循一个国家或地区的治水思想的具体体现。

本章将介绍我国政府实施的水资源规划和管理的几个主要指导思想，包括可持续发展思想、人水和谐思想、最严格水资源管理制度、水生态文明理念。其中，可持续发展的内容介绍是基于第一版《水资源规划与管理》[1]修改而成。

第一节 可持续发展思想

“传统水利”以工程建设为中心，以追求经济效益为最终目标。“现代水利”有别于“传统水利”，其工作目标是追求人与自然的和谐共存，追求水资源的可持续开发利用。因此，新时期的水资源规划与水资源管理必须坚持以可持续发展为指导思想，以水资源优化配置为技术手段，协调处理好经济社会、生态环境与水资源开发利用之间的关系。

一、可持续发展的概念

1. 可持续发展思想的由来

可持续发展思想是随着人类的生产力水平和认识水平的不断提高而逐步形成的。在远古时期，人类的生产力水平极低，与自然作斗争的唯一目标就是为了生存，此时人类与自然融为一体。随着农业文明的到来，人类的生产力水平有了较大的提高，能够利用自身的力量去影响和改变局部的自然环境，在创造财富的同时也产生了一定的环境问题。但从整体上来看，在这一时期，人类对自然的破坏力有限，仍能与自然和平共处。进入工业革命后，人类与自然的关系发生了重大变化。随着培根和笛卡尔提出的“驾驭自然、做自然的主人”机械论的传播，人类已不满足于自己在自然界的被动地位，开始对大自然进行大肆开发、掠夺和破坏，生态系统的平衡受到严重干扰以至破坏。直到进入20世纪后，威胁人类生存、发展和环境的问题不断在全球显现，人类才开始重新审视自己的行为，并对人类与自然之间的关系作出新的定位。

早在19世纪中叶，恩格斯就指出在人类征服自然的同时，也将受到自然的惩罚。1935年，英国坦斯莱第一次提出生态系统的概念，从“生态平衡”入手，把人类与自然关系的研究引上科学轨道。1945年，英国哲学家莱昂波特在《土地伦理学》中指出，人类不是自然界的征服者和统治者，而是大自然中的平等一员。这个观点的提出意味着人类开始改变对大自然的传统认识。

1968年4月，来自世界各地的30多名专家学者聚集于罗马，全面研究了限制和最终决定人类社会发展的基本因素（人口、自然资源、环境污染、工业和农业生产等），并于1972年提出了著名的研究报告——《增长的极限》(The Limits to Growth)[2]。该研究报告认为“人类发展是有极限的，科学技术不可能解决这一问题”，虽然历史证明这是一个错误的结论，但是它对于人类的自我认识、自我反思起了巨大的推动作用。这一报告的发表在世界上引起了巨大的震动，此后，对人类社会前景预测和发展模式的研究迅速增加。

1983年12月，由挪威首相布伦特兰（G. H. Brundtland）夫人主持成立了一个独立的特别委员会，即“世界环境与发展委员会”，专门研究制订“全球的变革日程”。这个由政治家、学者组成的委员会不负众望，经过四年的努力，终于在1987年的世界环境与发展委员会上由布伦特兰夫人等作了题为《我们共同的未来》（Our Common Future）的报告[3]。该报告正式提出了可持续发展的新设想，修正了《增长的极限》提出的错误结论，并对可持续发展模式作了较深入地探讨。

1992年6月，被称为“地球首脑会议”的“世界环境与发展大会”在巴西里约热内卢由联合国组织召开。百国政府首脑聚集一堂，商讨人类摆脱环境危机的对策。会议通过了意义深远的《21世纪议程》，这标志着可持续发展思想得到全球共识并在各国取得合法性。

2. 可持续发展的概念

可持续发展（Sustainable development）的原始概念来源于生态学，最早由联合国教科文组织科技政策处在20世纪70年代使用，在公开国际文件中最早出现于1980年由国际自然保护同盟制定的《世界自然资源保护大纲》。

由于可持续发展的概念是从生态学范畴中引申出来的，许多机构和专家从不同角度对可持续发展作了不同的理解和定义，如：

生态学家从生态与环境角度作出的定义。1991年，国际生态学联合会（INTECOL）和国际生物科学联合会（IUBS）联合举行可持续发展问题专题讨论会，把可持续发展定义为“保护和加强环境系统的生产和更新能力”，即不超越环境系统再生能力的发展。

社会学家从人类生存质量与环境角度作出的定义。在1991年由世界自然保护同盟（IUCN）、联合国环境规划署（UNEP）和世界野生生物基金（WWF）共同发表的《保护地球：可持续生存战略》报告中，将可持续发展定义为“在生存不超出维持生态系统承载能力的情况下，改善人类的生活质量”。这类可持续发展的定义最终落脚点是人类社会，即改善人类的生活质量，创造美好的生活环境。

经济学家则认为可持续发展的核心是经济发展。比如，巴伯（Barbier）在其1989年出版的论著中把可持续发展定义为“在保护自然资源的质量和其所提供服务的前提下，使经济发展的净利益增加到最大限度”。

布伦特兰夫人在《我们共同的未来》报告中明确提出“可持续发展”的概念，即可持续发展是指“人类在经济社会发展和能源开发中，确保它满足目前的需要而不破坏未来发展需求的能力”[3]。它有三个基本要求：第一，开发不允许破坏地球上基本的生命支撑系统，即空气、水、土壤和生态系统；第二，发展必须在经济上是可持续的，即能从地球自然资源中不断地获得食物和维持生态系统的必要条件与环境；第三，要求建立国际间、国家、地区、部落和家庭等各种尺度上的可持续发展社会系统，以确保地球生命支撑系统的

《国际水资源量与质的可持续管理》的学术研讨会等，都反映了国际社会对水问题的高度重视。

如何研究可持续发展目标下的水资源管理问题，已被提到十分重要的地位，并逐渐形成了“可持续水资源管理”的概念。1996年，联合国教科文组织（UNESCO）国际水文计划工作组将可持续水资源管理定义为“支撑从现在到未来社会及其福利而不破坏它们赖以生存的水循环及生态系统完整性的水的管理与使用”。它要求在水资源规划、开发和管理中，寻求经济发展、环境保护和人类社会福利之间的最佳联系与协调，即人们常说的探求水资源开发利用和管理的良性循环。可持续水资源管理与现行的水资源管理相比，它特别强调了未来变化、社会福利、水循环、生态系统保护这样完整性的水的管理。简言之，它是“使未来遗憾可能性达到最小的水的管理决策”[4]。

2. 可持续水资源管理的基本特点[5]

（1）面向可持续发展。在可持续水资源管理中，考虑可持续发展是首要的，其中不仅仅指水资源在代际间公平分配，社会—经济—资源—环境的协调发展，十分现实的还有当代人群之间、流域的上下游之间和跨流域之间的水资源合理分配及区域社会、经济与环境的协调发展问题。由于我们只有一个地球和有限的水资源，当人类活动与开发利用程度超过水资源的承载能力时，与自然界的水循环系统紧密联系的生态系统就会遭到破坏，并且恢复十分困难。所以，在水资源规划和管理中，必须考虑水资源的承载能力和水资源系统本身对自然界生态系统的影响，必须要以可持续发展思想为指导，使有限的水资源能够可持续利用。

（2）考虑未来大范围环境的变化与影响。过去水资源规划与管理主要考虑工程所在地区或者本流域的影响问题，而对跨地区、跨流域或大陆尺度甚至全球气候变化影响考虑不多或者没引起重视。现代水科学的观点与之有很大的不同，它要求解决水资源问题必须进行综合管理，通过纳入到一种能够比较客观反映实际的综合分析体系中，识别各种生态系统要素间的相互作用，预测未来的变化。因为在较长的时间范围内，期望区域或流域的系统特征稳定不变是不太可能的。随着社会的发展，都市化的土地利用在发生变化，生态系统在发生变化，农业开发以及经济社会条件在发生变化，社会价值系统也在发生变化。因此，预测这些变化显得十分重要，现代水资源规划与管理就必须考虑这些在未来可能发生变化的影响。

四、可持续发展对水资源规划与管理的指导意义

如今，可持续水资源管理的概念和思想逐渐被大家所认识和接受，可持续水资源管理中的科学准则与理论方法也在不断完善和发展。对于水资源规划与管理来说，可持续发展的指导意义可以从以下三方面来分析。

1. 从人类水利发展的历史进程来看

纵观人类兴水利除水害的漫长历史，大体可以划分为以下三个阶段：

（1）原始水利阶段。该阶段水利活动的主要目标是解决人类生存问题。水资源的开发利用仅根据当时的经济技术条件，为满足当地的生产发展需要，进行灌溉、航运、防洪等单目标开发。其决策的依据也常限于某一地区或局部的直接利益，很少进行以整条河流或整个流域为目标的开发利用规划。由于在初期阶段中，生产力水平低，人口稀少，经济社

会发展对水的需求量远小于水资源可利用量，这样，水就给人们产生“取之不尽、用之不竭”的印象。

(2) 传统水利阶段。该阶段以水利工程建设为主要措施来保障人类经济社会发展对水资源的需求。在此阶段，水资源的开发利用已由单一目标发展到多目标的综合利用，也开始注重水资源的统一规划、兴利除害、综合利用。在技术方法方面，常通过一定数量的方案比较来确定流域或区域的开发方式，提出工程措施的实施程序。但水资源的开发规划目标和评价方法，大多以区域经济的需求为前提，以工程或方案的技术经济指标最优为依据，未涉及经济以外的其他方面。在这个阶段中，由于大规模的水资源开发利用工程建设，可利用水资源量与经济社会发展的各项用水逐步趋于平衡，或天然水体环境容量与排水的污染负荷逐渐超出平衡。个别地区在枯水期出现了缺水现象，在丰水期又频发洪水，水环境问题日益突出。这种状况向传统水利提出了挑战，迫使水利建设的观念向协调发展的思想转变。

(3) 现代水利阶段。该阶段是以水资源优化配置理论为基础，以水资源合理分配与统一管理为主要措施，实现水与社会、经济、环境的持续协调发展。水资源开发利用特别强调要与国民经济生产力布局、产业结构调整以及生态环境保护等紧密结合，统筹考虑社会、经济、环境等各个方面的因素，进行统一的管理和持续的开发利用，使水资源开发、利用、保护和管理有机结合，使水资源与人口、经济、环境相协调发展，争取实现水资源总供给与总需求的基本平衡。目前，我国正处于现代水利阶段。

从三个阶段的转变可以看出，在现阶段，随着人口增长和经济社会发展，用水量在不断增加，相应的污、废水排放量也在增长，水资源与经济社会发展、生态环境保护的不协调关系在“水”上表现十分突出，比如，出现的水资源短缺、水环境问题等。如果再按照传统水利的趋势发展下去，水问题将更加突出，甚至会对人类带来灾难性威胁。正如一位科学家所形容的“人类如果再这样浪费宝贵的水资源，那过不了多少年，人们见到的最后一滴水，将是人类的眼泪”。为了及时有效地解决出现的水问题，必须加强水资源的规划与管理，必须统筹考虑水资源与社会、经济、环境之间的协调，走可持续发展道路。

2. 从21世纪水资源面临的压力和挑战来看

21世纪全球水资源面临的压力将有增无减，突出表现在以下几个方面：

(1) 水资源需求量不断增加，供需矛盾日益突出。到2050年，预计世界人口将增至106亿左右，大约是20世纪末人口的两倍。全球的用水量也将在20世纪末的基础上翻一番。而目前几乎所有易获得的水源都已经开发或正在开发之中，特别是某些缺水地区，水资源超采十分严重，几乎到了掠夺性开采的地步。在中东、南非、中国西北干旱区，都出现了严重缺水的局面。从全球一般情况来看，各国可获得的淡水量都是有限的，而人类的需水量是不断增加的。随着这种供需矛盾的日益尖锐，必将会带来严重的水问题。并且，水资源的供需矛盾也构成对世界和平的一种威胁，这已引起联合国和国际社会的高度重视。

(2) 污水排放量逐年增加，可利用水资源污染严重。据统计，21世纪初期全世界每年有约420亿 m^3 污水排入江河湖海，使5500亿 m^3 水资源受到污染，约占全年径流量的14%以上，而且污染的多是城市周围水源，许多城市守着江河却不能用。随着用水量的增国际生物多样性计划（DIVERSITAS）等，目的是从全球、区域和流域不同尺度和交叉学科途径，探讨人（或人类活动）与水（或自然）的相互作用机理及发展途径。这些研究和努力都为人水关系研究和人水和谐理论研究奠定基础。2006年以前的文献显示，相关的研究主要是探讨了人类活动与水、生态系统与水、气候与水等之间的单方面或某些方面的关系，但从人文系统与水系统综合“系统”角度来研究人水相互作用关系与和谐发展途径的还比较少；多是采用定性或半定量分析，来研究人类活动与水系统之间的关系，仍缺乏人水和谐量化研究的理论方法及应用研究成果。

二、人水和谐的概念及内涵

（一）人水和谐的概念

不同时期不同文献中，对“人水和谐”的涵义有不同的认识和定义。本书引用文献[6]的定义。人水和谐的研究对象是人水系统，该系统能够依靠自身水循环动力和经济社会发展动力而演变。“人”是社会、经济活动的主体，“水”是人类赖以生存和发展的基础性和战略性自然资源。“和谐”是和睦协调之意。在英文中，“和谐”是“harmonious”，指“和谐的，协调的，和睦的”。人水和谐是指“人文系统与水系统相互协调的良性循环状态，即在不断改善水系统自我维持和更新能力的前提下，使水资源能够为人类生存和经济社会的可持续发展提供久远的支撑和保障”[6]。

（二）人水和谐的内涵

1. 人水和谐是人与自然和谐相处的重要方面

马克思主义认为人不是站在自然界之外的存在物，人存在于自然界，也属于自然界的一部分。人与自然的关系是相互联系、相互依存、相互制约的辩证关系。人与自然的统一是相互依存的、和谐的统一。马克思主义阐述的人与自然关系，决不能把人排斥在自然之外，更不能凌驾于自然之上去统治自然，主宰自然。

在人类历史发展进程中，人与自然关系的发展经历了四个时期——依存、开发、掠夺、和谐。

（1）第一个时期，在生产力水平极低的原始社会，人和自然是一种依存的关系，人依附于自然。人类一方面直接或通过简单的生产工具从大自然获得所需的一切；另一方面又要承受自然界给人类生存带来的各种威胁。这一时期，人类被动地适应自然，与自然的关系处于一种原始的和谐状态。

（2）随着生产力水平的提高，青铜器、铁器的使用，至农业、畜牧业出现后，人类开始开发利用自然资源，改变自然，使得这种关系进入了开发阶段。在这一时期，由于人类开发利用自然的能力有限，还没有对自然造成较大的破坏。

（3）但是随着科技进步和生产力水平的进一步提高，近现代大工业生产出现后，人类的自信心和对生存环境的不满足感，驱使他们去“征服自然”、“统治自然”，毫无节制地向大自然索取、掠夺，人与自然的关系进入了第三个时期。在这一时期，掠夺性地开发资源，一方面对大自然造成破坏性的灾难，另一方面也招致大自然对人类的惩罚与报复。

（4）然而，人类终究是有理性的，当这种掠夺式的开发难以为继时，人与自然的关系进入了一个新的境界——人与自然和谐相处[6]。

人与自然关系发展的四个时期，在哲学意义上是一种否定之否定、螺旋式上升的过程。在原始社会，人依附于自然，处于“天人合一”的原始和谐状态；在掠夺阶段，主导人们的是“人定胜天”，对人与自然的初级关系给予了否定；现在，人们追求“人天和谐”的境界，就是要否定“人定胜天”的思想。

在地球表面和表层中以各种形态存在的水，是自然赐予包括人类在内全体生物的生命线和宝贵财富。人的生存离不开水，水与人类社会的发展有着极为密切的关系。在人类社会的发展中，水不仅作为维持其生理需要的要素，也是不断丰富人类生活的重要物质。水是自然的重要组成元素，处理好人和水的关系也是处理好人和自然关系的重要内容，人水和谐是人与自然和谐相处的重要方面。

2. 人水和谐是处理好人水关系的重要途径

人类自诞生之日起，就面临着人与水的关系问题，就开始着人水关系的实践。回顾人类历史，从人水关系来看，大致经历了四个阶段[8]：

第一阶段：水侵人阶段。原始社会，生产力极为低下，人类逐水而居，但是对洪水的规律并无认识，洪水肆虐人类，人类束手无策。

第二阶段：人避水阶段。在实践过程中，人类不断认识水的规律，开始采取积极措施（比如修建水利工程）开发利用水、减少水的危害。这一阶段与第一阶段不同的是，人类对洪水的规律有了初步认识，知道如何用水之利而避水之害，兴建了很多水利工程。

第三阶段：人争水阶段。随着人类生产力的提高，人们为了自身利益需求，不断加大向自然界的索取，出现人水相争。伴随着工业化进程和人口的急剧增加，人水关系更加紧张。

第四阶段：人亲水阶段。伴随着水资源情况的变化、经济社会发展形势的变化以及科学技术的进步，人们再次认识到，在约束水的同时，必须约束人类的行为，在利用水的同时，必须善待水、珍惜水、节约水、保护水；在以工程措施治理水的同时，必须大力采用法律、经济和行政、科技等综合措施来规范人与水的关系。

从人水关系经历的发展阶段来看，人和水都是自然的一部分，在自然这个统一体中，人依赖于水，又具备改造水的能力；水为人类的发展提供支撑，同时通过各种灾害限制人类活动，人类改造自然的行为必须尊重水的运动规律。走人水和谐之路，是处理好人水关系的重要途径。

3. 人水和谐思想是指导水资源开发利用与保护的重要思想

从上面论述可以看出，人与水关系有以下特点[9]：

(1) 人和水都是自然的一部分。在自然这个统一体中，人依赖于水，又具备改造水的能力；水为人类的发展提供支撑，同时通过各种灾害限制人类活动。

(2) 人改造自然的行为必须尊重水的运动规律。

(3) 人与水的关系是一个动态的平衡。这种状态会随着人类活动的影响和自然界的自身变化以及人的认识水平和期望而不断改变。

(4) 人水关系的调整特别是人水矛盾的解决主要通过调整人类的行为来实现。

人水和谐就是坚持以人为本、全面、协调、可持续的科学发展观，解决由于人口增加和经济社会高速发展出现的洪涝灾害、干旱缺水、水土流失和水污染等水问题，使人和水的关系达到一个协调的状态，使有限的水资源为经济社会的可持续发展提供久远的支撑，为“实行最严格的水资源管理制度，保障经济社会可持续发展”的重要讲话，对实施最严格的水资源管理制度的重要意义、所面临形势和总体要求作了深刻论述。2010年，“严格水资源管理，保障可持续发展”列为“中国水周”的宣传主题。2011年中央一号文件指出，“要大力推进节水型社会建设，实行最严格的水资源管理制度，确保水资源的可持续利用和经济社会的可持续发展”[11]。2012年1月，国务院发布了《国务院关于实行最严格水资源管理制度的意见》（国发〔2012〕3号）文件，对实行最严格水资源管理制度作出全面部署和具体安排。2013年1月，国务院又发布了《实行最严格水资源管理制度考核办法》（国发〔2013〕2号）文件，对实行最严格水资源管理制度考核办法进行具体规定。这说明实行最严格的水资源管理制度是当前和今后一个时期水资源管理的主旋律，也是解决当前一系列日益复杂的水资源问题，实现水资源高效利用和有效保护的根本途径。

在我国自然资源管理领域，首先被冠以“最严格”且取得显著成效的是土地资源管理制度。作为人类赖以生存的重要自然资源，水资源与土地资源之间存在相似的属性。“最严格水资源管理制度”理念由于提出的时间比较短，目前还未形成统一的概念和定义。左其亭等曾给出其简单定义：最严格的水资源管理制度是一种行政管理制度，它是指根据区域水资源潜力，按照水资源利用的底限，制定水资源开发、利用、排放标准，并用最严格的行政行为进行管理的制度[10]。

二、最严格水资源管理制度的主要内容

最严格水资源管理制度的主要内容包括“三条红线”、“四项制度”。

1. 三条红线

最严格水资源管理制度的核心是确立“三条红线”，具体是：水资源开发利用控制红线，严格控制取用水总量；用水效率控制红线，坚决遏制用水浪费；水功能区限制纳污红线，严格控制入河湖排污总量。实际上是在客观分析和综合考虑我国水资源禀赋情况、开发利用状况、经济社会发展对水资源需求等方面的基础上，提出今后一段时期我国在水资源开发利用和节约保护方面的管理目标，实现水资源的有序、高效和清洁利用[10]。

“三条红线”的目标要求，是国家为保障水资源可持续利用，在水资源的开发、利用、节约、保护各个环节划定的管理控制红线。为实现“三条红线”的目标，在《国务院关于实行最严格水资源管理制度的意见》（国发〔2012〕3号）文件中提出了2015年和2020年在用水总量、用水效率和水功能区限制纳污方面的目标指标。这些目标指标与流域及区域的水资源承载能力相适应，是一定时期、一定区域生产力发展水平、经济发展结构、社会管理水平和水资源管理的综合反映。

2. 四项制度

最严格水资源管理的“四项制度”是指：用水总量控制制度、用水效率控制制度、水功能区限制纳污制度、水资源管理责任和考核制度。这“四项制度”是一个整体，其中用水总量控制制度、用水效率控制制度、水功能区限制纳污制度是实行最严格水资源管理“三条红线”的具体内容，水资源管理责任和考核制度是落实前三项制度的基础保障。只有在明晰责任、严格考核的基础上，才能有效发挥“三条红线”的约束力，实现最严格水资源管理制度的目标。

用水总量控制制度、用水效率控制制度、水功能区限制纳污制度三者相互联系，相互

影响，具有联动效应。严格执行用水总量控制制度，有利于促进用水户改进生产方式，提高用水效率；严格执行用水效率控制制度，在生产相同产品的条件下会减少取用水量；严格用水总量和用水效率管理，有利于促进企业改善生产工艺和推广节水器具，提高水资源循环利用水平，有效减少废污水排放和进入河湖水域，保护和改善水体功能。通过“总量”、“效率”和“纳污”三条红线，对水资源开发利用进行全过程管理，对水资源的“量”、“质”统一管理，才能全面发挥水体的支持功能、供给功能、调节功能和文化功能。任何一项制度缺失，都难以有效应对和解决我国目前面临的复杂的水问题，难以实现水资源有效管理和可持续利用[10]。

三、最严格水资源管理制度的内涵

最严格水资源管理制度以科学发展观为指导，以维护人民群众的根本利益为出发点和落脚点，以实现人水和谐为核心理念，以水资源配置、节约和保护为工作重心，以统筹兼顾为根本方法，以坚持改革创新为推进管理的不竭动力，统筹协调水资源承载能力、经济社会发展用水安全和水生态与环境安全，着力推进从供水管理向需水管理转变，从水资源开发利用优先向节约保护优先转变，从事后治理向事前预防转变，从过度开发、无序开发向合理开发、有序开发转变，从水资源粗放利用向高效利用转变，从注重行政管理向综合管理转变。可以如下理解最严格水资源管理制度[10]。

1. 最严格水资源管理制度是以水循环规律为基础的科学管理制度

最严格水资源管理制度是在遵守水循环规律的基础上面向水循环全过程、全要素的管理制度。它依据全国水资源综合规划和中国水资源公报，以流域水资源可利用量为上限，综合考虑流域、区域水资源开发利用及保护现状、用水效率、产业结构布局和未来发展需求，分解确定到2015年各水资源一级区和各省（自治区、直辖市）的用水总量控制指标。

2. 最严格水资源管理制度是对水资源的依法管理制度

最严格水资源管理制度是对水资源依法管理的一种制度。最严格水资源管理制度是对水资源的依法管理，这主要体现在它进一步完善了我国的水法规体系；丰富、细化了我国的水资源管理制度；建立了水资源管理的指标体系。

3. 最严格水资源管理制度是对水资源的可持续管理

最严格的水资源管理制度为解决中国日益复杂的水资源问题提供了思路。最严格水资源管理制度围绕促进水资源的优化配置、高效利用和有效保护，明确建立“三条红线”，提出了近期全国用水总量、用水效率和水功能区达标的约束性指标。

4. 最严格水资源管理制度旨在提高水资源配置效率的管理

最严格水资源管理制度同时强调政府的宏观调控和水市场调节机制，在最严格水资源管理制度实施过程中，要认识到水功能区达标率的提高是水资源优化配置的必要条件，同时，用水效率的提高是水资源配置效率提高的外在体现。

第四节　水生态文明理念

中国共产党十八大报告提出“大力推进生态文明建设”。为了贯彻落实党的十八大重要精神，水利部于2013年1月印发了《关于加快推进水生态文明建设工作的意见》，提出水生态文明理念，把生态文明理念融入到水资源开发、利用、治理、配置、节约、保护的各方面和水利规划、建设、管理的各环节。

本节将在《水生态文明建设几个关键问题探讨》一文[12]的基础上，介绍水生态文明理念的提出背景和概念，阐述水生态文明建设的目标和主要内容，分析推进水生态文明建设应关注的问题。

一、水生态文明理念的提出背景和概念[12]

在分析水生态文明建设概念和内涵之前，先回顾一下生态文明建设的提出背景和经过。2007年10月15日，党的十七大把“建设生态文明”列为全面建设小康社会目标之一，作为一项战略任务，首次把“生态文明”概念写入党代会的报告中。报告指出：“建设生态文明，基本形成节约能源资源和保护生态环境的产业结构、增长方式、消费模式”；“生态文明观念在全社会牢固树立。”2009年9月18日，党的十七届四中全会，把“生态文明建设”提升到与经济建设、政治建设、文化建设、社会建设并列的战略高度。报告指出：“全面推进社会主义经济建设、政治建设、文化建设、社会建设以及生态文明建设，全面推进党的建设新的伟大工程。”2010年10月18日，党的十七届五中全会提出，“提高生态文明水平”作为“十二五”时期的重要战略任务。报告指出：“社会主义经济建设、政治建设、文化建设、社会建设以及生态文明建设和党的建设取得重大进展。”2012年11月8日，十八大报告提出：“建设生态文明，是关系人民福祉、关乎民族未来的长远大计。”

目前国内外关于生态文明的概念有很多论述，从人、自然与社会的视角，文明形态的视角，生态学的视角等对生态文明进行定义。在百度百科中对生态文明有一个较普通的定义：生态文明是指人类遵循人、自然、社会和谐发展这一客观规律而取得的物质与精神成果的总和，是指以人与自然、人与人、人与社会和谐共生、良性循环、全面发展、持续繁荣为基本宗旨的文化伦理形态。

解读十七大报告和十八大报告，可以看出生态文明建设被赋予的新的理念和内涵。十七大报告指出，建设生态文明的实质就是要建设以资源环境承载力为基础，以自然规律为准则，以可持续发展为目标的资源节约型、环境友好型社会。十八大报告首次完整阐述了“五位一体”的总布局，指出应将生态文明与政治、经济、文化、社会四种文明的建设并列，生态文明是社会整体文明不可分割的一部分。并将建设“美丽中国”作为生态文明建设的目标。生态文明建设的新理念，是人类能够自觉地把一切经济社会活动，都纳入到“人与自然和谐相处”的体系中，是一种包容了人口优生优育、资源节约、环境保护的可持续发展，是一种包容了经济、社会与自然协调的和谐发展，是一种包容了优化生态、安居乐业、生活幸福的全面发展，是一种包容了新型工业文明转型的绿色经济发展。

为了贯彻落实党的十八大精神，水利部提出把生态文明理念融入到水资源开发、利用、治理、配置、节约、保护的各方面和水利规划、建设、管理的各环节，加快推进水生态文明建设。那么，如何理解水生态文明建设的概念、内涵呢？

分析水利部文件和十八大报告精神，左其亭在文献［12］中把水生态文明简单定义为：水生态文明是指人类遵循人水和谐理念，以实现水资源可持续利用，支撑经济社会和谐发展，保障生态系统良性循环为主体的人水和谐文化伦理形态，是生态文明的重要部分和基础内容。

可以从以下几方面来解读水生态文明的内涵。

1. 水生态文明倡导人与自然和谐相处，水生态文明的核心是“和谐”

十八大报告提出“尊重自然、顺应自然、保护自然的生态文明理念”，全新诠释了生态文明的内涵，倡导尊重自然、顺应自然、保护自然、合理利用自然。同样，水生态文明理念提倡的文明是人与自然和谐相处的文明，坚持以人为本、全面、协调、可持续的科学发展观，解决由于人口增加和经济社会高速发展出现的洪涝灾害、干旱缺水、水土流失和水污染等水问题，使人和水的关系达到一个和谐的状态，使宝贵有限的水资源为经济社会可持续发展提供久远的支撑。仅仅把水生态文明理解为“保护水生态”是不全面的，我们倡导的水生态文明的核心是“和谐”，包括人与自然、人与人、人与社会等方方面面的和谐。

2. 水资源节约是水生态文明建设的重中之重

当前我国水资源面临的形势十分严峻，水资源短缺问题日益突出，已成为制约经济社会可持续发展的主要瓶颈。水资源节约是解决水资源短缺的重要之举，是实现人水和谐的生态文明的重要措施。十八大报告提出“节约资源是保护生态环境的根本之策”，“加强水源地保护和用水总量管理，推进水循环利用，建设节水型社会”。可以看出，推进水生态文明建设的重点工作是厉行水资源节约，构建一个节水型社会。这是建设水生态文明工作的重中之重。

3. 水生态保护是水生态文明建设的关键所在

十八大报告提出“良好的生态环境是人类经济社会持续发展的根本基础。要实施重大生态修复工程，增强生态产品生产能力”，“加快水利建设，增强城乡防洪抗旱排涝能力”，“坚持共同但有区别的责任原则、公平原则、各自能力原则，同国际社会一道积极应对全球气候变化”。建设生态文明的直接目标是保护好人类赖以生存的生态与环境。因此，大力开展水生态保护工作是建设水生态文明的关键所在。

4. 水生态文明建设与经济建设、社会发展一起，是实现可持续发展的重要保障

十八大报告提出要把生态文明建设融入经济建设、政治建设、文化建设、社会建设各方面和全过程，组成“五位一体”。生态文明是物质文明、政治文明、精神文明、社会文明的重要基础和前提，没有良好和安全的生态与环境，其他文明就会失去载体。水资源是人类生存和发展不可或缺的一种宝贵资源，是经济社会可持续发展的重要基础。水生态系统是水资源形成、转化的主要载体。因此，保护好水生态系统，建设水生态文明，是实现经济社会可持续发展的重要保障。

二、水生态文明建设的目标和主要内容

水利部明确了水生态文明建设的五大目标：最严格水资源管理制度有效落实，“三条红线”和“四项制度”全面建立；节水型社会基本建成，用水总量得到有效控制，用水效率和效益显著提高；科学合理的水资源配置格局基本形成，防洪保安能力、供水保障能力、水资源承载能力显著增强；水资源保护与河湖健康保障体系基本建成，水功能区水质明显改善，城镇供水水源地水质全面达标，生态脆弱河流和地区水生态得到有效修复；水资源管理与保护体制基本理顺，水生态文明理念深入人心。

水利部明确的水生态文明建设包括八个方面的主要工作内容：一是落实最严格水资源管理制度；二是优化水资源配置；三是强化节约用水管理；四是严格水资源保护；五是推进水生态系统保护与修复；六是加强水利建设中的生态保护；七是提高保障和支撑能力；八是广泛开展宣传教育。总结提出的这八个工作内容比较全面，是目前水利部门的主要工作，也可以理解为水利部落实十八大提出的生态文明理念的具体抓手[12]。

三、推进水生态文明建设应关注的几个关键问题[12]

在推进水生态文明建设过程中，还应该注意以下问题：

（1）始终贯穿生态文明理念，服从生态文明建设大局。水生态文明建设是水利部贯彻落实十八大提出的生态文明理念的一项重要举措，水利部门在实施生态文明建设中具有重要作用，但不能理解为水利部门“单打独斗”、“另搞一套”，要把生态文明理念贯穿于水利工作的方方面面，要服从于全国生态文明建设大局。

（2）主动为生态文明建设做好服务，积极参与到生态文明建设中。虽然说水资源是生态文明建设的核心制约因素，水利应走在生态文明建设的前列，但是并不等于说水利部门是被动的参与，应该积极主动参与生态文明建设的有关方面，成为践行十八大精神的主力军。

（3）水生态文明建设不是水利部门常规工作的简单梳理和集成，应该是贯彻十八大精神和生态文明建设理念的一种升华和系统提高。有人看到水利部提出的水生态文明建设八方面主要工作内容时，感觉好像就是以往水利部主抓工作的再一次罗列。这种认识是不全面的，这八个方面仅仅是建设水生态文明的主要抓手，必须牢牢围绕生态文明建设这个纲，转变观念、提高认识，深刻领会党的十八大精神，切实抓好水生态文明建设工作。

（4）以科学发展观为指导，牢固树立人水和谐理念。在经济社会快速发展过程中，要尊重自然规律和经济社会发展规律，充分发挥生态系统的自我修复能力，以水定需、量水而行、因水制宜，推动经济社会发展与水资源和水环境承载力相协调。

（5）水利工程建设与生态系统保护应和谐发展。以往水利部门很多人过于重视水利工程建设，过于强调水利工程建设带来的经济效益，忽视工程建设对生态系统的影响。在水利工程前期工作、建设实施、运行调度等各个环节，都应高度重视对生态环境的保护，着力维护河湖健康，重视进行水生态系统保护与修复，使工程建设与生态系统保护和谐发展。

（6）工程措施与非工程措施应和谐发展。生态文明建设并不是只考虑生态系统保护，而是发展与保护协调开展。生态文明建设中的水利工作，既包括工程建设等措施，也包括水资源管理制度、法制、监管、科技、宣传、教育等非工程措施。单一重视工程措施或过分强调非工程措施都不是科学的态度，要使工程措施与非工程措施和谐发展，共同支撑水生态文明建设。

（7）基础研究、应用技术、软科学研究应和谐发展。水生态文明建设是一项目庞大而复杂的系统工程，可能是今后一定时期内水利工作的奋斗目标和工作重点。面对新时期水利改革发展和生态文明建设的需求，需要解决一些新的基础科学问题，比如，生态文明建设的关键影响因素及评价指标体系，人水关系的和谐论调控研究，水与可持续发展关系研究，水资源与经济社会协调发展理论及量化研究方法、管理模型、方案制定，水资源保护理论方法，河湖健康理论方法等。同时，也要解决适应生态文明建设的一些应用技术问题，比如，农业节水新技术，工业节水新工艺，非常规水利用技术，污水处理新技术，水资源优化调控技术，水生态系统保护与修复技术等。此外，基于新的理念也急需要开展一些有关软科学研究，比如，水生态补偿机制，水价制定与水市场运行方式，水资源管理责任和考核制度，最严格水资源管理制度技术标准体系、行政管理体系和法律法规体系，经济社会发展与水资源水环境承载能力和谐发展理论等。因此，针对这样一个系统工程，需要加强多方面的研究，使基础研究、应用技术、软科学研究和谐发展，共同支撑水生态文明建设。

思 考 题

1. 阐述可持续发展思想产生的背景及由来，分析可持续发展的概念及内涵。

2. 从可持续发展的概念及要求角度，论述“加强宣传和公众广泛参与”对水资源管理的重要性。

3. 水资源规划与管理研究为什么需要坚持可持续发展的指导思想？根据你的理解，在实际应用中会面临哪些问题或困难？

4. 以你比较熟悉的城市为例，介绍其存在的水问题，并从可持续发展的高度，论述解决这些问题的主要措施。

5. 阐述人水和谐思想产生的背景及由来，分析人水和谐的概念及内涵。简要介绍人水和谐思想在水资源规划与管理中的应用前景及意义。

6. 介绍最严格水资源管理制度概念及主要内容，分析实行最严格水资源管理制度的意义。

7. 介绍水生态文明理念的提出背景、概念和内涵，阐述推进水生态文明建设应注意哪些问题？并结合实际进行论述。

参 考 文 献

[1] 左其亭，窦明，吴泽宁．水资源规划与管理．北京：中国水利水电出版社，2005.

[2] Donella Meadows，et al. The Limits to Growth，The New American Library，Ninth Printing (second edition)，1975.

[3] Brundtland G H. Our Common Future，Report of the World Commission on Environment and Development，Oxford University Press，1987：3－15.

[4] 夏军．可持续水资源管理研究与展望．水科学进展，1997 (4)：370－375.

[5] 左其亭，陈曦．面向可持续发展的水资源规划与管理．北京：中国水利水电出版社，2003.

[6] 左其亭，张云．人水和谐量化研究方法及应用．北京：中国水利水电出版社，2009.

[7] 左其亭，高丹盈．人水和谐量化理论及应用研究框架．高丹盈，左其亭：《人水和谐理论与实践》，中国水利水电出版社，2006，9：1－5.

[8] 蔡其华．人水和谐：长江治理开发和管理的新境界．中国水利，2004 (7)：6－8.

[9]　左其亭．人水和谐论——从理念到理论体系．水利水电技术，2009，40（8）：25-30.
[10]　左其亭，李可任．最严格水资源管理制度理论体系探讨．南水北调与水利科技，2013，11（1）：13-18.
[11]　中共中央国务院．中共中央国务院关于加快水利改革发展的决定．2010-12-31.
[12]　左其亭．水生态文明建设几个关键问题探讨．中国水利，2013，（4）：1-3，6.

第四章 水资源评价

1977年，联合国在阿根廷马德普拉塔召开的世界水会议的第一项决议中指出：没有对水资源的综合评价，就谈不上对水资源的合理规划与管理。这次会议通过了“马德普拉塔行动纲领”，并提出“对于那些以工业、农业、城市生活供水和水能利用为目的而进行的水资源开发与管理活动，如果不在事先对可供水量的量和质进行估计，就不可能合理进行”。水资源评价被列为水资源规划与管理的基础工作之一，也是开展水资源规划与水资源管理工作的前提条件[1]。本章将重点讨论水资源评价的有关内容和方法。

第一节 水资源评价的内容和要求

一、水资源评价的内容和技术原则

按照中华人民共和国行业标准《水资源评价导则》（SL/T 238—1999），水资源评价内容包括水资源数量评价、水资源质量评价和水资源开发利用评价及综合评价。本节主要介绍水资源数量评价和水资源质量评价。

水资源评价工作要求客观、科学、系统、实用，并遵循以下技术原则：

（1）地表水与地下水统一评价。

（2）水量水质并重。

（3）水资源可持续利用与经济社会发展和生态环境保护相协调。

（4）全面评价与重点区域评价相结合。

二、水资源评价的一般要求

（1）水资源评价是水资源规划的一项基础工作。首先应该调查、搜集、整理、分析利用已有资料，在必要时再辅以观测和试验工作。水资源评价使用的各项基础资料应具有可靠性、合理性与一致性。

（2）水资源评价应分区进行。各单项评价工作在统一分区的基础上，可根据该项评价的特点与具体要求，再划分计算区或评价单元。首先，水资源评价应按江河水系的地域分布进行流域分区。全国性水资源评价要求进行一级流域分区和二级流域分区；区域性水资源评价可在二级流域分区的基础上，进一步分出三级流域分区和四级流域分区。另外，水资源评价还应按行政区划进行行政分区。全国性水资源评价的行政分区要求按省（自治区、直辖市）和地区（市、自治州、盟）两级划分；区域性水资源评价的行政分区可按省（自治区、直辖市）、地区（市、自治州、盟）和县（市、自治县、旗、区）三级划分。

（3）全国及区域水资源评价应采用日历年，专项工作中的水资源评价可根据需要采用水文年。计算时段应根据评价目的和要求选取。

（4）应根据经济社会发展需要及环境变化情况，每隔一定时期对前次水资源评价成果

进行全面补充修订或再评价。

第二节　水资源数量评价

水资源数量评价包括地表水资源量计算、地下水资源量计算以及水资源总量计算。在进行水资源量计算时，对有条件的地区，还需要进行相关数据的收集与计算，主要包括水汽输送量、降水量、蒸发量。

一、水汽输送量计算

一个区域的水汽输送量多少，用水汽通量和水汽通量散度描述。全国和有条件的地区可进行水汽输送分析计算，其内容应符合下列要求：

（1）将评价区概化为经向和纬向直角多边形，采用边界附近探空气象站的风向、风速和温度资料，计算各边界的水汽输入量或输出量，统计评价区水汽的总输入量、总输出量和净输入量，并分析其年内、年际变化。

（2）根据评价区内探空气象站的湿度资料，估算评价区上空大气中的水汽含量。

二、降水量计算

降水量计算应以雨量观测站的观测资料为依据，且观测站和资料选用应符合下列要求：

（1）选用的雨量观测站，其资料质量较好、系列较长、面上分布较均匀。在降水量变化梯度大的地区，选用的站要适当加密，同时应满足分区计算的要求。

（2）采用的降水资料应为经过整编和审查的成果。

（3）计算分区降水量和分析其空间分布特征，应采用同步资料系列；而分析降水的时间变化规律，应采用尽可能长的资料系列。

（4）资料系列长度的选定，既要考虑评价区大多数观测站的观测年数，避免过多地插补延长；又要兼顾系列的代表性和一致性，并做到降水系列与径流系列同步。

（5）选定的资料系列如有缺测和不足的年、月降水量，应根据具体情况采用多种方法插补延长，经合理性分析后确定采用值。

降水量用降落到不透水平面上的雨水（或融化后的雪水）的深度来表示，该深度以mm计，观测降水量的仪器有雨量器和自记雨量计两种。其基本点是用一定的仪器观测记录下一定时间段内的降水深度，作为降水量的观测值。

降水量计算应包括下列内容：

（1）计算各分区及全评价区同步期的年降水量系列、统计参数和不同频率的年降水量。

（2）以同步期均值和 C_v 点据为主，不足时辅之以较短系列的均值和 C_v 点据，绘制同步期平均年降水量和 C_v 等值线图，分析降水的地区分布特征。

（3）选取各分区月、年资料齐全且系列较长的代表站，分析计算多年平均连续最大四个月降水量占全年降水量的百分率及其发生月份，并统计不同频率典型年的降水月分配。

（4）选择长系列观测站，分析年降水量的年际变化，包括丰枯周期、连枯连丰、变差系数、极值比等。

（5）根据需要，选择一定数量的有代表性测站的同步资料，分析各流域或地区之间的

年降水量丰枯遭遇情况，并可用少数长系列测站资料进行补充分析。

根据实际观测，一次降水在其笼罩范围内各地点的强弱并不一致，表现了降水量分布的不均匀性。这是由于复杂的气候因素和地理因素在各方面互相影响所致。因此，工程设计所需要的降水量资料都有一个空间和时间上的分布问题。

流域或区域面上的平均降水量计算方法，有算术平均法、等值线法、泰森多边形法。

1. 算术平均法

设 h_1，h_2，…，h_n 为同一时期内各站实测降水量（mm），n 为站数，则流域（或区域）降水量 $\bar{h}$（mm）为：

$$\bar{h}=\frac{1}{n}(h_1+h_2+\cdots+h_n)=\frac{1}{n}\sum_{1}^{n}h_i \tag{4-1}$$

此法简单，但当降水量随地形变化较大时，精度较差。只有当地形起伏不大，且降水量观测站分布较均匀时，计算效果较好。

2. 等值线法

当流域（或区域）内可选择的降水量观测站较多，且降水量空间分布不均匀时，可以绘制年降水等值线图。然后，量算每两条等值线之间的面积，再通过一定计算就得到相应的降水量。具体步骤是：①将各站实测降水量注记在流域地形图上，用绘制等高线的方法绘制出等降水量线；②用求积仪求出每相邻两条等降水线之间的面积 f，用它乘以该面积两侧等降水线的水量平均值，得到该面积上的降水总量；③把各个面积上的降水总量相加，用总面积 F 去除，即得到流域平均降水量，其计算式为：

$$\bar{h}=\frac{\sum_{1}^{n}\frac{h_i+h_{i+1}}{2}f_i}{\sum_{1}^{n}f_i}=\frac{\sum_{1}^{n}\frac{h_i+h_{i+1}}{2}f_i}{F} \tag{4-2}$$

式中：$\bar{h}$ 为流域平均降水量，mm；F 为流域面积，km^2；f_i 为两等降水量线间所包围的流域面积，km^2；h_i，h_{i+1} 分别为面积 f_i 两侧等降水量线之水量值，mm。

一般来说，等值线法是计算流域（或区域）平均降水量的较完善方法，因为它考虑了地形变化对降水的影响。因此，当地形变化较大，区域内有足够数量的降水量观测站，又能够根据降水资料结合地形变化绘制出降水量等值线图时，采用等值线方法是比较理想的。

3. 泰森多边形法

当流域内待选的降水量观测站比较少，绘制降水量等值线又比较困难时，可以选用本方法。

首先把流域内各降水量观测站（包括流域附近的站）绘在流域地形图上。然后把每三个降水量观测站用虚线连接起来，从而形成许多三角形，并在每个三角形各边上做垂直平分线，所有的垂直平分线另构成一个多边形网，将全流域分为 n 个多边形，每个多边形内有一个降水量观测站（图 4-1）。

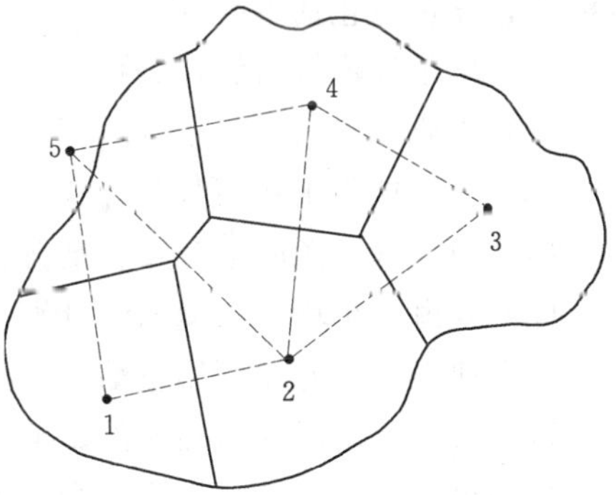

图 4-1　泰森多边形示意图

假设每个多边形上的面降水量等于其中降水量站的水量，其值为 h_1，h_2，…，h_n，而设 f_1，f_2，…，f_n 为流域内各降水量站所控制的多边形面积，流域总面积 $F=\sum_1^n f_i$，则流域平均降水量可由下式计算：

$$\bar{h}=\frac{h_1f_1+h_2f_2+\cdots+h_nf_n}{\sum_1^n f_i}=\frac{\sum_1^n h_if_i}{F} \tag{4-3}$$

三、蒸发量计算

蒸发是影响水资源数量的重要水文要素，评价内容应包括水面蒸发、陆面蒸发和干旱指数。

水面蒸发的分析计算应符合下列要求：

(1) 选取资料质量较好、面上分布均匀且观测年数较长的蒸发站作为统计分析的依据，选取的测站应尽量与降水选用站相同，不同型号蒸发器观测的水面蒸发量，应统一换算为E-601型蒸发器的蒸发量。其折算关系为：

$$E=\phi E' \tag{4-4}$$

式中：E 为水面实际蒸发量；E' 为蒸发器观测值；ϕ 为折算系数。

(2) 计算单站同步期年平均水面蒸发量，绘制等值线图，并分析年内分配、年际变化及地区分布特征。

陆面蒸发量，常采用闭合流域同步期的平均年降水量与年径流量的差值来计算。亦即水量平衡法，对任意时段的区域水量平衡方程有如下基本形式：

$$E_i=P_i-R_i\pm\Delta W \tag{4-5}$$

式中：E_i 为时段内陆面蒸发量；P_i 为时段内平均降水量；R_i 为时段内平均径流量；ΔW 为时段内蓄水变化量。

干旱指数，是指年水面蒸发量与年降水量的比值。

四、地表水资源量

1. 地表水资源量评价内容

按照中华人民共和国行业标准《水资源评价导则》(SL/T 238—1999) 要求，地表水资源数量评价应包括下列内容：

(1) 单站径流资料统计分析。

(2) 主要河流（一般指流域面积大于 5000km² 的大河）年径流量计算。

(3) 分区地表水资源数量计算。

(4) 地表水资源时空分布特征分析。

(5) 入海、出境、入境水量计算。

(6) 地表水资源可利用量估算。

(7) 人类活动对河川径流的影响分析。

单站径流资料统计分析应符合下列要求：

(1) 凡资料质量较好、观测系列较长的水文站均可作为选用站，包括国家基本站、专用站和委托观测站。各河流控制性观测站为必须选用站。

（2）受水利工程、用水消耗、分洪决口影响而改变径流情势的观测站，应进行还原计算，将实测径流系列修正为天然径流系列。

（3）统计大河控制站、区域代表站历年逐月天然径流量，分别计算长系列和同步系列年径流量的统计参数；统计其他选用站的同步期天然年径流量系列，并计算其统计参数。

（4）主要河流年径流量计算。选择河流出山口控制站的长系列径流量资料，分别计算长系列和同步系列的平均值及不同频率的年径流量。

分区地表水资源数量计算应符合下列要求：

（1）针对不同情况，采用不同方法计算分区年径流量系列；当区内河流有水文站控制时，根据控制站天然年径流量系列，按面积比修正为该地区年径流系列；在没有测站控制的地区，可利用水文模型或自然地理特征相似地区的降雨径流关系，由降水系列推求径流系列；还可通过绘制年径流深等值线图，从图上量算分区年径流量系列，经合理性分析后采用。

（2）计算各分区和全评价区同步系列的统计参数和不同频率的年径流量。

（3）应在求得年径流系列的基础上进行分区地表水资源数量的计算。

入海、出境、入境水量计算应选取河流入海口或评价区边界附近的水文站，根据实测径流资料采用不同方法换算为入海断面或出、入境断面的逐年水量，并分析其年际变化趋势。

地表水资源时空分布特征分析应符合下列要求：

（1）选择集水面积为 300～5000km^2 的水文站（在测站稀少地区可适当放宽要求），根据还原后的天然年径流系列，绘制同步期平均年径流深等值线图，以此反映地表水资源的地区分布特征。

（2）按不同类型自然地理区选取受人类活动影响较小的代表站，分析天然径流量的年内分配情况。

（3）选择具有长系列年径流资料的大河控制站和区域代表站，分析天然径流的多年变化。

地表水资源可利用量估算应符合下列要求：

（1）地表水资源可利用量是指在经济合理、技术可能及满足河道内用水并顾及下游用水的前提下，通过蓄、引、提等地表水工程措施可能控制利用的河道外一次性最大水量（不包括回归水的重复利用）。

（2）某一分区的地表水资源可利用量，不应大于当地河川径流量与入境水量之和再扣除相邻地区分水协议规定的出境水量。

人类活动对河川径流量的影响分析应符合下列要求：

（1）查清水文站以上控制区内水土保持、水资源开发利用及农作物耕作方式等各项人类活动状况。

（2）综合分析人类活动对当地河川径流量及其时程分配的影响程度，对当地实测河川径流量及其时程分配作出修正。

2. 地表水资源量计算方法

地表水资源量R，常用多年平均河川径流量来（指地表径流）表示。其计算方法有：代表站法、等值线法、年降水—径流函数关系法等。

（1）代表站法。在计算区域内，如果能够选择一个或几个基本能控制本区域大部分面积、实测径流资料系列较长、精度满足要求的代表性水文站，且区域内上、下游自然地理条件比较一致，可以用代表性水文站年径流量按面积比的方法，推算区域多年平均年径流量。

假如区域仅有一个控制站，且上、下游的降水量差别较大，自然地理条件也不太一致，但下垫面却相差不大，这样，可以用降水量作为权重来计算区域多年平均年径流量，即

$$W = W_a\left(1 + \frac{P_b f_b}{P_a f_a}\right) \tag{4-6}$$

式中：W为区域多年平均年径流量；W_a为控制站以上面积的实测径流量；P_a、f_a为控制站以上面积的平均年降水量、集水面积；P_b、f_b为控制站控制面积以外的平均年降水量、集水面积。

（2）等值线法。在区域面积不大且缺乏实测径流资料的情况下，或者是在有实测径流资料但区域面积较大且不能控制全区的情况下，可以借用包括该区在内的较大面积的多年平均年径流深等值线图，从图上查算出区域内的平均年径流深，乘以区域面积，来计算区域多年平均年径流量。有时，为了确保计算结果的可靠性，还可以用邻区有实测径流资料的相似流域，采用均值比法进行适当修正和验算。

等值线法是估算区域地表水资源量的一种常用方法。

（3）年降水—径流函数关系法。假如本区域有足够年份的实测降水、径流资料或相邻相似代表区域有足够年份的实测降水、径流资料，可以建立年降水—径流函数关系。这样，就可以用年降水资料来推算年径流量。通常可以用下式数学模型：

$$R = A\mathrm{e}^{BP} \tag{4-7}$$

式中：A、B为模型经验参数；e为自然对数的底；P为年降水量；R为年径流量。

这种方法的关键是要根据大量的实测资料来建立降水—径流函数关系模型。

五、地下水资源量

1. 地下水资源量评价内容

地下水资源数量评价内容包括：补给量、排泄量、可开采量的计算和时空分布特征分析，以及人类活动对地下水资源的影响分析。

在地下水资源数量评价之前，应获取评价区以下资料：

（1）地形地貌、地质构造及水文地质条件。

（2）降水量、蒸发量、河川径流量。

（3）灌溉引水量、灌溉定额、灌溉面积、开采井数、单井出水量、地下水实际开采量、地下水动态、地下水水质。

（4）包气带及含水层的岩性、层位、厚度及水文地质参数，对岩溶地下水分布区还应搞清楚岩溶分布范围、岩溶发育程度。

地下水资源数量评价应符合下列要求：

（1）根据水文气象条件、地下水埋深、含水层和隔水层的岩性、灌溉定额等资料的综合分析，确定地下水资源数量评价中所必需的水文地质参数，主要包括：给水度、降水入渗补给系数、潜水蒸发系数、河道渗漏补给系数、渠系渗漏补给系数、渠灌入渗补给系数、井灌回归系数、渗透系数、导水系数、越流补给系数。

（2）地下水资源数量评价的计算系列尽可能与地表水资源数量评价的计算系列同步，应进行多年平均地下水资源数量评价。

（3）地下水资源数量按水文地质单元进行计算，并要求分别计算、评价流域分区和行政分区地下水资源量。

平原区地下水资源数量评价应分别进行补给量、排泄量和可开采量的计算，其中：

（1）地下水补给量包括降水入渗补给量、河道渗漏补给量、水库（湖泊、塘坝）渗漏补给量、渠系渗漏补给量、侧向补给量、渠灌入渗补给量、越流补给量、人工回灌补给量及井灌回归量，沙漠区还应包括凝结水补给量。各项补给量之和为总补给量，总补给量扣除井灌回归补给量为地下水资源量。

（2）地下水排泄量包括潜水蒸发量、河道排泄量、侧向流出量、越流排泄量、地下水实际开采量，各项排泄量之和为总排泄量。

（3）计算的总补给量与总排泄量应满足水量平衡原理。

（4）地下水可开采量是指在经济合理、技术可能且不发生因开采地下水而造成水位持续下降、水质恶化、海水入侵、地面沉降等水环境问题和不对生态环境造成不良影响的情况下，允许从含水层中取出的最大水量，地下水可开采量应小于相应地区地下水总补给量。

平原区深层承压地下水补给、径流、排泄条件一般很差，不具有持续开发利用意义。需要开发利用深层地下水的地区，应查明开采含水层的岩性、厚度、层位、单位出水量等水文地质特征，确定出限定水头下降值条件下的允许开采量。

山丘区地下水资源数量评价可只进行排泄量计算。山丘区地下水排泄量包括河川基流量、山前泉水出流量、山前侧向流出量、河床潜流量、潜水蒸发量和地下水实际开采净消耗量，各项排泄量之和为总排泄量，即为地下水资源量。

2. 地下水资源量计算方法

地下水资源量 Q，即多年平均地下水补给量，由于其补给方式、补给过程比较复杂，地下水资源量的估算比地表水资源量略显麻烦。

含水层自外界获得水量的过程就称为补给，按其来源可以分为：大气降水入渗补给、地表水补给、凝结水补给、来自其他含水层的补给以及人工补给等。在这些补给来源中，凝结水补给量有限，常被忽略；而其他含水层的补给，是发生在地下水内部的一种水量交换。所以，对计算地下水资源量有实际意义的主要补给来源是：大气降水入渗补给、地表水补给以及人工补给。

大气降水入渗补给，是地下水最主要的补给来源之一。简单地说，它是指大气降水降落到地表，在一定条件下，经上层土壤或岩土达到地下，形成地下水。

地表水补给，是由地表上的江河、湖泊、水库以及海洋等，作为地下水的补给水源。

人工补给，是人类水利活动对地下水的补给。可分为两大类：一类是人类兴建水库、引水灌溉农田、城市工矿企业排放工业废水以及城镇生活污水排放，因渗漏而补给地下水。这是盲目的补给，有时通过增加地下水的补给而对地下水资源利用有利，有时由于引起土壤次生盐渍化、地下水污染等环境问题，而对地下水资源利用不利；另一类是人类为了有效地保护和改善地下水资源、控制地下水漏斗以及地面沉降现象的出现，而采取的一种有目的的人工回灌。在国外有些国家或地区，用人工回灌补给地下水量已占到地下水利用量的30%左右，我国的河北省、上海市等地区也开展了大量的回灌工作，取得了显著效果。

在计算地下水资源量，即地下水补给量时，由于山丘区与平原区的补给方式不同、获得资料的途径不同，其计算方法也不同，常常分开进行计算，再汇总。

(1) 在山丘区，由于受到资料条件的限制，常常难以直接采用公式来计算地下水补给量，而是根据“多年平均总补给量等于总排泄量”这一原理，一般采用计算地下水的总排泄量来近似作为总补给量，即有下式：

$$Q_m = R_{gm} + R_{um} + U_{km} + Q_{sm} + E_{gm} + q_m \tag{4-8}$$

式中：Q_m 为山丘区多年平均地下水补给量；R_{gm} 为山丘区多年平均河川基流量；R_{um} 为山丘区多年平均河川潜流量；U_{km} 为山丘区多年平均山前侧向流出量；Q_{sm} 为山丘区未计入河川径流的多年平均山前泉水出露量；E_{gm} 为山丘区多年平均潜水蒸发量；q_m 为山丘区多年平均实际开采的净消耗量。

(2) 在平原区，采用分类型计算补给水量再求和的方法计算地下水总补给水量。即有下面一般计算式：

$$Q_f = U_{Pf} + U_{rf} + U_{kf} + U_{cf} + U_{df} + U_{ff} + U_{jf} + q_{mf} \tag{4-9}$$

式中：Q_f 为平原区多年平均地下水补给量；U_{Pf} 为平原区多年平均降水入渗补给量；U_{rf} 为平原区多年平均河道渗漏入渗补给量；U_{kf} 为平原区多年平均山前侧向流入补给量；U_{cf} 为平原区多年平均渠系渗漏入渗补给量；U_{df} 为平原区多年平均水库渗漏入渗补给量；U_{ff} 为平原区多年平均灌溉入渗补给量；U_{jf} 为平原区多年平均越流补给量；q_{mf} 为平原区多年平均人工回灌补给量。

六、水资源总量

水资源总量，是在地表水和地下水资源数量评价的基础上进行的，主要内容包括“三水”（降水、地表水、地下水）关系分析、水资源总量计算和水资源可利用总量估算。

“三水”转化和平衡关系的分析内容应符合下列要求：

(1) 分析不同类型区“三水”转化机理，建立降水量与地表径流、地下径流、潜水蒸发、地表蒸散发等分量的平衡关系，提出各种类型区的总水资源数量表达式。

(2) 分析相邻类型区（主要指山丘区和平原区）之间地表水和地下水的转化关系。

(3) 分析人类活动改变产流、入渗、蒸发等下垫面条件后对“三水”关系的影响，预测总水资源数量的变化趋势。

总水资源量分析计算应符合下列要求：

(1) 分区总水资源数量的计算途径有两种（可任选其中一种方法计算）：一是在计算地表水资源数量和地下水补给量的基础上，将两者相加再扣除重复水量；二是划分类型区，用区域总水资源数量表达式直接计算。

(2) 应计算各分区和全评价区同步期的年总水资源数量系列、统计参数和不同频率的总水资源量；在资料不足地区，组成总水资源数量的某些分量难以逐年求得，则只计算多年平均值。

(3) 利用多年均衡情况下的区域水量平衡方程式，分析计算各分区水文要素的定量关系，揭示产流系数、降水入渗补给系数、蒸散发系数和产水模数的地区分布情况，并结合降水量和下垫面因素的地带性规律，检查水资源总量计算成果的合理性。

在实际计算中，如果按照前述方法，分别计算地表水资源量和地下水资源量后再汇总，其值往往大于水资源总量。这是由于在计算地表水资源量和地下水资源量时，有一部分水量是重复的，因此需要把重复量从二者之和中扣除，这样才真正得到水资源总量。该重复水量包括两大类：一是部分河川径流量又作为地下水补给量重复计算；二是山丘区侧向流出量又作为平原区地下水侧向流入量重复计算。

针对一个特定的区域，计算重复水量时只需把重复部分的水量计算项找出来，再汇总即可。此时可分析地表水与地下水利用过程中的水量转化关系，用扣除地下可开采量本身的重复利用量以及地表水可利用量与地下水可开采量之间的重复利用量的办法，估算水资源可利用总量。

第三节　水资源质量评价

一、评价的内容和要求

水资源质量的评价，应根据评价目的、水体用途、水质特性，选用相关参数和相应的国家、行业或地方水质标准进行评价。内容包括：河流泥沙分析、天然水化学特征分析、水资源污染状况评价。

河流泥沙是反映河川径流质量的重要指标，主要评价河川径流中的悬移质泥沙。天然水化学特征是指未受人类活动影响的各类水体在自然界水循环过程中形成的水质特征，是水资源质量的本底值。水资源污染状况评价是指地表水、地下水资源质量的现状及预测，其内容包括污染源调查与评价，地表水资源质量现状评价，地表水污染负荷总量控制分析，地下水资源质量现状评价，水资源质量变化趋势分析及预测，水资源污染危害及经济损失分析，不同质量的可供水量估算及适用性分析。

地表水资源质量评价应符合下列要求：

(1) 在评价区内，应根据河道地理特征、污染源分布、水质监测站网，划分成不同河段（湖、库区）作为评价单元。

(2) 在评价大江、大河水资源质量时，应划分成中泓水域与岸边水域，分别进行评价。

(3) 应描述地表水资源质量的时空变化及地区分布特征。

(4) 在人口稠密、工业集中、污染物排放量大的水域，应进行水体污染负荷总量控制分析。

地下水资源质量评价应符合下列要求：

(1) 选用的监测井(孔)应具有代表性。

(2) 应将地表水、地下水作为一个整体，分析地表水污染、纳污水库、污水灌溉和固体废弃物的堆放、填埋等对地下水资源质量的影响。

(3) 应描述地下水资源质量的时空变化及地区分布特征。

二、评价方法介绍

水资源质量评价是水资源评价的一个重要方面，是对水资源质量等级的一种客观评价。无论是地表水还是地下水，水资源质量评价都是以水质调查分析资料为基础，可以分为单项组分评价和综合评价。单项组分评价是将水质指标直接与水质标准比较，判断水质属于哪一等级。综合评价是根据一定评价方法和评价标准综合考虑多因素进行的评价。

水资源质量评价因子的选择是评价的基础，一般应按国家标准和当地的实际情况来确定评价因子。

评价标准的选择一般应依据国家标准和行业或地方标准来确定。同时还应参照该地区污染起始值或背景值。

水资源质量单项组分评价就是按照水质标准［如《地下水质量标准》(GB/T 14848—93)、《地面水环境质量标准》(GB 3838—2002)］所列分类指标，划分类别，代号与类别代号相同，不同类别标准值相同时从优不从劣。例如，地下水挥发性酚类Ⅰ、Ⅱ类标准值均为0.001mg/L，若水质分析结果为0.001mg/L时，应定为Ⅰ类，不定为Ⅱ类。

对于水资源质量综合评价，有多种方法，现介绍几种常用的方法：

1. 评分法

这是水资源质量综合评价常用方法。具体要求与步骤如下：

(1) 首先进行各单项组分评价，划分组分所属质量类别。

(2) 对各类别分别确定单项组分评价分值 F_i(见表4-1)。

表4-1 各类别分值 F_i 表

类别	Ⅰ	Ⅱ	Ⅲ	Ⅳ	Ⅴ
F_i	0	1	3	5	10

(3) 按下式计算综合评价分值 F：

$$F=\sqrt{\frac{\bar{F}^2+F_{\max}^2}{2}} \tag{4-10}$$

$$\bar{F}=\frac{1}{n}\sum_{i=1}^{n}F_i$$

式中：$\bar{F}$ 为各单项组分评分值 F_i 的平均值；$F_{\max}$ 为单项组分评分值 F_i 中的最大值；n 为项数。

(4) 根据 F 值，按表4-2的规定划分水资源质量级别，如“优良(Ⅰ类)”、“较好(Ⅲ类)”等。

表4-2 F值与水质级别的划分

级别	优良	良好	较好	较差	极差
F	<0.80	0.80～<2.50	2.50～<4.25	4.25～<7.20	≥7.20

2. 污染指数法

该方法是以某一污染要素为基础，计算污染指数，以此为判断依据进行评价。计算公式为

$$I = C_i / C_0 \tag{4-11}$$

式中：C_i 为水中某组分的实测浓度；I 为单要素污染指数；C_0 为背景值或对照值。

当背景值为一区间值时，采用下式

$$I = |C_i - \overline{C_0}| / (C_{0\max} - \overline{C_0}) \tag{4-12}$$

或

$$I = |C_i - \overline{C_0}| / (\overline{C_0} - C_{0\min})$$

式中：$C_{0\max}$、$C_{0\min}$ 分别为背景值或对照值的区间最大和最小值；$\overline{C_0}$ 为背景值或对照值的区间中值；其他符号意义同前。

这种方法，可以对各种污染组分，不同时段（如枯、丰水期）分别进行评价。当 $I \leqslant 1$ 时为"未污染"；当 $I > 1$ 时为"污染"，并可根据 I 值进行污染程度分级。该方法因其直观、简便，被广泛应用。

3. 一般统计法

这种方法是以检测点的检出值与背景值或饮用水卫生标准作比较，统计其检出数、检出率、超标率等，一般以表格法来反映，最后根据统计结果来评价水资源质量。

其中，检出率是指污染组成占全部检测数的百分数。超标率是指检出污染浓度超过水质标准的数量占全部检测数的百分数。对于受污染的水体，可以根据检出率确定其污染程度，比如单项检出率超过 50%，即为严重污染。

4. 主成分分析法

水质系统是由多维因子（各种污染物含量指标变量）构成的一个复杂系统，因子间具有不同程度的相关性，每一因子从某一方面反映了水质质量，但依据它们作综合评价有一定难度。主成分分析方法正是一种将多维因子纳入统一系统进行定量化研究、理论比较完善的多元统计分析方法，它可以将多个指标转化为少数几个不相关的综合指标（即所谓主成分）进行统计分析[3-5]。评价步骤如下：

（1）将各污染指标变量标准化，消除量纲和数量级的影响。

（2）根据标准化数据，计算原始指标相关系数矩阵。

（3）计算矩阵的特征值和相应的特征向量，其中每一特征值为对应主成分的方差，方差越大，则对总变异的贡献越大。

（4）计算主成分和主成分负荷，一般用累计方差贡献率来反映（通常取累计贡献率大于 80%的特征值）所对应的为主成分，用以解释该对应主成分所反映的信息量的大小。

（5）将各待评水体样点的标准化数据代入各主成分表达式中，得到各主成分得分，以方差贡献率为权数求和得到综合得分，即为水体污染程度的定量描述。

第四节 水资源开发利用评价

水资源开发利用评价主要是对水资源开发利用现状及其影响的评价，是对过去水利建设成就与经验的总结，是对如何合理进行水资源的综合开发利用和保护规划的基础性前期工作，其目的是增强流域或区域水资源规划时的全局观念和宏观指导思想，是水资源评价

工作中的重要组成部分[6]。

一、水资源开发利用现状分析的任务

水资源开发利用现状分析主要包括两方面任务：一是开发现状分析；二是利用现状分析。

水资源开发现状分析，是分析现状水平年情况下，水利工程在流域开发中的作用。这一工作需要调查分析这些工程的建设发展过程、使用情况和存在的问题；分析其供水能力、供水对象和工程之间的相互影响，并主要分析流域水资源的开发程度和进一步开发的潜力。

水资源利用现状分析，是分析现状水平年情况下，流域用水结构、用水部门的发展过程和目前的需水水平、存在问题及今后的发展变化趋势。重点分析现状情况下的水资源利用效率。

水资源开发现状分析和水资源利用现状分析二者既有联系又有区别，水资源开发现状分析侧重于对流域开发工程的分析，主要研究流域水资源的开发程度和进一步开发的潜力；水资源利用现状分析侧重于对流域内用水效率的分析，主要研究流域水资源的利用率。水资源开发现状分析与水资源利用现状分析是相辅相成的，因而有时难以对二者内容严格区分。

二、水资源开发利用现状分析的内容

水资源开发利用现状分析是评价一个地区水资源利用的合理程度，找出所存在的问题，并有针对性地采取措施促进水资源合理利用的有效手段。本节将按照水资源开发利用现状分析的主要内容进行叙述。

1. 供水基础设施及供水能力调查统计分析

供水基础设施及供水能力调查统计分析以现状水平年为基准年，分别调查统计研究区地表水源、地下水源和其他水源供水工程的数量和供水能力，以反映当地供水基础设施的现状情况。在统计工作的基础上，通常还应分类分析它们的现状情况、主要作用及存在的主要问题。

2. 供水量调查统计分析

供水量是指各种水源工程为用水户提供的包括输水损失在内的毛供水水量。对跨流域跨省区的长距离地表水调水工程，以省（自治区、直辖市）收水口作为毛供水量的计算点。

在受水区内，可按取水水源分为地表水源供水量、地下水源供水量进行统计。地表水源供水量以实测引水量或提水量作为统计依据，无实测水量资料时可根据灌溉面积、工业产值、实际毛用水定额等资料进行估算。地下水源供水量是指水井工程的开采量，按浅层淡水、深层承压水和微咸水分别统计。供水量统计工作，是分析水资源开发利用的关键环节，也是水资源供需平衡分析计算的基础。

3. 供水水质调查统计分析

供水水量评价计算仅仅是其中的一方面，还应该对供水的水质进行评价。原则上应依照供水水质标准进行评价，例如，地表水供水水质按《地面水环境质量标准》（GB 3838—2002）评价，地下水水质按《地下水质量标准》（GB/T 14848—93）评价。

4. 用水量调查统计及用水效率分析

用水量是指分配给用水户、包括输水损失在内的毛用水量。用水量调查统计分析可按照农业、工业、生活三大类进行统计，并把城（镇）乡分开。在用水调查统计的基础上，计算农业用水指标、工业用水指标、生活用水指标以及综合用水指标，以评价用水效率。

5. 实际消耗水量计算

实际消耗水量是指毛用水量在输水、用水过程中，通过蒸散发、土壤吸收、产品带走、居民和牲畜饮用等多种途径消耗掉而不能回归到地表水体或地下水体的水量。

农业灌溉耗水量包括作物蒸腾、棵间蒸散发、渠系水面蒸发和浸润损失等水量。可以通过灌区水量平衡分析方法进行推求，也可以采用耗水机理建立水量模型进行计算。工业耗水量包括输水和生产过程中的蒸发损失量、产品带走水量、厂区生活耗水量等。可以用工业取水量减去废污水排放量来计算，也可以用万元产值耗水量来估算。生活耗水量包括城镇、农村生活用水消耗量，牲畜饮水量以及输水过程中的消耗量。其计算可以采用引水量减去污水排放量来计算，也可以采用人均或牲畜标准头日用水量来推求。

6. 水资源开发利用引起不良后果的调查与分析

天然状态的水资源系统是未经污染和人类破坏影响的天然系统。人类活动或多或少对水资源系统产生一定影响，这种影响可能是负面的，也可能是正面的，影响的程度也有大有小。如果人类对水资源的开发不当或过度开发，必然导致一定的不良后果，比如，废污水的排放导致水体污染；地下水过度开发导致水位下降、地面沉降、海水入侵；生产生活用水挤占生态用水导致生态破坏等。因此，在水资源开发利用现状分析过程中，要对水资源开发利用导致的不良后果进行全面的调查与分析。

7. 水资源开发利用程度综合评价

在上述调查分析的基础上，需要对区域水资源的开发利用程度作一个综合评价。具体计算指标包括：地表水资源开发率、平原区浅层地下水开采率、水资源利用消耗率。其中，地表水资源开发率是指地表水源供水量占地表水资源量的百分比；平原区浅层地下水开采率是指地下水开采量占地下水资源量的百分比；水资源利用消耗率是指用水消耗量占水资源总量的百分比。

在这些指标计算的基础上，综合水资源利用现状，分析评价水资源开发利用程度，说明水资源开发利用程度是高等、中等还是低等。

第五节 应 用 实 例

本节以郑州市为例，介绍以上水资源评价方法在《郑州市水资源综合规划》[7]成果中的应用情况。

一、郑州市概况

1. 自然地理

郑州市位于东经112°42′～114°14′、北纬34°16′～34°58′，东连开封市，西接洛阳市，南邻许昌市，北隔黄河与新乡市相望。东西最大横距166km，南北最大纵距75km，总面积 7446.3km^2。

郑州市地形比较复杂，总趋势是西南高、东北低。郑州地貌横跨我国第二级和第三级地貌台阶。西南部嵩山属第二级地貌台阶前缘，东部黄淮平原为第三级地貌台阶后部，山地与平原之间的低山丘陵地带，则构成第二级地貌台阶向第三级地貌台阶过渡地区，全市山区面积 2375.4km^2，占总面积的 31.9%；丘陵区面积 2256.2km^2，占 30.3%，平原面积 2814.7km^2，占 37.8%。

郑州市属北温带大陆性季风气候，冷暖气团交替频繁，四季分明。春季干燥少雨，夏季炎热多雨，秋季天气多变，冬季寒冷多风。

郑州市地跨黄河、淮河两大流域，黄河流域占全市总面积的 27%，淮河流域占全市总面积的 73%。全市有大小河流 124 条，流域面积较大（≥100km^2）的河流有 29 条，其中黄河流域 6 条，淮河流域 23 条。过境河道有黄河、伊洛河。黄河在郑州市境内的支流有伊洛河、汜水河和枯河。淮河境内有贾鲁河、索须河、双洎河、颍河、运粮河等支流。

2. 经济社会

郑州市全区辖六市一县（上街区列入荥阳市）：郑州市区、巩义市、登封市、荥阳市、新密市、新郑市和中牟县，总面积 7446.3km^2。2000 年底，总人口 665.88 万人，到 2005 年底增加到 715.99 万人，人口密度达 962 人/km^2。2005 年，第一产业、第二产业、第三产业国内生产总值为 72.38 亿元、872.84 亿元及 715.38 亿元。

二、郑州市水资源数量评价

（一）降水量

1. 基本资料

郑州市水资源调查评价选用雨量站 33 个，其中，16 个站实测系列长度大于 45 年，占分析站总数的 48.5%；6 个站实测系列长度小于 35 年，占分析站总数的 18.2%。

2. 降水量地区分布及变化规律

郑州市 1956～2000 年年降水量变幅在 575～725mm 之间，平均降水量为 635.6mm，降水量相对偏少。降水量等值线平原地区大体由北向南递增的趋势。受地形因素的影响，降水量随高程增加而增大，高山区形成降水量高值中心。

3. 1956～2000 年分区降水量成果

1956～2000 年郑州市多年平均降水量为 635.6mm，折合水体为 47.33 亿 m^3。郑州市全区系列中年最大降水量为 1964 年年降水量 1070.1mm，最小年降水量为 1997 年年降水量 395.0mm。1956～2000 年各行政分区及水资源分区多年平均降水量成果略。

1956～2000 年同步系列，$P=20\%$、$P=50\%$、$P=75\%$、$P=95\%$时郑州市的降水量分别为 759.2mm、623.4mm、527.2mm、407.1mm。行政分区中，新密市的多年平均降水量最大，688.0mm；巩义及中牟比较小，多年平均降水量相当，在 605.0mm 左右。水资源分区中，沙颍河山区的多年平均降水量最大，为 667.3mm；花园口以下干流区最小，为 571.6mm。

4. 降水量的年际变化

用年降水量统计参数 C_v 和极值比来反映降水量的年际变化，结果表明降水量丰枯变化显著。1956～1959 年段的年降水量最多，达 727.7mm；其次为 1960～1969 年段的降水量，达 647.6mm；20 世纪 90 年代降水量最小，为 590.3mm。比 20 世纪 80 年代减少 37.8mm，减幅为 6.0％；比 60 年代减少了 57.3mm，减幅为 8.8％；比 70 年代减少了 39.6mm，减幅为 6.3％。

（二）蒸发量

1. 代表站的选取及折算系数

从郑州市 18 个蒸发站点中选取 8 个代表性较好、观测精度较高和资料相对齐全的站点（巩义、登封、荥阳、新密、新郑、郑州、中牟气象站和白沙水文站），作为水面蒸发量计算的代表站，个别站点缺测年份采用相邻站点资料进行插补延长。除白沙水文站观测采用 E601 型蒸发皿外，其他站点均采用 ϕ20 型蒸发皿观测，折算系数取 0.62。

2. 水面蒸发量空间分布

郑州市多年平均水面蒸发量的变化范围大致在 797.9～1112.0mm 之间，地区分布总的趋势为自南向北逐渐递增，其中，郑州站为全区高值区，蒸发量达 1112.0mm；白沙站为区域低值区，蒸发量仅为 797.9mm。

3. 水面蒸发量的年内和年际分配

从郑州市代表站多年平均年水面蒸发量年内分配来看，全市各地水面蒸发量以 4 月、5 月、6 月、7 月四个月为最大，四个月水面蒸发量占全年的 47.3％～50.9％；以 1 月、12 月为最小，两月水面蒸发量占全年的 7.4％～9.7％。最大月蒸发量多出现在 6 月，最小月蒸发量多出现在 1 月。

选择观测资料比较长、资料质量较好的中牟站作为代表，分析水面蒸发量的年际变化。1956～2000 年平均水面蒸发量为 1100.2mm，1956～1979 年平均水面蒸发量为 1231.3mm，1971～2000 年为 1042.5mm，1980～2000 年为 950.3mm，1980～2000 年平均水面蒸发量比 1956～1979 年平均水面蒸发量减少了 280.3mm。可见，中牟站水面蒸发量有减小的趋势。

4. 干旱指数及其变化

郑州市干旱指数自南向北，自东向西呈递增趋势，同纬度山区小于平原，干旱指数在 1.13～1.91 之间，属半湿润地区。

（三）地表水资源量

1. 基本资料及还原计算

郑州市境内共有告成、新郑、中牟、尖岗、黑石关、花园口等 6 处水文站。其中，告成、新郑、中牟、尖岗四站属淮河流域；黑石关、花园口两站属黄河流域。还原计算采用全面收集资料和典型调查分析相结合方法。有观测资料的，根据观测资料还原水量；没有观测资料的，通过典型调查分析进行估算。分河系自上而下，按水文站控制断面分段进行，然后逐级累计成全流域的还原水量。

2. 河川年径流的地区分布

郑州市年径流量的地区分布与降水量的分布近似，基本上是南部大，北部小，东部主要为平原区，也相对较小。

3. 河川径流的统计参数及时空变化特征

郑州市年径流变化比较大，平原区变差系数 C_v 比较小，而山区变差系数 C_v 偏大。郑

州市 C_s/C_v 大多在 2.0～3.0 之间。从郑州市主要代表站天然最大最小极值比和径流变差系数可以看出，郑州市河川径流的年际变化较降雨更为剧烈，主要表现在最大与最小年径流量倍比悬殊，年径流变差系数较大。年径流最大与最小极值比在 7.8～25.5 倍之间，年径流变差系数在 0.46～0.77 之间。

4. 分区地表水资源量

郑州市分区地表水资源量计算方法主要采用：降水总量比缩放法、移用径流特征值法和直接采用河南省水文局评价计算成果三种方法，成果见表 4-3。

表 4-3　郑州市分区地表水资源量统计分析结果表

行政区	分区面积 (km²)	统计参数				不同频率天然年径流量（×10⁴m³）			
		地表水资源量 (×10⁴m³)	年径流深 (mm)	C_v	C_s/C_v	20%	50%	75%	95%
巩义	1041.0	10874.9	104.47	0.48	2.5	14698.7	9856.1	7037.6	4386.0
登封	1219.0	15190.2	124.61	0.58	2.5	21338.7	13140.0	8723.5	5062.7
荥阳	949.7	8066.6	84.94	0.42	2.5	10612.7	7484.4	5582.1	3667.2
新密	978.0	9669.0	98.87	0.50	2.5	13178.4	8688.5	6114.2	3749.6
郑州市区	992.6	8145.6	82.06	0.40	2.5	10613.8	7611.3	5759.4	3855.0
新郑	873.0	7743.9	88.70	0.42	2.5	10188.2	7185.0	5358.8	3520.4
中牟	1393.0	10669.4	76.59	0.47	2.0	14503.0	9894.9	7004.3	3956.8
合计	7446.3	70359.6	94.49	0.38	2.0	91321.1	67003.3	50979.3	32858.5

1956～2000 年 45 年系列多年平均天然年径流量 70359.6×10⁴m³，其中，山丘区地表水资源量为 50479.0×10⁴m³，占地表水资源总量的 71.7%；平原区地表水资源量为 19880.6×10⁴m³，占地表水资源总量的 28.3%。这说明郑州市的地表水资源量主要产自山丘区，山丘区是郑州市地表水资源开发利用和保护的重点。

在 7 个行政分区中，变差系数 C_v 的变化范围在 0.40～0.58 之间，多数在 0.42～0.50 之间。全区登封市的变差系数 C_v 最大，为 0.58；郑州市区的变差系数 C_v 最小，为 0.40。各行政分区的 C_s/C_v 比值在 2.0～2.5 之间。多年平均年径流系数最大的为登封市 0.19，其次为巩义市 0.17，荥阳市和新密市为 0.14，新郑、郑州市区和中牟县为 0.13。

5. 地表水资源量年内年际变化特征

在郑州市，径流量年内分配极不均匀，多年平均月最大值出现在 7 月、8 月，最小值出现在 2 月。不同年份的分配也不同，郑州市 1956～1959 年地表水资源量最大，达到 102097.63×10⁴m³；1990～1999 年地表水资源量最少，仅为 1956～1969 年的 50.8%。从“1956～1959 年”到“1990～1999 年”地表水资源量有减少的趋势，2000～2005 年间地表水资源量高于 1960～1969 年间而低于 1956～1959 年间的地表水资源量。

6. 出入境水量

郑州市流出境外的主要河流有颍河、双洎河和贾鲁河，入境河流有伊洛河。1956～

2000年多年平均出境年径流量中，颍河为 $10866.6\times10^4m^3$，双洎河为 $16031.2\times10^4m^3$，贾鲁河为 $44363.7\times10^4m^3$。伊洛河1956～2000年平均入境年径流量为 $313154.2\times10^4m^3$。黄河是郑州市与焦作市、新乡市的界河，流入界河的河流主要有：伊洛河、汜水河、枯河等。1956～2000年平均流入界河水量为 $17345.4\times10^4m^3$。

（四）地下水资源量

1. 地下水评价类型区划分

本次评价郑州市共分为6个计算分区，分别为伊洛河区、小浪底—花园口黄河干流区、沙颍河山区、沙颍河平原区、花园口以下黄河干流区、涡河区，全市地下水计算面积为 $7273.51km^2$。

2. 评价方法

本次评价采用《全国水资源综合规划技术细则》中的地下水资源的评价方法，即：山区地下水资源量采用排泄量法计算，平原区、岗区地下水资源量采用补给量法计算，同时计算排泄量和地下水蓄变量，并进行水均衡计算。

3. 地下水资源量计算

根据各计算单元地下水资源量计算结果，计算出各水资源分区、各行政分区地下水资源量。同一计算单元被水资源分区或行政分区分割，按面积分配其资源量，郑州市全市多年平均浅层地下水资源量为 $77232.31\times10^4m^3/a$。表4－4仅列出行政区地下水资源成果。

表4－4　　郑州市分区地下水资源成果表

行政区	山区地下水资源量（$\times10^4m^3/a$）	平原、岗区地下水资源量（$\times10^4m^3/a$）	分区地下水资源量（$\times10^4m^3/a$）	资源量模数［$\times10^4m^3/(a\cdot km^2)$］
巩义	5541.03	5013.49	10554.53	11.0
登封	9667.53		9667.53	7.9
荥阳	2362.82	6374.57	8737.39	9.4
新密	9769.81	1281.09	11050.90	11.3
郑州市区	188.13	10086.29	10274.42	10.6
新郑	331.40	6765.14	7096.54	8.1
中牟		19851.00	19851.00	14.6
全市合计	27860.72	49371.59	77232.31	10.6

（五）水资源总量

郑州市各行政分区不同频率的水资源总量计算结果如表4－5所示。

（六）水资源可利用量

地表水资源可利用量计算采用反算法，是用多年平均水资源量减去不可以被利用水量和不可能被利用水量中的汛期下泄洪水量的多年均值，得出多年平均水资源可利用量。分区地表水资源可利用量计算结果见表4－6。

表 4-5　　郑州市各行政分区不同频率的水资源总量计算结果

行政区	计算面积（km^2）	不同频率年水资源总量（$\times10^4m^3$）			
		20%	50%	75%	95%
巩义	1041.0	23828.3	18158.4	15307.8	13210.9
登封	1219.0	30799.3	20317.6	15949.0	13672.7
荥阳	949.7	19233.7	14557.2	12499.2	11311.6
新密	978.0	23223.0	16722.7	14043.4	12676.2
郑州市区	992.6	19314.1	14542.3	11830.9	9376.4
新郑	873.0	15562.9	11079.2	8983.5	7631.6
中牟	1391.0	31520.0	24384.5	19533.8	13811.1
全市	7446.4	160136.9	119393.4	100553.6	88638.6

表 4-6　　郑州市分区地表水可利用水量计算成果表

行政区	地表水资源量（$\times10^4m^3$）	地表水资源可利用量（$\times10^4m^3$）	占地表水资源量的比例（%）	占全市的比例（%）
巩义	10874.9	2933.9	26.98	13.39
登封	15190.2	4941.7	32.53	22.55
荥阳	8066.6	3833.4	47.52	17.50
新密	9669	3029.4	31.33	13.83
郑州市区	8145.6	2717.5	33.36	12.40
新郑	7743.9	2228.2	28.77	10.17
中牟	10669.4	2226.9	20.87	10.16
全市合计	70359.6	21911.0	31.14	100.00

郑州市区域内地表水水质总体较差，有不少河段水质为劣Ⅴ类，丧失水体使用功能。扣除郑州市主要河流全年水质劣于Ⅴ类河段，剩余河段水量作为考虑现状水质情况下满足基本水体使用功能的地表水资源可利用量，计算结果见表 4-7。从计算结果来看，现状水质条件下地表水可利用量为 $7774.6\times10^4m^3$，仅为地表水资源量的 11.05%，地表水资源可利用量的 35.48%。河流及水库的污染加剧了郑州市水资源的短缺。

表 4-7　　郑州市现状水质情况下地表水资源可利用量估算表

行政区	地表水资源量（$\times10^4m^3$）	地表水资源可利用量（$\times10^4m^3$）	劣Ⅴ类河长所占比例（%）	现状水质下地表水资源可利用量（$\times10^4m^3$）
巩义	10874.9	2933.9	79.5	601.4
登封	15190.2	4941.7	32.2	3350.5
荥阳	8066.6	3833.4	50.0	1916.7
新密	9669.0	3029.4	81.5	560.4

续表

行政区	地表水资源量（$\times10^4m^3$）	地表水资源可利用量（$\times10^4m^3$）	劣V类河长所占比例（%）	现状水质下地表水资源可利用量（$\times10^4m^3$）
郑州市区	8145.6	2717.5	60.9	1062.5
新郑	7743.9	2228.2	87.3	283.0
中牟	10669.4	2226.9	100.0	0.0
全市合计	70359.6	21911.0		7774.5

郑州市分区浅层地下水可开采量见表4-8，中深层承压水可开采量见表4-9。

表4-8 郑州市分区浅层地下水可开采量表

行政区	面积（km^2）	地下水可开采量（$\times10^4m^3/a$）		分区地下水可开采量（$\times10^4m^3/a$）	可开采模数[$\times10^4m^3/(a\cdot km^2)$]
		山区	平原及岗区		
巩义	955.56	3324.62	3879.39	7204.01	7.5
登封	1217.88	5800.52		5800.52	4.8
荥阳	925.09	1417.69	4462.20	5879.89	6.4
新密	978.0	5861.89	896.76	6758.65	6.9
郑州市区	964.98	112.88	8219.91	8332.79	8.6
新郑	873.0	198.84	5345.77	5544.61	6.4
中牟	1359.0		16873.35	16873.35	12.4
全市合计	7273.51	16716.43	39677.39	56393.82	7.8

表4-9 郑州市分区中深层承压水可开采量成果表

行政区	计算面积（km^2）	可开采量（$\times10^4m^3$）	行政区	计算面积（km^2）	可开采量（$\times10^4m^3$）
巩义	412.29	2345.38	新郑	834.24	4745.70
荥阳	678.95	3862.31	中牟	1359.00	7730.88
新密	173.38	986.30	全市合计	4411.26	25094.13
郑州市区	953.40	5423.56			

当地水资源可利用总量：不考虑地表水现状水质情况下的水资源可利用总量，见表4-10；考虑地表水现状水质情况下的水资源可利用总量，见表4-11。

表4-10 郑州市多年平均水资源可利用总量表 单位：$\times10^4m^3$

行政区	多年平均地表水可利用量	多年平均浅层地下水可开采量			多年平均地表水可利用量与地下水可开采量间重复计算量	多年平均水资源可利用总量
		平原区	山丘区	合计		
巩义	2933.90	3879.39	3324.62	7204.01	146.62	9991.29
登封	4941.70		5800.52	5800.52		10742.22
荥阳	3833.40	4462.20	1417.69	5879.89	176.69	9536.61
新密	3029.40	896.76	5861.89	6758.65	36.41	9751.64

续表

行政区	多年平均地表水可利用量	多年平均浅层地下水可开采量			多年平均地表水可利用量与地下水可开采量间重复计算量	多年平均水资源可利用总量
		平原区	山丘区	合计		
郑州市区	2717.50	8219.91	112.88	8332.79	1542.25	9508.04
新郑	2228.20	5345.77	198.84	5544.61	641.57	7131.24
中牟	2226.90	16873.35		16873.35	3523.40	15576.85
全市合计	21911.00	39677.39	16716.43	56393.82	6066.94	72237.88

表 4-11　考虑地表水现状水质时多年平均水资源可利用总量表　单位：$\times 10^4 m^3$

行政区	现状水质下地表水资源多年平均可利用量	多年平均浅层地下水可开采量			多年平均地表水可利用量与地下水可开采量间重复计算量	现状水质下多年平均水资源可利用总量
		平原区	山丘区	合计		
巩义	601.40	3879.39	3324.62	7204.01	146.62	7658.79
登封	3350.50		5800.52	5800.52		9151.02
荥阳	1916.70	4462.20	1417.69	5879.89	176.69	7619.90
新密	560.40	896.76	5861.89	6758.65	36.41	7282.64
郑州市区	1062.60	8219.91	112.88	8332.79	1542.25	7853.14
新郑	283.00	5345.77	198.84	5544.61	641.57	5186.04
中牟	0.00	16873.35		16873.35	3523.40	13349.95
全市合计	7774.60	39677.39	16716.43	56393.82	6066.94	58101.48

客水可利用量：郑州市的客水资源量主要是黄河干流的供水量，以及 2014 年南水北调中线工程通水后的供水量。根据黄河流域的水量分配方案，郑州市的黄河水量配额为 4.30 亿 m^3/a（数据来源于《郑州市节水型社会建设规划》）；根据河南省人民政府文件（豫政文〔2007〕195 号）批复，南水北调中线工程向郑州市供水量为 5.17 亿 m^3/a，详见表 4-12。

表 4-12　郑州市各行政区客水可利用量　单位：$\times 10^4 m^3$

行政区	南水北调供水前	南水北调供水后		
	黄河水量配额	黄河水量配额	南水北调供水量	合　计
巩义	25	25		25
登封				
荥阳	1200	1200	9140	10340
新密				
郑州市区	36275	36275	31470	67745
新郑			8350	8350
中牟	5500	5500	2740	8240
合计	43000	43000	51700	94700

三、郑州市水资源质量评价

（一） 河流泥沙

本次评价所指的泥沙是江河中的悬移质泥沙，含沙量和输沙量均未包括推移质泥沙。选择系列较长、受水利工程影响较小、集水面积 300～5000km^2 的水文站作为选用站，主要包括告成站、新郑站、中牟站、尖岗站和常庄站 5 个站点。

1. 主要河流代表水文站多年平均含沙量及悬移质输沙量

郑州市河流多年平均含沙量的总趋势是西部山区大，东部平原小。其中，颍河告成水文站实测多年平均含沙量 3.50kg/m^3，最大含沙量为 9.25kg/m^3，1956～2000 年多年平均输沙量 32.3×10^4t；双洎河新郑水文站多年平均含沙量 0.69kg/m^3，最大含沙量为 3.91kg/m^3，1956～2000 年多年平均输沙量 10.2×10^4t；贾鲁河多年平均含沙量 3.94kg/m^3，最大含沙量为 9.27kg/m^3，1963～2000 年多年平均输沙量 192.7×10^4t。多年平均汛期输沙量占年输沙量的 80%以上；输沙量的年际变化，也比降水、径流更为剧烈。

2. 输沙模数的地区分布

郑州市悬移质多年平均输沙模数的地区分布总趋势是西部大于东部，山地大于平原。1980～2000 年多年平均输沙模数比 1956～1979 年输沙模数呈比较明显的减小趋势。

（二） 地表水水质

1. 现状水质评价

评价范围共包括河流 16 条，河长 621.7km，其中黄河流域评价河长 172.7km，占总评价河长的 27.8%；淮河流域河长 449.0km，占 72.2%。评价标准采用《地面水环境质量标准》（GB 3838—2002）。评价方法采用单指标评价法确定地表水水质类别，评价代表值采用汛期、非汛期和全年 3 个时段平均值，评价结果按河长统计，以Ⅲ类地表水标准值作为水体是否超标的限值，给出超标率和超标倍数等特征值。

按水资源四级区统计超标河长评价结果可知，超标河长占评价河长的 94.2%，评价河长 621.7km，超标河长 585.5km。沙颍河平原区、伊洛河区、小浪底—花园口干流区评价河长全部超标。沙颍河山区 85.1%的评价河长超标。

2. 水库水质现状评价

本次评价水库 14 座，库容 2.4629 亿 m^3。其中黄河流域 3 座，淮河流域 11 座，水库水质评价项目、方法、标准与河流相同。

从评价库容上看，全年期评价库容 2.1504 亿 m^3，其中Ⅲ类水 0.4840 亿 m^3，占 22.5%；Ⅳ类水 0.3666 亿 m^3，占 17.1%；Ⅴ类水 0.7880 亿 m^3，占 36.6%；劣Ⅴ类水 0.5118 亿 m^3，占 23.8%。全市水库水质，汛期比非汛期好些，主要污染项目是总磷、溶解氧、高锰酸盐指数、化学需氧量、五日生化需氧量、氨氮和挥发酚，显示出郑州市水库主要受有机污染影响。

郑州市水库营养状况以富营养状态为主。在全年期评价的 14 座水库中，中营养状态水库 7 座，占评价水库总数的 50%和评价库容的 33.8%；富营养状态水库 7 座，占评价水库总数的 50%，占评价库容的 66.2%。

3. 水质变化趋势分析

选用1980～2000年间的水质数据，采用水质参数浓度和采样时间（以十进位年表示）回归的方法，对所选取的7个监测断面的水质进行趋势分析。分析项目包括总硬度、高锰酸盐指数、五日生化需氧量、氨氮、溶解氧、挥发酚和镉共7项，城市下游河段增加氯化物1项。

结果表明：尖岗水库的水污染总体呈现增加的趋势，增加趋势最快的是溶解氧。贾鲁河西流湖断面的污染呈现不同变化趋势，呈增加趋势的指标有总硬度和氨氮，其中总硬度增加的趋势比较快；高锰酸钾指数和五日生化需氧量随时间变化呈下降趋势。其他河段水质变化趋势略。

（三）地下水水质

1. 地下水化学类型及特征

根据水化学分析成果，采用舒卡列夫分类法确定地下水化学类型。

2. 地下水质量现状评价

依据《地下水质量标准》(GB/T 14848—93)，采用单项组分评价和综合评价。

区内浅层地下水质量主要为较差～良好级，影响地下水质量级别的主要因子是Fe、Mn、NO_3-N、NH_4、总硬度及氟化物。山丘区浅层地下水水质类别大部分为Ⅲ类水，仅在登封市、巩义市及新密市境内局部出现Ⅳ、Ⅴ类地下水劣质区。平原区东北部郑州城区至中牟县境内及东南部新郑市境内浅层地下水水质普遍较差，水质类别大部分为Ⅳ类水，局部为劣Ⅴ类水。

平原区中深层承压水水质类别大部分为Ⅱ类水，仅在登封市、巩义市及新密市境内呈点状出现Ⅳ类地下水劣质区，水质总体上良好。

3. 水质变化趋势分析

在郑州市区6市1县分别选用质量较好、监测年份多且具有代表性的地下水水质监测井，作为地下水水质变化趋势分析的水质监测井。按照监测项目监测值的年均变化率（ΔC_i）分为三个区，分别为恶化区（$\Delta C_i>5\%$），稳定区（$-5\%\leqslant\Delta C_i\leqslant5\%$），好转区（$\Delta C_i<-5\%$）。浅层地下水pH值、矿化度及总硬度监测值的年均变化率（ΔC_i）基本上处在$-5\%\leqslant\Delta C_i\leqslant5\%$之间，通过对计算分区内所选监测点的地下水水质近期变化趋势进行综合分析，仅发现在荥阳市所选点的总硬度监测值年均变化率（ΔC_i）大于5%，有恶化趋势。总体来看，浅层地下水水质动态基本上处于稳定状态。

四、水资源开发利用情况评价

（一）供水基础设施调查统计

1. 蓄水工程

郑州市主要蓄水工程有水库和塘坝。2005年，郑州市有中型水库14座，分别位于黄河流域及淮河流域的支流上，其中黄河流域有2座，淮河流域上有12座。中型水库的总设计库容$33621\times10^4m^3$，兴利库容$18667\times10^4m^3$。郑州市共有小型水库145座，大多数兴建于20世纪50、60年代，控制了$1862.14km^2$的集水面积。小型水库总设计库容$23778.11\times10^4m^3$，兴利库容$10549.6\times10^4m^3$，其中小（1）型水库有61座，小（2）型水库有83座。郑州市2005年共有塘坝338座，总容积$843.13\times10^4m^3$。郑州市除了中型水库为工业、农业和生活供水外，小型水库和塘坝基本上为农业生产服务。

2. 引水和提水工程

2005 年全郑州市提水工程 32 处，其中大型提水工程 1 处，小型 31 处。现状年供水量达 $6151\times10^4m^3$。黄河流域有现状提水工程 24 处，淮河流域提水工程 8 处。

2005 年全郑州市引水工程 31 处，其中大型引水工程 2 处，中型引水工程 6 处，小型引水工程 23 处。现状年供水能力达 $34438\times10^4m^3$。黄河流域引水工程 28 处，其中大型 2 处，中型 5 处，小型 21 处。淮河流域引水工程 3 处，其中中型 1 处，小型 2 处。

3. 其他水源工程

其他水源工程包括集雨工程、污水处理再利用等供水工程。截止 2005 年，配合节水措施，共修建集雨工程 18990 处（水窖、水柜等），用于发展农业灌溉，年利用量达 $788\times10^4m^3$。2005 年污水处理厂共有 6 处，其中郑州市区 2 处。

4. 地下水供水设施

根据统计，郑州市 2005 年共有生产水井 44004 眼，供水量 $113379\times10^4m^3$。其中浅井 31974 眼，供水量 $62486\times10^4m^3$；中深层井 12030 眼，供水量为 $50893\times10^4m^3$。地下水源供水在郑州市的供水中占重要地位，约占总供水量的 70%左右。

（二）供水量调查统计

1. 行政分区供水量调查分析

郑州市是各种水源联合调度供水的城市，2005 年郑州市的总供水量为 $158941\times10^4m^3$，地表水工程供水量为 $44774\times10^4m^3$（含过境水 $25529\times10^4m^3$），占总供水量的 28.17%。在总的供水量中，农业灌溉供水 $68205\times10^4m^3$，占 42.91%；工业供水 $48053\times10^4m^3$，占 30.23%；城乡生活供水 $42683\times10^4m^3$，占 26.85%。行政分区及各行业的供水情况略。

2. 水资源分区供水量调查分析

从 1995 年、2000 年、2005 年水资源四级分区供水量情况可以看出，郑州市主要供水地区是沙颍河平原区和沙颍河山区。沙颍河平原区 1995 年、2000 年和 2005 年分别占整个郑州市供水量的 55%、55.7%和 50.50%，沙颍河山区 1995 年、2000 年和 2005 年分别占整个郑州市供水量的 25.6%、24.3%和 27.55%，而其他水资源分区的供水量比较少，这与水资源分区的面积、人口、工业、农业等自然和经济社会情况相对应。

3. 供水量变化趋势分析

对郑州市从 1980 年到 2005 年典型年的不同水源工程的供水量进行了统计和分析可知，自 20 世纪 80 年代以来，郑州市的总供水量大体呈上升趋势，由 1980 年的 $81416\times10^4m^3$ 增加到 2005 年的 $158941\times10^4m^3$，年平均增长率约为 2.71%。其中地表水工程的供水量呈上升趋势，近 25 年平均以 3.17%的速度增加，蓄水工程的供水量平均以 0.22%的速度增加，引水工程和提水工程平均分别以 3.57%和 4.17%的速度增加。跨流域调水量从 1995 年到 2005 年变化不大，1995 年为 $31601\times10^4m^3$，2005 年为 $31163\times10^4m^3$。随着郑州市用水量的不断增加，地下水供水量也有不同程度的增加，但增加比例不大，近 25 年来平均每年增加 2.52%，在水源比例中，地下水水源供水量由 1980 年的 75%减少为 2005 年的 71.33%。

（三）供水水质调查分析

1. 地表水供水水质

分析郑州市1995年和2000年地表水供水水质情况可知，在地表水供水水源中，生活和工业供水水源主要为Ⅱ类和Ⅲ类水。生活供水中，城镇生活供水主要为Ⅱ类，2000年仅在新密有$42\times10^4m^3$的Ⅲ类水。工业供水中，1995年Ⅱ类水占工业地表水供水量的78%，Ⅲ类水占22%；2000年75%为Ⅱ类水，25%为Ⅲ类水。农业供水水源的水质为Ⅲ类和Ⅳ类水。

2. 地下水供水水质

郑州市城镇生活供水主要为Ⅰ类、Ⅱ类、Ⅲ类水，其中1995年Ⅰ类、Ⅱ类和Ⅲ类水分别占地下水生活供水量的42%、20%和38%，2000年Ⅰ类、Ⅱ类和Ⅲ类水的比例分别为36.9%、19.1%和44%；工业供水的地下水水质类型有Ⅱ类、Ⅲ类和Ⅳ类水，1995年和2000年分别有27.7%和22.9%的地下水供水量达不到Ⅲ类水；供给农业和农村生活的地下水供水量均能达标。

（四）用水量调查统计

1. 行政分区用水量调查分析

2005年郑州市农业灌溉、工业用水量和生活用水量分别为：$68205\times10^4m^3$、$48053\times10^4m^3$和$42683\times10^4m^3$；分别占总用水量的42.91%、30.23%和26.86%。各个行政分区用水量及总用水量调查统计结果略。

2005年郑州市全市农业用水量$68205\times10^4m^3$。主要农业用水集中在中牟县，达$32292\times10^4m^3$，占全市的47.35%。登封市的农业用水量在全市的用水比重最小，仅占全市总灌溉用水的2.69%。在农业用水中，76.23%的农业用水来自地下水。郑州市的农业用水主要集中在农田灌溉用水。

工业用水量中，79.94%的用水来自地下水。郑州市区的工业用水量最大，达$12772\times10^4m^3$，占郑州市总工业用水量的26.58%；中牟县的工业用水量最小，仅为全郑州市的5.74%。这一用水结构与郑州市的工业结构比例相对应。一般工业用水占整个工业用水的78.85%，火电用水占21.15%。其中，火电主要集中在登封、巩义、郑州市区和荥阳。

郑州市现状年生活用水量为$42683\times10^4m^3$，约占郑州市总用水量的26.86%，其中城镇生活用水量达$31222\times10^4m^3$，农村生活用水量$11461\times10^4m^3$。2005年郑州市区的生活用水量最大，达$27354\times10^4m^3$，占全郑州市生活用水总量的64.09%，而其他行政分区的生活用水量所占的比例很少（5.0%～8.1%），荥阳的生活用水量最小，为$2167\times10^4m^3$，仅占全郑州市的5.08%。

2. 水资源分区用水量调查分析

郑州市四级水资源分区中用水量最大的是沙颍河平原区，为$80270\times10^4m^3$，占50.50%；其次为沙颍河山区，为$43793\times10^4m^3$，占27.55%；用水量最小的是涡河区，为$2084\times10^4m^3$，仅占1.31%。各行业分项用水中，农业用水比例最大。在水资源分区中，沙颍河平原区农业用水量最大，占郑州市农业用水总量的53.00%，其次为沙颍河山区，占21.16%；工业用水中，沙颍河平原区和沙颍河山区的用水占全市工业用水的比例比较大，分别为34.66%和38.32%；城乡生活用水量中，主要的用水量集中在沙颍河平原区，占整个郑州市生活用水的64.35%。

3. 用水量变化趋势分析

郑州市从1980～1995年用水量呈逐年增加的趋势，以3.89%的年平均增长速率增长，2000年的用水量略低于1995年的用水量，这是由于1995年是典型的枯水年份，致使1995年用水量比较大。2005年的用水量比2000年的用水量增加了9.7%。从各行业的用水情况来看，随着人口数量和生活水平的不断提高，生活用水量也在逐年增加，且后5年迅速增加；工业用水量1985年到1995年、2000年到2005年工业用水量增加的比较大，平均每年分别以9.4%、4.94%的速度增长，随着经济的不断发展，对水资源的需求也在进一步增大；农业用水量与降水量的关系密切，当年降水量的大小直接影响到当年的农业用水量的多少。

（五）用水消耗量分析

2005年全市各类用户消耗水量80281×10^4m^3，其中城镇生活消耗水量6244×10^4m^3，农村生活消耗水量11461×10^4m^3，工业消耗水量14680×10^4m^3，农林牧渔消耗水量47896×10^4m^3，综合耗水率51%。

（六）用水效率分析

1. 人均GDP

郑州市2005年人均GDP为2.32万元，高于全国平均水平1.399万元，低于北京（4.444万元）和天津（3.523万元）。郑州市区高于郑州市全市的平均水平，荥阳、巩义和新郑的人均GDP水平与郑州市区水平相当，登封、新密和中牟比较低，分别为1.73万元、2.06万元和1.32万元，最低的是中牟县。

2. 人均用水量

郑州市2005年人均用水量222m^3，低于全国平均水平432m^3，与河南省平均人均用水水平相当（211m^3）。各行政分区中，中牟县的人均用水量比较高，达563m^3，高于全国的平均人均用水量；郑州市区和新郑市相当，登封市人均用水量最小，仅为136m^3，巩义、荥阳和新密人均用水量均低于全国平均水平。

3. 万元GDP用水量

郑州市2005年万元GDP用水量96m^3，低于全国的万元GDP用水量（304m^3），高于北京和天津的万元GDP用水量（49m^3、62m^3），低于河南省的万元GDP用水量（184m^3）。在各行政分区万元GDP用水量中，万元GDP用水量最大的是中牟县，达427m^3；最小的是巩义，仅为68m^3；其他行政区的万元GDP用水量均在69～136m^3之间。

4. 灌溉亩均用水量

郑州市2005年农田灌溉亩均用水量233m^3，低于全国平均水平（448m^3），与华北各省的农田灌溉亩均用水量相当，高于河南省的农田灌溉亩均用水量（181m^3）。各行政分区中，郑州市区、荥阳市和中牟县的农田灌溉亩均用水量比较高，分别为234m^3、252m^3和323m^3。

5. 人均生活用水量

郑州市2005年城镇人均生活用水量为202L/d，低于全国城镇人均生活用水量

(211L/d)，低于北京（269L/d)，高于天津（136L/d)，高于河南省的城镇人均生活用水量（165L/d)。各行政分区中，城镇人均生活用水量最高的是郑州市区，达到248L/d，略高于全国城镇人均生活用水量，最低的是荥阳，人均生活用水量为64L/d。郑州市农村人均生活用水量为87L/d，高于全国及河南省农村人均生活用水量（68L/d、44L/d)，低于北京市（110L/d)。各行政分区中，农村人均生活用水量最高的是郑州市区(588L/d)，最低的是登封，仅为64L/d。

6. 工业万元增加值用水量

2005年郑州市工业万元增加值用水量 61m^3，低于全国平均水平（169m^3)，也低于河南省平均水平（93m^3)。

因此，综合各用水指标，可以认为郑州市的单位产值或人均用水量较低，用水效益和用水水平比较高。

（七）污废水排放量调查分析

1. 郑州市2005年污废水排放量调查

根据郑州市水资源公报资料，2005年郑州市污废水排放总量为65490×10^4m^3，其中工业废水37351×10^4m^3，占污废水排放总量的57.0%；城镇生活污水28139×10^4m^3，占污废水排放总量的43.0%。工业废水所占比例较大。污废水中的主要污染物为化学耗氧量（COD）和氨氮。

2. 郑州市城市污水处理能力

2005年郑州市共有城市污水处理厂6座，污水处理能力为69.5×10^4m^3/d，实际污水处理量为17144×10^4m^3，仅占郑州市污废水排放量的26.18%；日均处理量47.0×10^4m^3，占处理能力的67.6%。城市污水处理量仅占城镇生活污水排放总量的60.9%。污水处理能力不足，污水处理压力较大。

（八）水资源开发利用引起的不良后果

1. 河道基流减少与河道断流

郑州市有各种河流124条，其上建有水库163座，无水力发电站。多数河流为季节性河流，其下游往往成为排污河道。除了山区的告成站外，新郑站和中牟站的基流量中包含了排污水量，特别是中牟站，如果扣除排污流量，其基流量基本是零。颍河的最长断流河段为河源～白沙水库，断流长度57km。从1992年起，连续6年断流，且断流天数都在40天以上。

2. 水土流失和土地沙化

据统计，郑州市水土流失面积3705.4km^2，沙区面积526km^2，两项合计4231.4km^2，占全市总面积的56.8%。全市7个市县，均有水土流失面积。1980～2000年间，多年平均输沙模数西部在200～500t/km^2之间，中部在100～200t/km^2之间，而东部一般在100t/km^2以下。

土地沙化问题主要集中表现在中牟县。根据中牟县水利局统计资料，现有土地沙化面积1.47余万亩，分布于县城以北的狼城岗镇、刘集镇、东漳乡，县城以东的官渡镇、韩寺镇，县城以南的郑庵乡、三官庙乡、姚家乡和县城以西的芦医庙乡等。

3. 地下水严重超采

经计算，郑州市典型年 2000 年超采率为 19.87%，近几年（2000～2003 年）平均超采率为 26.55%。根据 2005 年 5 月地下水位统调资料，在郑州市部分区域已形成一定规模的降落漏斗。主要的地下水降落漏斗有 6 个，分布于郑州市区、新郑市、荥阳市、巩义市和新密市，分别是郑州市城区浅层、中深层降落漏斗，漏斗面积分别为 153.65km^2 和 72km^2。地下水的超采还引起了其他一系列的问题：地面沉降、塌陷与地裂缝。地面沉降、塌陷与地裂缝主要出现于登封市和新密市，地面沉降最大处有 1.5m，地面塌陷最深处有 15m，裂缝最深达 100m。

（九）水资源开发利用程度分析

根据水资源量和供用水计算成果，并考虑跨流域调水、水库蓄水变量和地下水储存变量等因素影响，对郑州市四级水资源分区和行政区的地表水控制利用率、水资源总量利用消耗率及浅层地下水开采率进行估算。本次评价地表水资源量、地下水资源量和水资源总量采用 1991～2005 年系列多年平均值，浅层地下水开采量采用多年平均值，用水消耗量采用 1995 年、2000 年和 2005 年的平均值。

按郑州市地表水的时空分布特点，除河道内保持一定的生态环境用水外，河道外用水为主要供水目标。按地表水开发利用率指标，将地表水资源开发利用状况划分为 3 类：

（1）地表水资源开发利用率大于 40%为高开发利用区。

（2）地表水资源开发利用率在 20%～40%之间，为中开发利用区。

（3）地表水资源开发利用率小于 20%，为低开发利用区或难开发利用区。

郑州市地表水开发利用率平均 46.04%，总体为高开发利用区。各分区地表水开发利用率不同，在 13.98%～88.07%之间，沙颍河平原区、涡河区和花园口以下干流区开发利用率在 40%以上，为高开发利用区；沙颍河山区的地表水开发利用率在 30%～40%之间，为中开发利用区，伊洛河区和小浪底～花园口干流区地表水开发利用率在 20%以下，为低或难开发利用区。行政分区中，郑州市区地表水开发利用率最高，达 166.42%；其次为新密市，为 42.03%；其他行政区地表水开发利用率均不到 40%；最小为新郑市，仅为 14.81%。

郑州市 61.47%（其中浅层占 36.3%，中深层占 25.19%）的供水量来自地下水。郑州市浅层地下水平均开采率达 67.42%，各水资源四级分区的开采率在 52.98%～94.74%。开采率最大的为小浪底～花园口干流区，为 94.74%；其次为沙颍河平原区，为 79.79%；沙颍河山区最小，为 52.98%。各行政分区的开采率在 46.43%～89.62%之间，荥阳市最大，新密市最小。

水资源总量利用消耗率在 15.86%～76.33%，平均 36.94%。沙颍河平原区和花园口以下干流区水资源总量利用消耗率比较高，在 70%以上；而沙颍河山区和伊洛河区比较小，15%～18%之间。在行政分区中，郑州市区、登封市的水资源利用消耗率较高，在 55%以上，最小为荥阳市，为 12.23%。

以上指标反映了郑州市水资源开发利用程度，从技术经济和工程条件等方面分析，郑州市当地地表水资源的开发利用程度相对较高，开发利用难度增大。

总体上讲，郑州市的水资源开发利用程度比较高，已经超过了世界公认的极限值

(40%)。根据缺水类型划分标准，郑州市属于资源型缺水地区。因此，解决郑州市的缺水问题，除了大力发展节水型农业、节水型社会外，尚需要外调水来解决。

思考题

1. 试针对某一典型区说明水资源开发利用现状分析的内容和工作流程。

2. 简述水资源评价的主要内容。

3. 论述水资源评价在水资源规划中的作用和意义。

4. 查阅相关资料，选择一个监测断面，先列出水质监测结果，再选用不同评价方法进行水质评价，并分析和比较评价结果。

参考文献

[1] 陈家琦，王浩．水资源学概论．北京：中国水利水电出版社，1995.

[2] 夏军．灰色系统水文学．武汉：华中理工大学出版社，1999.

[3] 王晓鹏．河流水质综合评价之主成分分析方法．数理统计与管理，2001，20 (4)：49-52.

[4] 孙文爽，陈兰祥．多元统计分析．北京：高等教育出版社，1994.

[5] 王学仁，王松桂．实用多元统计分析．上海：上海科技出版社，1990.

[6] 王双银．水资源评价．郑州：黄河水利出版社，2008.

[7] 郑州市水利局. 郑州市水资源综合规划报告. 2008.

第五章 需 水 预 测

需水预测是水资源规划的基础，也是开展水资源管理的重要依据。通过对流域或区域的水资源需求进行预测，可以掌握国民经济中各个部门未来水资源需求的发展趋势以及水资源需求的空间分布，为未来水资源开发利用规划、经济社会发展和生态环境保护建设以及水资源合理配置等有关发展战略提供重要依据。

科学合理的需水预测，可为今后区域的发展方向和政策制定提供参考依据，有助于预测及提前处理可能出现的各类水资源问题，对于经济、社会和环境的协调发展以及重大水利工程的合理决策和实施，均具有重要意义。

第一节 概 述

一、经济社会发展与水资源

水资源是经济社会发展的重要基础，随着经济发展对水资源需求量的不断增长，在水资源相对短缺的地区，水资源已成为制约经济社会发展的主要因素。经济社会发展的同时，也在影响着区域的水资源状况，促进水资源利用的同时，也带来一系列如水体污染、水环境恶化等问题。总之，二者相互联系、相互制约、相互影响。

可以从以下几方面来理解经济社会发展与水资源的关系[1]。

1. 水资源是经济社会发展的基本支撑

人类社会活动同水资源紧密相关。从城市发展的角度来看，居民生活用水需要得到保障，城市的商业、旅游、休闲等活动以及环境美化皆离不开水的支撑。城市用水的特点是要求供水保证率高、水质良好。一般来说，城市规模越大，水资源的需求量越多。在许多地区，水资源条件对城市布局、发展规模和城市功能有决定性的影响。

从农业发展的角度来看，水资源是一切农作物生长所依赖的基础物质，如果可供灌溉的水量小于作物生长期需要的水量，就可能会导致农作物减产甚至死亡。当然，如果水量过多也可能导致灌区洪涝、土地盐碱化等问题，从而影响正常的农业生产。

从工业发展的角度来看，水是工业生产的命脉，几乎在所有工业生产过程中都需要水的参与，如洗涤、冷却等用水。在一定的发展阶段，工业对水资源的需求量逐渐增加，这时，水资源对工业发展速度和规模的决定作用也越来越明显。长远来看，要以有限的水资源条件支撑不断发展的工业增长，必须考虑节水工艺的应用及提高，实现工业用水的循环利用。

2. 经济社会发展带来水资源压力

经济社会发展造成对水资源的需求量在不断增加，当需水量超出一定范围时，将会对水资源产生很大压力。人类的经济社会行为必然要影响水资源系统，一方面，经济社会发展增加了需水量；另一方面，随着经济社会发展，也增加了向水资源系统排放污水、废水的范围和数量。由此，经济社会发展对水资源系统产生压力、带来威胁是不可避免的。

比如，人口增长对水资源产生的压力，一方面表现在引用水量的增加；另一方面表现在污水排放量的增加。

农业发展对水资源产生的压力，表现在区域农业发展对灌溉水量需求的增加，长期施用化肥、农药对地表水及地下水水质的非点源污染，以及农田排水、排盐对区域淡水资源的影响等。

工业发展对水资源产生的压力，一方面是需水量的增加，另一方面是工业排污总量随着总产值的增长也在增加。尽管由于科技进步带来的单位产量的污水排放量有所减小，但在一定的时期内，排放量减小的速度小于产值增加的速度，所以污水总量仍在增加。在这种情况下，水污染治理与水资源保护的压力也将会进一步加大。

3. 水资源问题制约经济社会发展

由于经济社会的发展离不开水资源，在对水资源的需求超出承载能力的情况下，供需矛盾突出、水环境问题将呈现并不断加剧，进而产生区域水资源危机。水资源问题必然对经济社会发展带来影响，比如，水质污染和缺乏安全的水资源会影响到人的健康状况和社会稳定；水资源短缺直接影响工业、农业生产，从而影响经济增长等。

4. 经济社会发展促进水资源合理利用

随着社会发展、科技进步，人类通过开展水资源调配、污水处理，生态保护的能力在逐步提高。蓄水工程的建设、调水工程的实施有效解决了区域水量短缺的问题，污水处理的能力在不断提高。并且，随着经济发展，人类有越来越多的经济实力来改善水资源系统，比如，可以提供足够的资金进行污水处理、改善生产工艺、改善引水及供水系统、兴修水利、提高用水效率。另外，人们对水资源的认识和管理水资源的水平也在不断提高。这些情况表明，经济社会发展又能促进水资源的合理利用。

总之，经济社会发展与水资源、生态环境系统之间存在相互联系、相互制约、相互促进的复杂关系。因此，在进行水资源规划与管理研究时，一方面，要密切关注经济社会系统发展变化，既要考虑变化的自然又要考虑变化的社会；另一方面，要把经济社会系统与水资源—生态环境系统联合起来进行研究，建立耦合模型，可以直接把耦合模型作为系统的结构关系模型，嵌入到水资源规划优化模型中。

二、用水需求及其发展

随着人类文明的进步与发展，对水资源的需求也在不断发生变化，呈现历史发展的阶段性规律。从水资源需求总量看，需水增长一般会经历不稳定变化、快速增长、缓慢增长和稳定四个发展阶段。从水资源需求用户看，随着农业社会向工业社会的转变以及水资源利用条件的变化，农业需水量在经历了不稳定变化、快速增长后趋于稳定，而工业及城市需水量则持续增长，但达到后工业化社会后将趋于稳定，生态环境用水量因经济社会发展用水量的日益扩大而由自然平衡状态向逐步亏缺变化，而后因可持续发展理念的深入人心和环保意识的加强，又会向自然平衡方向转变。

经济社会发展过程中，用水需求的变化直接影响着用水模式。我国的水资源开发利用，随着经济社会用水需求变化的不同阶段，先后出现“以需定供”、“以供定需”，以及“面向可持续发展”模式[2]。

“以需定供”的基本特征为水资源开发利用以需求为导向。在水资源利用的初级阶段，经济社会发展对水资源的需求较小，该阶段的水资源开发利用粗放且以供水工程建设为主体，多以引水为主，同时结合防洪和发电，修建了一批蓄水工程。该模式下，供水工程建设投资的主体为国家或民众投劳，市场观点极其淡漠，用水不计成本，尽管水利建设取得了巨大成绩，但造成了水资源的大量浪费。

“以供定需”的基本特征为需水由简单外延式增长逐步转变为内涵式增长。随着经济社会不断发展，水资源需求仍呈快速增长态势，同时，水资源开发利用的难度越加艰巨，开发水资源投资巨大，且许多地方当地水资源已没有开发利用的潜力，“以需定供”模式难以为继，同时，由于管理体制和投资体制的改革，计划经济向市场经济的逐步转变，外延式的需水增长已受到了众多因素的制约，需水增长明显趋缓。在华北等水资源紧缺地区，水资源规划开始出现了“以供定需”模式，需水预测已强调节水作用，经济社会规划指标已考虑到水资源的制约，产业结构和产业布局向节水减污型方向调整，“节水优先、治污为本、多渠道开源”是这一阶段水资源开发利用的基本方针。为了满足日益增长的水资源需求，在这一时期建设了一大批以城市和工业供水为主要目标的水利工程，在大力开展节水的情况下，在许多地区仍存在着严重缺水现象。于是，许多地区出现了城市挤占农村用水、经济发展挤占生态环境用水的现象，引发了许多水事纠纷和生态环境的破坏。总体来看，“以供定需”模式的出现，对水资源的科学规划、高效利用起到了积极作用，但对生态环境用水考虑不够，对水市场的作用重视不够，是一种胁迫的、被动的方式。

随着可持续发展观念日益深入人心、生态环境保护与建设日益受到重视、市场经济日益完善，水资源开发利用方式出现了重大变化，由工程水利向资源水利转变、由传统水利向可持续发展水利转变。水资源规划和需水预测开始出现了“面向可持续发展”的模式，其基本特征为：强调市场对水资源开发利用的作用，重视国民经济发展用水与生态环境用水的统一，寻求水资源和经济社会环境的协调发展。该模式的基本要求是维持流域水循环稳定与保障生态环境安全，其基本前提为高效利用和有效保护水资源，其最终目标为通过水资源的优化配置，保障和促进经济社会的可持续发展。

三、需水量变化的影响因素

从概念上讲，“需水”和“用水”是不同的概念。“用水”是指实际使用或利用了多少水，“需水”是指以水资源可持续利用支撑经济社会可持续发展的情况下，未来合理需要的水量。经济社会发展必然带来用水量的增长和变化，需水量的增长和变化则受到多方面因素的影响，主要为人口增长及相应的城镇化进程、经济发展水平和生态环境保护与建设等几个方面。

1. 人口增长

从本质上说，人类及生存环境用水皆可归结为人的用水。人口增长对于水资源需求的驱动包括两个方面：一方面是直接驱动作用，主要是由于人口的增加，直接引起的人的生活需水的增长；另一方面是间接驱动作用，主要是由于人口的增长导致对粮食需求的增长、对工业产品的需求增长等导致的用水需求增加。随着国民经济的发展和人民生活水平的提高，用水量在不断增加，伴随着城镇化进程正逐步加大，城镇人口越来越多，从生活用水角度看，其所消耗的水资源量也将增长。当然，不同时期、不同国家、不同地域甚至不同民族之间的人均用水量是不一样的。但是在相当长的发展时期，人口作为需水的驱动因素将长期存在。

2. 经济发展

经济发展是世界和我国需水继续增长的主要驱动因素之一。经济活动所消耗的水资源，主要包括农业灌溉、工业用水和其他生产用水等几个方面。经济活动所消耗的水资源量日益增大，为了满足持续增长的人口对粮食的需求，大量开发土地和发展灌溉农业，使灌溉需水持续增长。但需水增长具有阶段性，从全球比较的角度看，预计经济发展进入工业化后期或后工业化阶段，经济活动用水量则有可能进入稳定甚至出现所谓的“零增长”，甚至随着节水水平的提高和新的工艺水平的广泛采用，经济发展需水有可能呈下降趋势。但我国在未来的相当长的一段时期内，经济发展需水仍将呈现增长态势。

3. 生态环境保护

水是生态环境的重要因子，没有良好的水源保证，生态环境保护无从谈起。因此，生态环境保护在今后一段时期内将是驱动需水增长的重要因素之一。随着可持续发展战略的实施，生态环境保护观念的深入人心，生态环境保护与建设用水也将驱动未来我国需水的增长。作为世界上最大的发展中国家，我国正日益面临着经济社会发展用水与生态环境用水的激烈竞争。由于我国水资源区域上分布和年内分配不均，致使许多地区在发展经济和维持人类用水需求的过程中，牺牲了生态环境对水资源的需求，造成了严重的生态环境问题。北方地区许多河流断流、地下水位持续下降、沿海地区的海水入侵，众多河流湖泊水体污染，部分河流泥沙含量增大、在干旱区沙漠化有加剧趋势等。面对日益严重的生态环境问题，人们提出实施可持续发展战略，加强生态环境保护力度，增大生态环境保护治理投资。从水资源利用看，我国未来生态环境保护的水资源需求必将有较大增长。

需要注意的是，水资源需求具有有限性和客观性，驱动需水增长各类因素具有阶段性，需水并不是无限制增长的，还受到诸如水资源条件、水利工程条件、水价水市场以及节水和水资源管理水平等因素的制约。

第二节 经济社会发展预测

经济社会发展与水资源利用有着密切的关系。一方面，经济社会发展需要有水资源作支撑；另一方面，经济社会发展又对水资源系统产生压力；再一方面，水资源的科学管理与保护又需要经济社会发展提供保证。因此，在水资源规划与管理中，十分重视经济社会发展规划，甚至要求做到水资源规划、管理与经济社会发展相联系、相协调。特别是可持续发展目标下的水资源规划与管理对这一问题提出了更明确的要求。

一、经济社会发展主要指标

经济社会指标主要是由描述和表征人口、经济、社会、科技等发展的指标所组成，该类指标比较繁杂，定性的较多。在水资源规划与管理研究中，我们主要关注与水资源开发利用紧密相关又能够综合衡量经济社会发展态势的指标。

与水资源开发利用有关联的主要经济指标应包括发展速度与规模、产值、增加值、产量及产业结构等，主要有地区生产总值（GDP）及其增长率、三产比例、工业总产值、工业增加值、耕地面积、播种面积、农业灌溉面积、粮食产量和牲畜存栏数等。社会指标主要包括人口数量及其分布变化、城市化率、城镇及乡村发展情况与水平等。经济社会发展指标包括现状情况和发展指标。

二、经济社会发展预测

由于未来经济社会发展存在不确定因素，不同发展阶段、不同发展模式对水资源的需求量是不同的。因此，各地区可根据当地水资源条件和水资源承载能力等因素，提出不同发展情景下的经济社会发展指标预测成果。对各种发展情景指标进行综合分析后，提出经济社会发展指标的推荐方案。

经济社会发展预测的水平年：现状年的选取考虑资料的情况，以当年或者之前较近年份作为现状年，近期水平年可以同国民经济的五年计划相一致，相应的经济社会发展指标，以各级政府制定的国民经济和社会发展五年计划和有关行业发展规划为基本依据；中远期经济社会发展指标可结合有关部门中长期规划成果进行预测。

社会发展、经济增长的预测就是对客观经济社会过程及其变动趋势的预见、分析和推断。然而，由于经济社会发展错综复杂，而且有许多不确定因素和难以进行精确定量描述的因素，这就给预测带来困难。但是，任何社会指标（如人口总数，平均期望寿命，人均粮食产量等）、经济指标（如 GDP，人均 GDP 等）的变化趋势总是呈现出一定的规律。正是由于经济社会发展过程自身的规律性，我们可以对经济社会发展过程进行分析、研究，以预测其变化趋势。

有多种标准可以用来对预测方法进行分类。如，按是否采用统计方法区分，可将预测方法分为：统计方法和非统计方法；按预测时期长短分为：即期预测、短期预测、中期预测和长期预测；按是否采用数学模型方法分为：定量预测法和定性预测法。

常用的定量预测法有以下几种。

1. 趋势外推法

根据时间序列数据的趋势变动规律建立模型，以推断未来值。这种方法从时间序列的总体进行考察，说明各种影响因素的综合作用。当预测对象的影响因素错综复杂或有关数据无法得到时，可以直接采用时间 t 作为自变量，综合替代各种影响因素，建立时序模型，对其未来的发展变化作出大致的判断、估计。该方法只需要预测对象历年的数据资料，因而工作量大大减少，应用也比较方便。这种方法根据建模原理的不同又可分为多种方法，如平均增减趋势预测、周期叠加外延预测、灰色 GM(1，1)预测等。

2. 多元回归法

这种方法用于确定若干变量与预测对象的因果关系，所采用的数学模型是单一方程。它的优点是：能简单定量表示出因变量与多个自变量的关系，只要知道自变量的数据就可以简单地计算出因变量值大小，方法简单，应用也较多。

3. 经济计量模型

该模型不是简单的一个回归方程，而是两个或两个以上回归方程的集合，也就是回归方程组。这种方法揭示了各种因素间复杂的相互关系，因而对实际情况的描述会更准确些。

三、经济社会发展规划

经济社会发展规划，是根据拟定的经济社会发展方向和战略目标，制定发展路线和具体的引导性措施。主要目的是按照规划者意图指导经济社会发展方向和提出具体实施方案。

根据经济社会发展规划的目标、内容以及研究方法，可把经济社会发展规划概括为如下几步（图 5-1）。

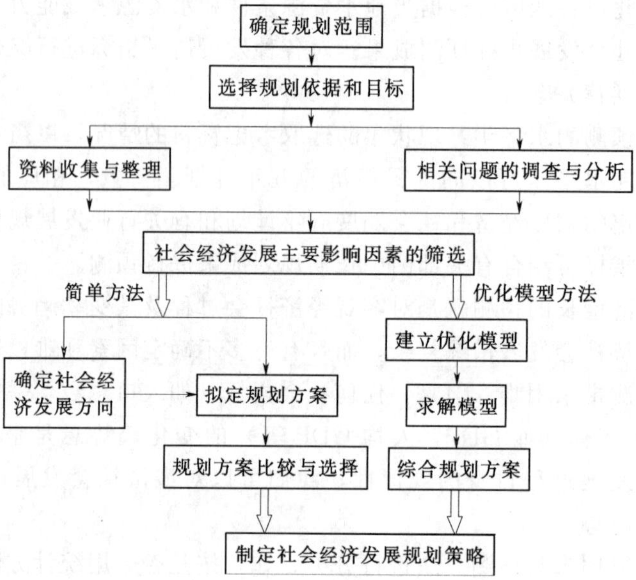

图 5-1　经济社会发展规划一般程序框图

1. 确定规划范围，选择规划依据和目标

首先，要根据经济社会发展规划的任务，确定规划范围，这包括空间范围和时间范围。空间范围，是根据经济社会发展规划的主要对象，常以一个流域或一个地区甚至一个国家为规划范围。为了统计资料使用上的方便，常常采用行政区域作为规划范围。当然，也可以根据其他划定的范围作为专门的规划范围，如流域范围。在时间范围选择上，可以考虑近期（5～10 年）、中期（10～20 年）和远期（30～50 年）的规划范围。

选择规划依据和规划目标，在整个规划中占重要地位。在制定经济社会发展规划之前，必须要有一个明确的发展方向或战略目标。比如，追求经济发展的目标，这种目标会导致人们只注重追求经济的高速发展和生活水平的提高，而可能会忽视资源的合理利用与环境保护。再比如，追求经济社会发展与生态环境保护相协调的可持续发展目标，这是走可持续发展道路的要求，也是目前普遍赞同的一种发展目标。

2. 资料收集与整理，同时进行相关问题的调查与分析

为了合理选择规划方案，必须要做详细的基础工作，包括资料的收集与整理以及相关

问题的调查与分析，内容包括：①已有的统计资料，如人口、国内生产总值等，这是作趋势预测的基础资料；②政府或不同部门所做的预测分析，如人口预测、经济预测、年度分析报告、专门问题分析报告等，这可以作为规划的参考；③各种规划报告，如政府制定的“五年计划”、“十年规划”、“远景目标”等，以及某些部门做的部门规划或单项规划等。

3. 经济社会发展主要影响因素的筛选

对于经济社会发展影响的众多因素，不可能全部都包揽在讨论与规划的内容之中，而是需要根据规划的要求，识别和筛选出对整个规划方案起主要影响作用的因素。但识别和筛选绝不是一项简单的工作，需要对整个规划的目标、思路与内容有比较深刻的理解，又常常借助一些数学方法，如主成分分析法、独立性分析法、理论分析法、专家咨询法等。

4. 规划方案的拟定与选择，或者通过建立优化模型求解得到综合规划方案

根据研究问题的需要以及研究方法的选择不同，可有两种途径：一是简单方法；二是优化模型方法。

为了能够促使“通过比较”选择理想的规划方案，常常根据一定原则，按照实际情况，在规划过程的早期，拟定出若干个规划方案。这些方案能够反映出不同的规划思想、规划目标，又满足不同发展途径的需要。再对各方案进行评估。评估的方法比较多，如综合评估法、经济效益单指标评估法、专家咨询法等。不论采取哪种方法，都需要按照统一的标准、统一的方法对各方案进行评估。评估的目的是为了对各方案进行比较，再选择比较理想的方案。这就是简单方法。

采用优化模型方法，是根据规划目标、实际条件以及研究问题的需要，建立规划模型，常常是优化模型。通过对优化模型的求解，得出综合最优的规划方案。

5. 制定经济社会发展规划策略

所选择的比较理想方案，需要再进一步分析和咨询。最后，依据这个选定方案，制定经济社会发展规划，包括选定方案的内容和与之相关的辅助内容。最终完成整个经济社会发展规划。

第三节 需水量预测

一、水资源需求分类

根据研究目的不同，水资源需求有不同的分类。按照需水主体的不同，需水可以分为自然生态需水和人类社会需水，人类社会需水又可以区分为生活需水和生产需水；按照需水的地域来划分，可以分为农村需水和城镇需水，农村需水包括农田灌溉需水、农村生活需水、农村工业需水和林牧渔畜需水，城镇需水包括城镇工业需水、城镇生活（包括建筑业、第三产业、生态环境等）需水；按照水资源需求是否具有可压缩性，可将需求分为刚性需水和弹性需水，刚性需水是指人类生活、国民经济生产、生态环境建设所必需的水量，弹性需求是指在刚性需求的基础上，条件允许的情况下可增加也可以不增加的那部分需水量，这个水量受价格、政策、制度等诸多因素影响；按照时间来划分，可以分为现状水资源需求、近期水资源需求、远期水资源需求等。

自20世纪80年代开始，我国在研究和分析需水预测及论证供水工程项目时，均是按照生活、工业和农业三大用水户进行需水预测和统计分析（简称“原口径”）。随着经济社会的发展、生态环境保护力度的加强，生态环境用水量已逐步成为一个重要的用水户。同时，国民经济产业结构发生了重大变化，第三产业用水比例逐渐加大。原口径用水统计已难以适应市场经济的要求，也不利于新形势下的水资源统一管理。

在2002年启动的全国水资源综合规划工作中，提出将用水户分生活、生产和生态环境三大类，并按城镇和农村两类分别进行统计[4]（简称“新口径”，分类见表5-1），其中，生活用水和生产用水统称为经济社会用水。生活用水指城镇居民生活用水和农村生活用水。生产用水指有经济产出的各类生产活动所需的水量，包括第一产业（种植业、林牧渔业）、第二产业（工业、建筑业）和第三产业。生态环境用水分为维护生态环境功能和生态环境建设两类，按河道内与河道外用水划分。

表5-1　　用水户分类口径及其层次结构表

一级	二级	三级	四级	备　注
生活	生活	城镇生活	城镇居民生活	城镇居民生活用水（不包括公共用水）
		农村生活	农村居民生活	农村居民生活用水（不包括牲畜用水）
生产	第一产业	种植业	水田	水稻等
			水浇地	小麦、玉米、棉花、蔬菜、油料等
		林牧渔业	灌溉林果地	果树、苗圃、经济林等
			灌溉草场	人工草场、灌溉的天然草场、饲料基地等
			牲畜	大、小牲畜
			鱼塘	鱼塘补水
	第二产业	工业	高用水工业	纺织、造纸、石化、冶金
			一般工业	采掘、食品、木材、建材、机械、电子、其他［包括电力工业中非火（核）电部分］
			火（核）电工业	循环式、直流式
	第三产业	建筑业	建筑业	建筑业
		商饮业	商饮业	商业、饮食业
		服务业	服务业	货运邮电业、其他服务业、城市消防、公共服务及城市特殊用水
生态环境	河道内	生态环境功能	河道基本功能	基流、冲沙、防凌、稀释净化等
			河口生态环境	冲淤保港、防潮压碱、河口生物等
			通河湖泊与湿地	通河湖泊与湿地等
			其他河道内	根据具体情况设定
	河道外	生态环境功能	湖泊湿地	湖泊、沼泽、滩涂等
		生态环境建设	美化城市景观	绿化用水、城镇河湖补水、环境卫生用水等
			生态环境建设	地下水回补、防沙固沙、防护林草、水土保持等

二、需水预测的内容和方法

（一）需水预测的主要内容

需水量是指根据未来的经济社会发展水平、用水和节水水平以及生态环境保护要求，分析预测的满足各用水户合理要求的水量。在国民经济的不同发展阶段，各用水户的需水要求也不相同，因此需要按不同阶段进行需水分析和预测，提出基准年和规划水平年不同年型的需水量预测成果。

需水预测的主要内容包括：各水平年经济社会发展指标分析、经济社会需水预测、不同保证率年需水预测、提出不同方案下的需水量预测成果、需水预测汇总，并进行需水预测成果的合理性分析等。

其中，需水预测应按统一的用水统计口径进行预测，避免遗漏或重复，在预测时根据需要的条件，进行更细的分类。应根据规划要求，设定现状年、基准年和规划水平年。现状年宜选取近期资料较完整又具有代表性的某一年份。基准年应以现状年实际用水量为基础，分析不同年型的用水需求。规划水平年包括近期水平年、中期水平年和远期水平年等，可根据规划工作的条件和要求进行选取。

（二）需水预测的方法

不同用水行业（户），需水预测方法不同；同一用水行业（户），也可用多种方法进行需水预测。需水预测方法中以用水定额及发展指标预测方法（一般简称为定额法）为基本方法，有时根据需要也采用其他方法，如基于统计规律的趋势法、机理预测法、弹性系数法等，进行相互复核与印证。可以在需水预测时采用多种方法，对各种方法的预测成果，进行相互比较和检验，经综合分析后提出需水预测成果。

1. 定额法

定额法是基于单位指标的用水定额而进行预测的方法。定额法主要涉及到两个方面的预测：一个是经济社会发展指标的预测，另一个是针对这些指标的用水定额的预测。对于经济社会发展指标一般主要是分一产、二产、三产的增加值以及人口、灌溉面积、建筑面积等指标，对于用水定额主要采取万元工业增加值用水量、人均生活日用水量亩均用水量等。根据经济社会发展指标预测和各用户用水定额预测结果的乘积进行需水量计算，最后还应对需水预测结果进行综合分析和评价，以保证预测成果的合理性和现实可行性。

定额法是目前我国最为广泛采用的方法，但在应用该方法时，对于经济社会发展的预测有时候把握不是很准，因为经济社会发展受很多因素影响，而且有些因素是不可测的，目前往往都是比较乐观的估计，也有个别估计不足的情况；同时，该方法对于用水定额的预测、特别是超长期用水定额的预测缺乏有效的定量手段，因此，各规划水平年的净定额，要结合节约用水的分析成果、考虑产业结构与布局调整的影响并参考有关部门制定的用水定额标准，确定预测取用值。

2. 基于统计规律的预测方法

基于统计规律的需水预测方法，是指根据过去的用水统计和用水有关的经济社会指标，分析其中的规律性，并以此规律进行内插和外延，由此计算规划水平年的需水量，广泛采用的方法有势外推法、指数平滑法、回归分析法等。此类方法都需要较长系列的统计资料，而且要求未来的需水增长和已发生的情况具有较好的一致性，不会出现突变的情况，如果出现突变情况，这类方法就会失去趋势性而无法准确预测。

进行需水预测时，应首先根据需水增长的阶段进行宏观把握，根据不同需水增长阶段的特点选用相应的方法，对预测成果需要进行相互比较和检验，从微观层面和宏观层面对需水预测结果进行合理性分析，微观层面分析主要是从各用水户角度，分析其水重复利用率、用水效益、发展趋势等，宏观层面分析主要是从区域需水总量角度，分析其需水量与需水结构、节水程度等的相关度，比较需水结构类似、经济发展程度相近的地区的需水定额和需水量，经综合分析后得出区域需水量。

三、经济社会需水预测

需水预测是根据对现状和未来发展水平、用水水平和用水效率的分析，依据水资源高效利用和统筹安排生活、生产、生态用水的原则，进行不同水平年、不同年型和不同方案需水量分析计算。

（一）生活需水预测

生活需水是指居民维持日常生活的家庭和个人用水，包括饮用、洗涤、清洁等用水，分城镇居民生活需水和农村居民生活需水两类。

生活需水一般采用定额法进行预测，先确定当地居民用水定额和规划人口后，再求出居民生活需水量。计算公式如下：

$$LW_{ni}^{t} = Po_i^t \times LQ_i^t \times 365/1000 \tag{5-1}$$

$$LW_{gi}^{t} = LW_{ni}^{t}/\eta_i^t = Po_i^t \times LQ_i^t \times 365/1000/\eta_i^t \tag{5-2}$$

式中：i 为用户分类序号，$i=1$ 为城镇，$i=2$ 为农村；t 为规划水平年序号；LW_{ni}^{t} 为第 i 用户第 t 水平年生活净需水量，万 m^3；Po_i^t 为第 i 用户第 t 水平年的用水人口，万人；LQ_i^t 为第 i 用户第 t 年的生活用水净定额，L/（人·d）；LW_{gi}^{t} 为第 i 用户第 t 水平年生活毛需水量，万 m^3；η_i^t 为第 i 用户第 t 水平年生活供水系统水利用系数，由供水规划与节约用水规划成果确定。

一个地区的生活需水量与该地区的经济社会发展水平、人均收入水平、水价水平、节水器具推广与普及情况，生活用水习惯、城市规划、供水条件和现状用水水平等多方面因素有关。根据以上相关因素，参照建设部门已制定的城市（镇）用水标准，参考国内外同类地区或城市生活用水定额，分别拟定各水平年城镇和农村居民生活用水净定额；根据供水预测成果以及供水系统的水利用系数，结合人口预测成果，进行生活需水量的预测。

（二）生产需水预测

1. 第一产业需水预测

第一产业需水即农业需水，包括农田灌溉需水和林牧渔业需水。

（1）农田灌溉需水。农田灌溉需水是指农作物生产过程中所需水量，与灌溉面积、作物构成、田间配套、灌溉方式、渠系渗漏、有效降雨、土壤性质和管理水平等因素密切相关。

农田灌溉需水量通常采用灌溉定额预测方法。农田灌溉定额一般采取单位面积灌溉水量指标，包括净灌溉定额和毛灌溉定额两类，可选择具有代表性的农作物的灌溉定额，结合农作物播种面积预测成果或复种指数加以综合确定。有关部门或研究单位大量的灌溉试验所取得的有关成果，可作为确定灌溉定额的基本依据。若采用典型年方法，则应分别提出降水频率为50%、75%和95%的灌溉定额。有条件地区可采用彭曼公式计算农作物蒸腾蒸发量、扣除有效降雨和地下水补给量的方法计算农作物灌溉净需水量。

根据农作物种植结构，按照下列公式计算综合灌溉净定额：

$$AQ_n = \sum_{i=1}^{n} AQ_i \times A_i \tag{5-3}$$

式中：AQ_n为综合灌溉净定额，m^3/亩；AQ_i为第i种农作物灌溉净定额，m^3/亩；A_i为第i种作物种植比例，%。

根据综合灌溉净定额，计算农田灌溉净需水量：

$$AW_n^t = \sum_{j=1}^{3} (S_j^t \times AQ_n) \tag{5-4}$$

式中：AW_n^t为第t水平年农田灌溉净需水量，万m^3；j为灌区类型，即分别为渠灌区、井灌区和井渠结合灌区；S_j^t为第t水平年第j类灌溉面积，万亩；其他符号意义同前。

结合田间水利用系数和斗口以下渠系水利用系数，计算斗口（井口）灌溉需水量的公式为：

$$AW_{g1}^t = \sum_{j=1}^{3} \left(S_j^t \times AQ_n \right) / (\eta_t^t \eta_{q1}^t) = AW_n^t / (\eta_t^t \eta_{q1}^t) \tag{5-5}$$

式中：AW_{g1}^t为第t水平年农田斗（井）口灌溉需水量，万m^3；η_t^t为第t水平年田间灌溉水利用系数；η_{q1}^t为第t水平年斗（井）口以下渠系水综合利用系数，其值为农渠、毛渠和斗渠三级渠道水利用系数乘积；其他符号意义同前。

根据农田灌溉斗（井）口需水量，结合斗口以上渠系（包括干渠和支渠）水利用系数规划成果，计算农田灌溉毛需水量的公式如下：

$$AW_g^t = AW_{g1}^t / \eta_{q_2}^t = AW_n^t / (\eta_t^t \eta_{q_1}^t \eta_{q_2}^t) \tag{5-6}$$

式中：AW_g^t为第t水平年农田灌溉毛需水量，万m^3；η_{q2}^t为第t水平年灌区斗口以上渠系水利用系数，对于井灌区其值等于1；其他符号意义同前。

在预测灌溉毛需水量时，田间灌溉水利用系数和各级渠系水利用系数，应结合节水规划中的农业节水规划成果，分别合理拟定不同需水预测方案下的取用值。

（2）林牧渔业需水。林牧渔业需水包括林果地灌溉、草场灌溉、牲畜用水和鱼塘补水等4类。林牧渔业需水量中的灌溉（补水）需水量部分，受降雨条件影响较大，有条件的或用水量较大的要分别提出降雨频率为50%、75%和95%情况下的预测成果，其总量不大或不同年份变化不大时可用平均值代替。

可根据当地试验资料或现状典型调查，分别确定林果地和草场灌溉的净灌溉定额；根据灌溉水源及灌溉方式，分别确定渠系水利用系数；结合林果地与草场发展面积预测指标，进行林地和草场灌溉净需水量和毛需水量预测。牲畜用水预测时，将牲畜分为大牲畜、小牲畜和禽类，分别调查用水定额，然后按牲畜数量预测需水量。鱼塘补水量为维持鱼塘一定水面面积和相应水深所需要补充的水量，采用亩均补水定额方法计算，亩均补水定额可根据鱼塘渗漏量及水面蒸发量与降水量的差值加以确定。

2. 第二产业需水预测

(1) 工业需水。工业需水是指在整个工业生产过程中所需水量，包括制造、加工、冷却、空调、净化、洗涤等各方面用水，分高用水工业、一般工业和火（核）电工业三类。

高用水工业和一般工业需水可采用万元增加值用水量法进行预测。火（核）电工业分循环式和直流式两种用水类型，采用发电量单位用水量法进行需水预测，并以单位装机容量用水量法进行复核。

工业用水定额预测方法包括：重复利用率法、趋势法、规划定额法和多因子综合法等，以重复利用率法为基本预测方法。有关部门和省（自治区、直辖市）已制定的工业用水定额标准，可作为工业用水定额预测的基本依据。远期工业用水定额的确定，可参考目前经济比较发达、用水水平比较先进国家或地区现有的工业用水定额水平结合本地发展条件确定。

若采用重复利用率法计算，其计算公式为：

$$IQ_i^{t_2} = (1-\partial)^{t_2-t_1} \times \frac{1-\eta_i^{t_2}}{1-\eta_i^{t_1}} \times IQ_i^{t_1} \tag{5-7}$$

式中：i 为工业部门分类序号；$IQ_i^{t_2}$ 和 $IQ_i^{t_1}$ 分别为第 t_2 和第 t_1 水平年第 i 工业部门的取水定额［万元增加值取水量，也可为单位产品（如装机容量）取水量］；∂ 为综合影响因子，包括科技进步、产品结构等因素；$\eta_i^{t_2}$ 和 $\eta_i^{t_1}$ 分别为第 t_2 和第 t_1 水平年第 i 工业部门的用水重复利用率。

若采用趋势法预测，其计算公式为：

$$IQ_i^{t_2} = IQ_i^{t_1} \times (1-r_i^{t_2})^{t_2-t_1} \tag{5-8}$$

式中：$r_i^{t_2}$ 为第 t_2 和第 t_1 水平年第 i 工业部门取水定额年均递减率，%，其值可根据变化趋势分析后拟定；其他符号同前。

区域工业用水多少，不仅与工业发展的速度有关，而且与工业结构、工业生产水平、水的重复利用水平，用水管理水平，供水条件等因素有关，因此，工业需水量的预测，应结合当地工业结构调整的方向、节水水平提高等因素，充分考虑各种影响因素对用水定额的影响，结合不同预测方法的特点，综合考虑来确定。

(2) 建筑业需水。建筑业需水预测以单位建筑面积取用水量法为主，以建筑业万元增加值取用水量法进行复核。

3. 第三产业需水预测

第三产业需水可采用万元增加值取用水量法进行预测。根据这些产业发展规划成果，结合用水现状分析，预测各规划水平年的净需水定额和水利用系数，进行净需水量和毛需水量的预测。

四、生态环境需水预测

生态环境需水是指为维持生态与环境功能和进行生态环境建设所需要的最小需水量。我国地域辽阔，气候多样，生态环境需水具有地域性、自然性和功能性特点。按照修复和美化生态环境的要求，可按河道内和河道外两类生态环境需水口径分别进行预测。根据各分区、各流域水系不同情况，分别计算河道内和河道外生态环境需水量。河道内生态环境用水一般分为维持河道基本功能和河口生态环境的用水。河道外生态环境用水分为城镇生态环境美化和其他生态环境建设用水等。

不同类型的生态环境需水量计算方法不同。城镇绿化用水、防护林草用水等以植被需水为主体的生态环境需水量，可采用定额预测方法；湖泊、湿地、城镇河湖补水等，以规划水面面积的水面蒸发量与降水量之差为其生态环境需水量。对以植被为主的生态需水量，要求对地下水水位提出控制要求。其他生态环境需水，可结合各分区、各河流的实际情况采用相应的计算方法。

河道外生态环境需水为水循环过程中扣除本地有效降雨后，需要占用一定水资源量以满足植被生存耗水的最基本水量。它主要针对不同的植被类型，分析其生态耗水机理，求出生态环境改善后的所需水量。河道内生态环境需水是维系河流或湖泊生态环境平衡的最小水量。它主要从实现河流的功能以及考虑不同水体这两个角度出发，包括非汛期河道的基本需水量，汛期河流的输沙用水量，以及防止河道断流、湖泊萎缩等用水量。区域生态环境需水计算流程见图 5-2。

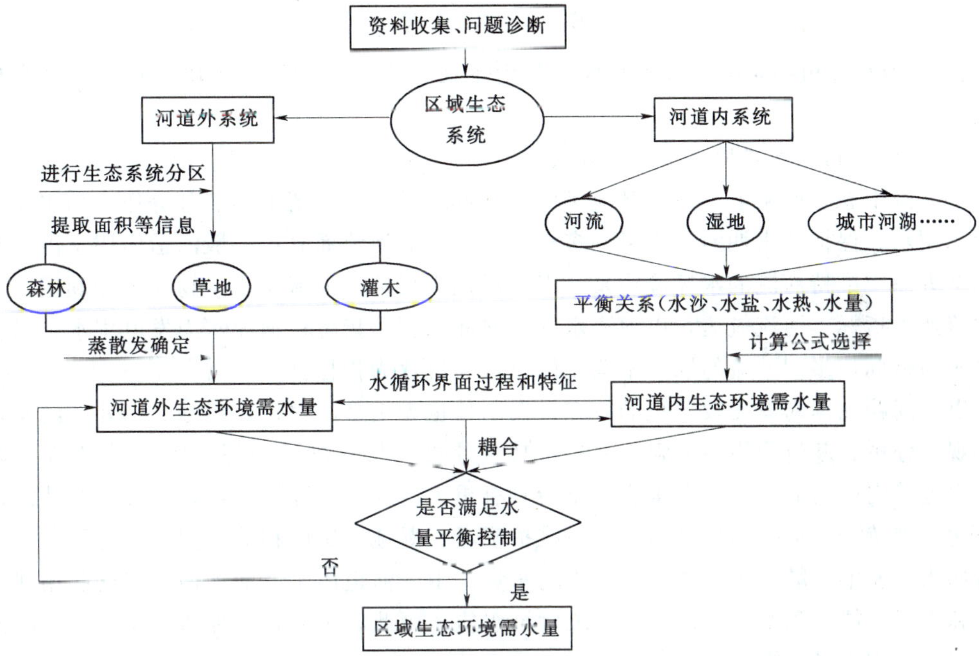

图 5-2　区域生态环境需水计算流程图

（一）河道外生态环境需水计算方法

河道外生态环境需水计算步骤为：首先，依据一定的标准，如地形、地质差异，径流与人为影响因子，土地利用单元等，将河道外的生态系统进行逐级分区，并识别出不同生态分区中植被（林、灌、草等）覆盖的土地类型面积；其次，参考相关国家生态实验站的草地需水实验、林地需水实验等文献资料，确定不同区域不同植被类型的蒸散量；最后，根据不同植被类型的空间分布情况，扣除其消耗的有效降雨量后，确定其消耗的水资源量，即为现状条件下各种植被的河道外生态环境需水量。

计算河道外生态环境需水量的常用方法是“直接计算法”，其计算公式为：

$$W_{out} = \sum_{i} A_i (E_{Ti} - P) \tag{5-9}$$

式中：W_{out} 为河道外生态环境需水量；A_i 为某种植被 i 相应的面积；E_{Ti} 为某种植被 i 的年总蒸散量；P 为年降雨量。

在干旱地区，当土壤的含水量 θ 大于土壤的临界含水量 θ_k 时，植被的蒸散发是充足的，不受土壤水分的限制；而当土壤的含水量小于土壤的凋萎含水量 θ_p 时，植被的蒸散发完全停止，植被趋于凋萎。为此，干旱地区植被的实际蒸散发 E_{ci} 计算公式可表达为：

$$E_{ci} = \begin{cases} \beta_i K_{ci} E_0 & \theta \geqslant \theta_k \\ \beta_i K_{ci} E_0 \dfrac{\theta - \theta_p}{\theta_k - \theta_p} & \theta_k > \theta \geqslant \theta_p \\ 0 & \theta < \theta_p \end{cases} \tag{5-10}$$

式中：β_i 为某种植被的郁闭度；K_{ci} 为某种植物的蒸散系数；E_0 为水面蒸发量。

以一年为时间区间，对上式进行时间积分，可以得到某种植物相应的年蒸散量为：

$$E_{Ti} = \beta_i \bar{K}_{ci} \bar{E}_0 \bar{K}_{\theta} \tag{5-11}$$

式中：$\bar{K}_{ci}$ 为某种植物年平均蒸散系数；$\bar{E}_0$ 为年水面蒸发量；$\bar{K}_{\theta}$ 为土壤的年平均含水量相对系数。

（二）河道内生态环境需水计算方法

从河流生态平衡来看，河川基流量不宜全部取用，而应留下相当部分作为枯水期河流的生态用水。保持枯水期河流水量的多少，视不同的河流而异。一般河道内用水需考虑以下几个方面：维持河流的水环境容量，以径污比为指标；河流水生生物保护和利用，以水位和流速为指标；河流航运，以河道水深与河面水宽为指标；河流水力发电用水，以流量与水头为指标；多沙河流的水沙平衡，以流量与流速为指标。

以上问题在国内尚无较系统的研究，在国外也无更多的报道，但综合国外的经验，并从宏观上分析，基流利用的上限不宜超过其总量的 60%（刘昌明等，1996）。而在生态环境需水范畴内所指的河道内需水主要是指具有重大的社会、环境效益，包括防淤冲沙，水质净化，维持野生动植物生存和繁殖，维护沼泽、湿地一定面积等的生态环境用水，不包括诸如水力发电、航运等生产活动所需的水量。由于河道内生产活动用水主要利用河水的势能和生态功能，基本上不消耗水量或污染水质，因此属于非耗损性清洁用水；同时河道内生产活动用水具有多功能性，可以“一水多用”，在满足一种主要用水要求的同时，还可兼顾其他用水要求。下面对几类河道内生态环境需水量的计算方法进行介绍：

1. 非汛期河道基本生态环境需水量

从生态环境保护的角度出发，为了维持河流的基本生态环境功能不受破坏，一年内不同时期尤其是枯水期的水量必须维持在一定水平，以防止出现诸如断流等可能导致河流生态环境功能受损现象的发生。这部分需水量称为“非汛期河道基本生态环境需水量”。其计算方法到目前还没有统一，比较常用的是“标准流量设定法”，其主要有两种计算途径：

一种途径是把河流最小月平均实测径流的多年平均值作为河流的基本生态环境需水

量，计算公式为：

$$W_{BE} = \eta Q_{M\min} \qquad (5-12)$$

式中：W_{BE}为河道内基本生态环境需水量；η为单位换算系数；$Q_{M\min}$为河流的最小月平均流量。

另一种途径是把河流 90%保证率最枯月平均流量作为河流的基本生态环境需水量，计算公式为：

$$W_{BE} = \eta Q_{M90} \qquad (5-13)$$

式中：Q_{M90}为河流 90%保证率最枯月平均流量。

2. 汛期河流输沙用水

河流的输沙用水不仅随着年内水沙分配特点发生变化，还与河流中含沙量的变化密切相关。在汛期，水流中含沙量较高，单位泥沙的输沙用水较小，输沙效率较高，而非汛期水流含沙较低，单位泥沙的输沙用水较多，输沙效率也相对较低。从提高单位水资源利用率的角度出发，同时考虑到河流的输沙功能主要在汛期完成，因此，汛期用水应该优先满足河流输沙功能的基本要求，在满足输沙用水的同时，兼顾河流生态用水和河流水污染防治用水的要求。把汛期用于输沙的水量计算为河流生态环境需水量的一部分，并取河流汛期输沙用水量的计算公式如下：

$$W_{TS} = \frac{S_t}{C_{\max}} \qquad (5-14)$$

式中：W_{TS}为输沙用水量；S_t为汛期多年平均输沙量；$C_{\max}$为多年最大月平均含沙量的平均值。

3. 湿地恢复用水

湿地是自然界中生物多样性最为丰富、独特的生态系统，并且由于其物理、生物和化学组分，如土壤、水、植物和动物之间的相互作用，使它能够发挥很多极具重要的生态、经济、社会功能，诸如调蓄洪水、调节小气候、控制侵蚀、维护生物多样性等。针对湿地状况和可获得的实际资料，一般选用最低水位法来计算湿地恢复水量。所谓最低水位法就是综合考虑为实现湿地的生态、社会、经济各项功能所需要的最低水位，确定出整个湿地生态系统的最低生态水位，然后根据降雨、蒸发和渗漏量计算出年补水量，作为生态环境需水量，可采用下式计算。

$$W_{WL} = A(E - P) + F \qquad (5-15)$$

式中：W_{WL}为湿地生态环境需水量；A 为水面面积；E 为相应的水面蒸发量；P 为降雨量；F 为水体的渗漏水量。

4. 城市河湖用水

近年来，随着城市居民生活水平的显著提高，人们对城市景观功能和娱乐休闲的要求，也上升到了一个新的高度。集美化环境、休闲娱乐等诸项功能于一体的城市河湖，已融入到现代城市发展和建设的理念之中，成为城市生态环境建设的一道亮丽风景线。保证城市河湖用水量是生态环境用水中的一项重要内容。

目前，对城市河湖用水量计算主要有两种方法：直接计算法、间接计算法。直接计算法，就是根据城市湖泊水面面积乘以用水定额直接计算得到，计算公式为：

$$W_{CRL} = A_i W_D \tag{5-16}$$

式中：A_i 为城市河湖水面面积；W_D 为单位水面用水定额。

间接计算法，是根据城市人均河湖生态环境用水指标乘以人口间接计算得到。计算公式为：

$$W_{CRL} = PU \tag{5-17}$$

式中：P 为城市人口总数；U 为人均城市河湖用水指标。

由于河道内用水在满足某一种主要用水目标时，还可兼顾其他用水要求，因此，河道内的生态环境需水量不是上述各项分量的简单叠加，而要根据它们在水循环过程中的相互关系来综合计算。

五、需水预测方案

在对各用水户的需水量进行分项预测的基础上，按照用水户的分类方法进行需水量的汇总。影响需水量预测成果的因素较多，不同经济社会发展情景、不同产业结构、不同用水定额和节水水平，水资源的需求量会有较大差异。这些差异可通过不同的需水方案来反映。需水预测需要考虑节约用水对应的"基本方案"和"强化节水方案"，计算两种需水预测成果。

在现状节水水平和相应的节水措施基础上，基本保持现有节水投入力度，并考虑近期以来用水定额和用水量的变化趋势，确定的需水方案为"基本方案"；在"基本方案"的基础上，进一步加大节水投入力度，强化需求管理，进一步提高用水效率和节水水平等各种措施后，所确定的需水方案为"强化节水方案"。"强化节水方案"需水预测成果应和"节约用水"部分推荐方案相协调。

为了保障预测成果具有现实合理性，要求对经济社会发展指标、用水定额以及需水量进行合理性分析。合理性分析主要为各类指标发展趋势（增长速度、结构和人均量变化等）和国内外其他地区的指标比较，以及经济社会发展指标与水资源条件之间、需水量与供水能力之间等关系协调性分析等。

第四节 应 用 实 例

本节以新密市为例，介绍需水预测方法在《新密市水资源综合规划》[5]成果中的应用情况。

一、研究区概况

新密市位于中原地区，地理位置优越，经济社会发展迅速。但区域内的水资源量有限，水资源的开发利用状况已超过水资源及水环境的承载能力，水资源问题已成为制约区域经济社会可持续发展的重要因素。为有效解决水资源不足问题，政府及水行政主管部门提出按照"留住天上水、拦住地表水、保护地下水、引进外来水"的思路进行水资源开发利用，由此开展水资源规划工作，作为水资源开发利用和管理的依据。规划现状基准年为2010年，近期水平年为2015年，中期水平年为2020年，远期水平年为2030年。规划内容包括水资源评价、开发利用情况调查、节约用水、水资源供需分析、水资源保护及水资源配置等。

需水预测的主要目的是基于新密市经济社会发展趋势，结合经济社会发展和需水指标进行规划水平年的需水量预测，以回答“新密市到底需要多少水、现状需要多少水、在满足未来发展需求的情况下又需要多少水”的问题。

二、需水量预测

1. 预测依据

预测依据主要包括法律法规如《中华人民共和国水法》（2002)、《河南省节约用水管理条例》（2004）等，以及相关规划及文件如《河南省水环境功能区规划》（2006)、《新密市“十二五”水利发展规划》（2010)、《新密市国民经济和社会发展第十二个五年规划纲要》（2010）等。

2. 经济社会发展指标预测

根据《新密市统计年鉴》等资料，对现状年的人口现状进行分析。结合人口发展及城市发展的相关规划中数据，分析确定不同阶段人口增长率、人口数量、城镇化指标，得到规划水平年的城镇居民和农村居民数据。

参照新密市相关统计数据、规划报告等资料，统计得到现状年新密市的各产业增加值。结合相关规划，分析确定农业灌溉面积、林牧渔发展指标，工业增长指标和规划水平年的产值、建筑业及第三产业产值等经济指标。部分经济指标预测结果见表 5－2。

表 5－2　　新密市经济社会发展指标预测结果表

水 平 年		2010 年	2015 年	2020 年	2030 年
人口	总人口（人）	809312	835593	861310	913193
	城镇人口（人）	402603	475004	538664	616234
	农村人口（人）	406709	360590	322646	296959
	城镇化率（%）	46.3	56.8	62.5	67.5
增加值	GDP（万元）	3915338	7201730	10202590	15369114
	一产增加值（万元）	128632	142659	185000	262200
	二产增加值（万元）	2865830	4753417	6560027	9221835
	三产增加值（万元）	920876	2305654	3457563	5885079

3. 需水量预测

（1）生活需水预测。生活需水预测采用定额法来进行预测，在不同水平年人口发展预测的基础上，进行需水预测。

（2）农业需水预测。农业需水包括农田灌溉需水、林草灌溉需水、鱼塘补水和牲畜需水。农田灌溉需水，根据预测的农田灌溉面积、渠系水利用系数和灌溉定额，分别计算净灌溉需水量和毛灌溉需水量。林牧渔业的灌溉（补水）需水量根据面积或数量和用水定额计算。

（3）第二产业需水预测。第二产业需水预测采用综合万元增加值取水量定额预测法，并用取水量年增长率、弹性系数和人均需水量等进行复核。

（4）生态环境需水预测。在生态环境需水中，河道外需水主要为城市绿地需水。城市绿地需水的计算，首先根据新密市城镇发展规划中的绿化率确定植被覆盖度，再结合气候状况确定单位面积植被需水量，最后计算城市绿地总需水量。河道内需水主要为维持城市水系所需要的水量，根据河道的渗漏量和蒸发量计算；蒸发量根据潜在蒸发量和水面面积计算。

4. 需水预测方案

对各项需水预测结果进行汇总。在基本方案下，按照规划发展目标的正常需水要求分析。在强化节水方案下，综合考虑了满足经济增长、社会发展和城市生态环境保护等各方面的需求，并考虑了节约用水、强化节水和抑制用水措施下的水资源需求。两种方案下的需水量预测结果见表 5-3。

表 5-3　　新密市需水预测结果　　单位：$\times 10^4 m^3$

方案	水平年	城镇生活	农村生活	第二产业	第三产业	农业			生态环境			合计		
						P=50%	P=75%	P=95%	P=50%	P=75%	P=95%	P=50%	P=75%	P=95%
	基准年	997.3	806.1	7610.0	188.1	1702.0	1850.1	1998.2	55.4	81.9	97.8	11358.8	11533.4	11697.5
基本方案	2015	1988.4	1037.6	12102.4	649.0	2176.2	2347.9	2520.2	83.0	90.0	95.0	18036.6	18215.3	18392.6
	2020	2420.7	986.0	14564.4	912.5	2185.2	2363.1	2542.0	88.0	95.0	98.0	21156.8	21341.7	21523.6
	2030	2940.0	997.1	16409.0	1333.3	2193.9	2377.5	2562.0	90.0	100.0	102.0	23963.3	24157.0	24343.4
强化节水	2015	1901.7	1037.6	9833.6	620.8	2124.8	2296.5	2468.9	83.0	90.0	95.0	15601.6	15780.3	15957.7
	2020	2322.4	986.0	11756.6	847.1	2132.0	2310.0	2488.8	88.0	95.0	98.0	18132.2	18317.1	18498.9
	2030	2827.5	997.1	13847.6	1174.0	2139.2	2322.8	2507.2	90.0	100.0	102.0	21075.4	21269.0	21455.4

5. 需水预测结果分析

需水预测结果表明，在用水水平的空间分布上，新密市中东部地区的经济社会发展较快，使得需水量比其他地区有更大幅度的增长；在需水结构上，生活需水量比较稳定，工业需水量所占比重较大、且增长较快，灌溉需水量小幅增长。

思 考 题

1. 简述经济社会发展与水资源的联系。
2. 简述一个地区需水量变化的主要影响因素。
3. 需水预测包括哪些内容，请说明生产、生活、生态需水量的计算步骤。
4. 选择某一城市，搜索相关资料，对该区未来 10 年或 20 年的需水量进行预测。

参 考 文 献

[1] SL 429—2008 水资源供需预测分析技术规范．中华人民共和国水利部，2008.

[2] 左其亭，窦明，吴泽宁．水资源规划与管理．北京：中国水利水电出版社，2005.

[3] 王浩．我国水资源合理配置的现状和未来．水利水电技术，2006，37（2）：7-14.

[4] 全国水资源综合规划技术细则．水利部水利水电规划设计总院．2002，8.

[5] 新密市水务局．新密市水资源综合规划报告．2012.

第六章　供　水　预　测

供水预测是以现状情况下水资源的开发利用状况为基础，以当地水资源开发利用潜力分析为控制条件，通过对现有水利工程设施和供水系统的分析，结合水资源开发程度和开发潜力分析，拟定各种增加供水的方案，进行不同水平年、不同年型和不同方案的可供水量分析计算，并进行经济技术分析和比选[1]。

要进行供水预测，需要在前期做好水资源开发利用情况调查，并进行科学的评价，供水预测结果将为水资源供需分析与合理配置奠定基础。

第一节　概　　述

一、供水系统的分类

按供水水源分类，供水系统包括地表水源、地下水源和其他水源等三类供水工程。地表水源工程按类型分为蓄水工程（水库、塘坝）、引水工程、提水工程和调水工程；地下水源工程主要指利用浅层地下水的水井工程；其他水源工程包括雨水集蓄工程、污水处理再利用工程、集雨工程、微咸水利用工程、海水利用工程、矿井水利用工程和深层地下水利用工程等。

按供水用户来分类，供水系统包括城市供水工程、农村供水工程和混合供水工程。

二、相关概念的界定[4]

1．供水能力

供水能力是指区域供水系统能够提供给用户供水量的大小。它反映了区域内由所有供水工程组成的供水系统，依据系统的来水条件、工程状况、需水要求及相应的运行调度方式和规则，提供给用户不同保证率下的供水量大小。

2．可供水量

可供水量是指在不同水平年、不同保证率或不同频率情况下，通过各项工程设施，在合理开发利用的前提下，可提供的能满足一定水质要求的水量。可供水量的概念包含以下内容：①可供水量并不是实际供水量，而是通过对不同保证率情况下的水资源供需情况进行分析计算后，得出的工程设施“可能”或“可以”提供的水量，是对未来情景进行预测分析的结果。②可供水量既要考虑到当前情况下工程的供水能力，又要对未来经济发展水平下的供水情况进行预测分析。③计算可供水量时，要考虑丰、平、枯不同来水情况下，工程能够提供的水量。④可供水量是通过工程设施为用户提供的，没有通过工程设施而为用户利用的水量（比如农作物利用的天然降水、通过吸收的地下水）不能算作可供水量。⑤可供水量的水质状况必须能达到一定的使用标准。

3. 水资源开发利用潜力

水资源开发利用潜力是指通过对现有工程的加固配套和更新改造、新建工程的投入运行和非工程措施的实施后，分别以地表和地下水可供水量以及其他水源可能的供水型式，与现状条件相比所能提高的供水能力。

4. 可供水量与水资源可利用量的区别

水资源可利用量与可供水量是两个不同的概念。通常情况下，由于兴建的供水工程的实际供水能力同水资源的丰、平、枯水量在时间分配上存在着矛盾，这大大降低了水资源的利用水平，所以可供水量总是小于可利用量。现状条件下的可供水量是根据用水需要能提供的水量，它是水资源开发利用程度和能力的现实状况，决不能代表水资源可利用量。

三、影响可供水量的因素

影响可供水量的因素主要有以下几个方面。

1. 来水条件

来水条件对可供水量的影响较大，不同年份的来水变化以及年内来水随季节的变化，都直接影响到可供水量的大小。来水条件的差异将导致水源供水能力的变化，这就需要通过供水系统的优化调度措施来保证能满足区域需水要求。

2. 用水条件

用水条件是多方面的，包括产业结构、规模，用水性质，节水意识和节水水平等，对于同一区域，由于用水条件不同，算出的可供水量也可能不同。此外，由于水资源是一个相互作用、相互关联的大系统，往往一个地区的用水条件也会限制其他地方的可供水量，如流域上游用水会影响下游的可供水量，河道内的生态用水会影响河道外地区的可供水量。

3. 水质条件

供水的水质必须要达到一定的使用标准，如工业用水水质要求达到Ⅳ类水，生活用水要求达到Ⅲ类水以上，水源地的水质状况会直接影响到可供水量的大小。因此，虽然有的地区水资源总量较大，但由于水质差，可供水量少，从而造成“水质型缺水”。

4. 工程条件

工程条件决定了供水能力的大小，也就影响到可供水量的多少。另外，不同的工程调度运行方式和不同时期设施的变更扩建等，也能导致可供水量的变化。

第二节 可供水量计算

区域可供水量包括地表水可供水量、浅层地下水可供水量、其他水源可供水量。其中地表水可供水量中包含蓄水、引水、提水和调水四种工程的可供水量；地下水仅统计浅层地下水的可供水量；其他水源可供水量包括深层承压水可供水量、微咸水可供水量、雨水集蓄工程可供水量、污水处理再利用量、海水利用量和矿井水利用量等。

可供水量宜按受水区统计。在向外区域或流域调出水量的地区（跨区域或流域调水的供水区）不统计调出的水量，相应其地表水可供水量中不包括这部分调出的水量。

一、地表水可供水量计算

地表水可供水量的大小取决于地表水的可引水量和工程的引提水能力。假如地表水有足够的可引水量，但引提水工程能力不足，则其可供水量也不大；相反，假如地表水可引水量小，再大能力的引提水工程也不能保证有足够的可供水量。

大型水库和控制面积大、可供水量大的中型水库，应采用长系列进行调节计算，得出不同水平年、不同保证率的可供水量，并将其分解到相应的计算分区，初步确定其供水范围、供水目标、供水用户及其优先度、控制条件等，供水资源配置时进行方案比选。其他中型水库和小型水库及塘坝工程可采用简化计算，中型水库采用典型年法，小型水库及塘坝采用兴利库容乘复蓄系数法估算。复蓄系数可通过对不同地区各类工程进行分类，采用典型调查方法，参照邻近及类似地区的成果分析确定[3]。

引提水工程根据取水口的径流量、引提水工程的能力以及用户需水要求计算可供水量。引水工程的引水能力与进水口水位及引水渠道的过水能力有关；提水工程的提水能力则与设备能力、开机时间等有关。引提水工程可供水量可用下式计算：

$$W_{可供} = \sum_{i=1}^{t} \min(Q_i, H_i, X_i) \tag{6-1}$$

式中：Q_i、H_i、X_i 分别为 i 时段取水口的可引流量、工程的引提能力及用户需水量；t 为计算时段数。

可供水量预测应考虑不同规划水平年工程状况的变化，既要分析现有工程更新改造和续建配套后新增的供水量，又要估计工程老化、水库淤积和因上游用水增加造成的来水量减少等因素对工程供水能力的影响。

病险水库加固改造和灌区工程续建配套，均有可能对区域的可供水量带来变化，需要进行考虑。在建及规划的大型及重要中型蓄、引、提等水源工程，要按照工程规划，统计工程供水规模、范围、对象和主要技术经济指标等，逐个分析工程的作用，计算工程建成后增加的供水能力。此外，要收集、分析规划和扩建的跨流域调水工程，并将工程实施后，不同水平年调入各受水区的水量，纳入相应分区的地表水可供水量中。面广量大的其他中小型蓄、引、提工程，可按计算分区汇总分析。

二、地下水可供水量计算

一般来讲，地下水可供水量主要是指矿化度不大于 2g/L 的浅层地下水量。一般采用区域水资源评价的浅层地下水资源可开采量成果，作为确定地下水可供水量的依据，地下水可供水量确定要考虑相应水平年由于地表水开发利用方式和节水措施的变化所引起的地下水补给条件的变化，相应调整水资源分区的地下水资源可开采量，并以调整后的地下水资源可开采量作为地下水可供水量估算的控制条件，还要根据地下水布井区的地下水资源可开采量作为估算的依据。

有条件和资料的地区，要求结合地下水实际开采情况、地下水资源可开采量以及地下水位动态特征，综合分析确定具有地下水开发利用潜力的分布范围和开发利用潜力的数量，提出现状基础上增加地下水供水的地域和可供水量。

地下水可供水量与当地地下水资源可开采量、机井提水能力、开采范围和用户的需水量等有关。地下水可供水量计算公式为：

$$W_{可供} = \sum_{i=1}^{t} \min(H_i, W_i, X_i) \quad (6-2)$$

式中：H_i、W_i、X_i 分别为 i 时段机井提水能力、当地地下水资源可开采量及用户的需水量；t 为计算时段数。

地表水和地下水之间存在着复杂的转换关系，有些地区地下水的开发利用，将增加地表水向地下水的补给量（如坎儿井、山前区侧向补给、傍河河川径流补给）。当地地下水资源可开采量是指布井区范围内的浅层地下水资源可开采量。在地下水开采量超过当地地下水资源可开采量与增加的地表水补给量之和时，将产生地下水的超采。

根据超采程度以及引发的生态环境灾害情况，地下水超采区划分为严重、较严重、一般三类。禁采、压采、限采是控制、管理地下水超采区的具体措施。禁采措施一般在严重超采区实施，属终止一切开采活动的举措；压采、限采措施一般在较严重超采区实施，属于强制性压缩、限制现有实际开采量的举措；一般超采区，要采取措施，严格控制开采地下水。

三、其他水源可供水量

其他水源开发利用主要指参与水资源供需分析的雨水集蓄利用、微咸水利用、污水处理再利用、海水利用和深层承压水利用等。

1. 雨水集蓄利用

雨水集蓄利用主要指收集储存屋顶、场院、道路等场所的降雨或径流的微型蓄水工程，包括水窖、水池、水柜、水塘等。通过调查、分析现有集雨工程的供水量以及对当地河川径流的影响，提出各地区不同水平年集雨工程的可供水量。

2. 微咸水利用

（1）微咸水（矿化度 2～3g/L）一般可补充农业灌溉用水，某些地区矿化度超过3g/L的咸水也可与淡水混合利用。在北方一些平原地区，微咸水的分布较广，可利用的数量也较大，微咸水的合理开发利用对缓解某些地区水资源紧缺状况有一定的作用。

（2）通过对微咸水的分布及其可利用地域范围和需求的调查分析，综合评价微咸水的开发利用潜力，提出各地区不同水平年微咸水的可利用量。

3. 污水处理再利用

城市污水经集中处理后，在满足一定水质要求的情况下，可用于农田灌溉及生态环境。对缺水较严重城市，污水处理再利用对象可扩及水质要求不高的工业冷却用水，以及改善生态环境和市政用水，如城市绿化、冲洗马路、河湖补水等。在供水预测中，不能将未经处理、未达到水质要求的污水量计入可供水量中。

4. 海水利用

海水利用包括海水淡化和海水直接利用两种方式。分析海水利用的潜力，除要摸清海水利用的现状、具备的条件和各种技术经济指标外，还要了解国内外海水利用的进展和动态，并估计未来科技进步的作用和影响，根据需求和具备的条件分析不同地区、不同时期海水利用的前景。可根据需要和可能，提出规划水平年海水利用的方案。

5. 深层承压水

在一些缺水地区，深层承压水也被开发利用，其可供水量的确定要经过详细的勘察和论证，掌握深层承压水的分布、补给和循环规律，综合评价深层承压水可开发利用潜力，提出各水平年可供水量。

四、区域可供水量

可供水量计算主要采用典型年法，来水系列资料比较完整的区域，也有采用长系列调算法进行可供水量计算。地表水可供水量除按供需分析的要求提出长系列的供水量外，还需提出不同水平年 $P=50\%$、$P=75\%$、$P=95\%$ 三种保证率的可供水量；浅层地下水资源可供水量一般只需多年平均值。

区域可供水量是由若干个单项工程、计算单元的可供水量组成。严格来讲，区域可供水量，应通过建立区域可供水量预测模型进行。在每个计算区域内，将存在互相联系的各类水利工程组成一个系统，按一定的原则和运行方式联合调算。对于区域内不存在相互联系的工程则按单项工程方法计算。

区域可供水量也可以在单项供水工程设施可供水量计算的基础上，进行区域可供水量的汇总。汇总时应注意：

（1）按区域不同保证率选定的典型代表年，取各单项工程同一年份的供水量汇总。

（2）按地表水可供水量，地下水可供水量分别汇总。

（3）避免可供水量的重复计算。在规模较大的灌溉工程供水系统（灌区）中，有大、中型工程总干渠和各级渠系，灌区内原有小水库，塘坝仍在发挥作用，为取水方便又陆续建有抽水站，在这种常见的情况下，很容易发生可供水量的重复计算问题。即同一片农田的灌溉需水量，重复多次计入了不同的单项工程可供水量之中。为避免可供水量的重复计算，汇总时可按大、中型骨干工程灌区范围划片，将各类供水工程及灌区的位置搞清楚，分析各个小型供水工程之间及与骨干枢纽工程之间的供水关系，是互补关系（各灌各的）还是重复关系，再剔除重复计算的可供水量。所以，一张较详细的、标有各单项供水工程及灌区位置的地图是区域水资源供需分析成果的必备附图。

（4）区域可供水量汇总成果的合理性检查。除认真审核计算可供水量所用的基本资料，检查各环节成果、数据之外，还应该注意两个方面：

1）可供水量定义为供水工程设施所提供的水量。因此，除从江河，湖泊取水的供水工程外，区域其他各类供水工程的可供水量总和 W_S ，必须以其总控制集水面积 F_C 相应保证率的年水资源量为上限，即

$$W_S = \xi W_p F_C \times 10^{-4} \tag{6-3}$$

式中：W_S 为除江河、湖泊为水源的供水工程外，区域其他各类供水工程，为保证率 p 年总可供水量，亿 m^3；W_p 为保证率为 p 的水资源产水模数，万 m^3/km^2；F_C 为上述各类供水工程的总控制集水面积，km^2；ξ 为水资源量利用系数（<1.0）。

2）可供水量定义亦考虑到需水要求，即没有被用户利用的水量不能计入可供水量。因此，某保证率区域可供水量中的农业灌溉可供水量不得大于该水平年相应保证率有效灌溉面积（或计算面积）的灌溉需水量。即

$$W_S \leqslant A_e m_p \times 10^{-4} \tag{6-4}$$

式中：W_S 为某保证率 p 下的区域灌溉可供水量，亿 m^3；A_e 为某水平年区域有效灌溉面积或计算面积，万亩；m_p 为某保证率 p 的综合亩毛灌溉定额，m^3/亩。

第三节 供 水 预 测

一、供水预测

1. 基准年可供水量分析

基准年可供水量是进行供水预测的基础，分析应以现状供水量调查分析为依据，对现状供水中不合理开发利用的水量应进行调整。现状供水中不合理开发利用的水量主要包括：地下水超采量、挤占的生态环境用水量、未经处理或不符合水质要求的水量、超过分水指标的引水量等。

分析时，应考虑不同年型来水量和需水量的变化，结合工程的调度运行规则，通过长系列调节计算或典型年计算，得出的不同年型的基准年可供水量。

2. 规划水平年供水预测

供水预测和需水预测类似，需要进行不同水平年、不同年型和不同方案的可供水量分析计算，并进行各种方案的经济技术分析和比选。

供水预测的内容主要包括：综合调查分析现有供水设施的布局、供水能力、运行状况，以及水资源开发程度与存在问题等，在此基础上分析水资源开发利用前景和潜力，结合不同水平年的需水要求，拟定多种增加供水的方案，提出不同水平年、不同年型、不同方案的可供水量成果。

供水预测中的供水能力是指区域（或供水系统）供水能力。区域供水能力为区域内所有供水工程组成的供水系统，依据系统来水条件、工程状况、需水要求及相应的运用调度方式和规则，提供不同用户，不同保证率的供水量。

供水预测中，可供水量计算要充分考虑技术经济因素、水质状况、对生态环境的影响以及开发不同水源的有利和不利条件，预测不同水资源开发利用模式下可能的供水量，并进行技术经济比较，拟定水资源开发利用方案。要分析各水平年利用当地水资源的可供水量及其耗水量。通过对区域当地水资源耗用量的分析计算，以水资源可利用量为控制上限，检验当地水资源开发潜力及可供水量预测成果的合理性，一个区域当地水资源的耗水量不应超过区域水资源可利用总量。

供水预测要充分吸收和利用有关专业规划，以及流域、区域规划（如地下水开发利用规划、污水治理再利用规划、雨水集蓄利用规划、海水利用规划，以及各流域规划与区域水资源综合规划等）的成果，并根据规划要求和新的情况变化，对成果做适当调整。

二、供水方案拟定

拟定供水方案时应根据对各地水资源开发利用模式和潜力的分析，对应各水平年不同需水方案的需水要求，确定不同水平年的供水目标，以及为达到预期的供水目标所要采取的措施，分析采取这些措施及各种措施组合情况下的效果、投入等指标，并组成多组方案供水资源供需分析选用。

以现状工程的供水能力（即不增加新工程和新供水措施）与各水平年正常增长的需水要求（即不考虑新增节水措施），组成不同水平年的一组方案，称为“零方案”。以现状工程组成的供水系统与规划水平年的来水条件和正常增长的需水要求，进行调节计算，得出各水平年、不同保证率“零方案”的可供水量。这是与其他供水方案进行比较分析的基础，也是进行水资源一次供需平衡分析的供水输入条件。

根据对各地水资源开发利用模式和水资源开发利用潜力的分析，对应各水平年不同需水方案的需水要求，确定不同水平年的供水目标，以及为达到预期的供水目标，所要采取的各种增加供水、保护水质和提高供水保证程度的措施（包括工程措施和非工程措施），确定不同情形下的供水方案，如增加污水处理回用，通过外调水源工程增加区域可供水量，加强雨水、矿坑排水等非常规水资源的利用等，分析采取这些措施及多种措施组合情况下的效果。并考虑区域实际情况，分析对水资源可持续利用可能带来的有利和不利影响，并综合考虑工程布局和总体安排等因素，最终拟定不同水平年的供水方案集。

将拟定的各规划水平年的多种供水方案与相应水平年供水“零方案”进行比较，对各种方案的作用、效果及投入进行综合分析与评价，并提出各计算分区、不同水平年、不同保证率的可供水量成果以及与“零方案”比较增加的供水量和相应的投资等指标，供水资源供需分析和水资源配置选用。

第四节　应　用　实　例

本节仍以新密市为例，介绍供水预测方法在《新密市水资源综合规划》[4]成果中的应用情况。

一、研究区域

研究区域的基本情况，如第五章第五节所述。

现对新密市现状年（2010 年）和规划水平年不同保证率下的可供水量进行预测。

二、供水预测

1. 地表水可供水量

新密市地表水可供水量包括水库蓄水、引水和提水工程可供水量。水库蓄水的中型水库可供水量通过长系列兴利调节进行计算小型水库及塘坝概化为单一水库，采用兴利库容乘以复蓄系数进行估算。分别计算平水年（$P=50\%$）、枯水年（$P=75\%$）、特枯年（$P=95\%$）的可供水量。引、提水工程的可供水量参照新密市 2010 年水资源报表数据，确定现状引水工程供水量，对规划水平年的可供水量，参照相关规划进行调整确定。

2. 地下水可供水量

地下水可供水量取决于机井提水能力和地下水可开采量，由于之前新密市超采地下水现象严重，地下水可供水量不受提水能力的限制。在此采用控制系数乘以多年平均地下水可开采量，来估算各行政分区地下水可供水量。

3. 其他水源可供水量

新密市其他供水水源主要包括雨水集蓄利用和污水回用。雨水集蓄利用量估算主要考虑农村集雨工程供水量，集雨灌溉采用相关规划中的节灌面积乘以雨水灌溉定额来计算，农村生活用水集雨量是利用以雨水集蓄作为生活用水的人数乘以农村饮水定额来估算。污水回用量采用各规划水平年污水回用量乘以污水处理率再乘以污水回用率的方法计算。

此外，考虑到水资源短缺严重、供需矛盾尖锐的现实问题，将来有必要新建跨流域调水工程以增加可供水量，提出划跨流域调水工程 5000×$10^4 m^3$ 的供水情形。在假定规划新建的引水、提水工程按期建成，发挥相应的供水效益的情况下，无外调水源和有外调水源方案下的区域可供水量，见表 6-1。

表 6-1　　新密市可供水总量预测　　单位：×$10^4 m^3$

方案	2010年			2015年			2020年			2030年		
	50%	75%	95%	50%	75%	95%	50%	75%	95%	50%	75%	95%
无外调水	11333.7	11793.4	12101.2	12932.1	13364.8	13629.4	15026.2	15388.0	15604.4	17306.9	17666.5	17880.2
有外调水	11333.7	11793.4	12101.2	15932.1	16364.8	16629.4	20026.2	20388.0	20604.4	22306.9	22666.5	22880.2

思　考　题

1. 简述可供水量与水资源可利用量的区别和联系。
2. 简述可供水量计算有哪几部分组成以及其计算方法。
3. 以一个实例区为例，介绍可供水量计算过程，并说明进行供水预测的意义。

参　考　文　献

[1]　SL 429—2008 水资源供需预测分析技术规范. 中华人民共和国水利部，2008.

[2]　左其亭，窦明，吴泽宁. 水资源规划与管理. 北京：中国水利水电出版社，2005.

[3]　全国水资源综合规划技术细则. 水利部水利水电规划设计总院. 2002，8.

[4]　新密市水务局. 新密市水资源综合规划报告. 2012.

第七章　节　约　用　水

水资源是基础性的自然资源，也是重要的战略资源。随着经济社会的不断发展，水资源供给已呈现出不同程度的紧缺局面。在有限水资源禀赋条件下，节约用水已成为未来实现水资源可持续利用的必然，节水不仅是一种变相的水资源供给行为，而且还可以有效减少同等供水量下的污水排放量，因此实现了“开源、减污”两不误。《全国节水规划纲要》（2001～2010 年）中曾就节水的必要性总结出四点[1]：节水是缓解当前城乡缺水矛盾的长期硬性措施；节水是保障我国经济社会可持续发展必须坚持的一项重大国策；治理、改善和保护我国水环境迫切要求加强节水工作；实施西部大开发战略，促进社会稳定也要求加强节水。由此，节水工作在我国经济长期发展战略中的重要性可见一斑。

不同地区由于资源条件、经济发展等的不同，节约用水各有侧重和方向，因此，节约用水主要根据当地水资源条件和经济社会发展水平，确定节水工作的目的、方向和重点，制定不同时期的节水目标、任务和总体安排。

第一节　节水指标与潜力

一、现状用水水平分析

1. 调查统计分析

对地区用水水平分析是进行节约用水的第一步工作，也是节水指标及标准设定的基础。应首先调查地区各用水部门现状用水与节水的情况，调查形式分为典型调查和普查两类，收集有关用水和节水情况的基础资料并进行整理与分析。特别要针对典型调查中的典型城市、典型灌区、典型行业与典型用水户进行详细调查。其中，典型城市主要调查生活、建筑业、商业服务业用水情况以及管网漏损、节水器具普及程度、各行业水价等；典型灌区调查内容包括节水措施、节水投入与效果等，不同作物的灌溉定额、灌区灌溉水利用系数等；工业重点调查高耗水行业（如火电、冶金、石化、纺织、造纸等）的用水情况，且尽可能单独统计。有条件的地区可对典型行业（包括商饮业、服务业中的各行业，林、牧、渔业等）、典型用水户（工厂、企业、学校、医院、党政机关、事业单位、旅馆业、洗车业等）、典型产品（作物）进行详细的现状用水情况调查（包括用水量、用水设备与工艺、用水管理、采取的节水措施与投入等）。

节水方面要总结节水发展历程与节水发展现状，包括节水灌溉面积发展、工艺设备改造更新、节水器具普及程度、节水管理与能力建设、节水政策法规建设、节水宣传教育、节水新技术推广应用等。结合当地的条件与特点，分析所采取的主要节水措施（包括工程措施与非工程措施）及其效果与技术经济合理性[2]。

2．用水效率指标分析

用水效率是衡量各部门、各行业用水与节水水平的重要依据。尽管水资源开发利用情况调查评价中，已对部门用水定额进行了调查评价，但也应根据需要进行补充完善，包括各部门的综合用水定额和分行业或作物的用水定额。通过对现状各城市、各部门、各行业用水调查和典型调查，分析计算不同类型城市、不同行业、不同作物的灌溉定额。不同类型城市与工业分行业用水定额和其他用水效率指标以省级行政区为单位计算，不同作物净灌溉定额按农业节水类型区分析计算。综合用水定额可采用需水预测的计算成果，按计算分区分析计算。

城镇生活用水效率指标主要计算城市生活用水定额和城市供水管网漏失率，用水定额采用［L/(人·d)］，若涉及区域空间范围较大，可按城市规模和发展水平分为特大城市、大城市、中等城市、小城市、县城及集镇5级。工业用水效率指标主要是行业用水定额和重复利用率，特别将火（核）电工业、高耗水工业及一般工业区分开来。第三产业分为商饮业和服务业，用水效率指标为行业用水定额。火（核）电工业采用单位发电量的用水量［m^3/(亿kW·h)］，建筑业采用单位建筑面积的用水量（m^3/m^2），工业分行业及商饮业、服务业采用单位产值增加值的用水量（m^3/万元）。农业灌溉可根据作物类型分析计算净灌溉定额，首先应区分水田和旱田，有条件的话可按不同作物（水稻、小麦、玉米、棉花、蔬菜、油料等）分析计算净灌溉定额。农业灌溉水利用系数等指标可采用需水预测的成果。

3．现状用水与节水水平分析

在现状用水情况及节水情况调查的基础上，根据对用水定额、用水效率及反映节水情况的各项指标的分析，进行不同时期、不同地区间的比较，包括自身纵向对比和与其他地区的横向对比，特别是与国内外先进水平的比较，找出与先进标准的差距和现状用水与节水中存在的主要问题及其原因，进而对现状用水水平与节水水平进行评价。反映现状用水水平与效率的指标有综合用水指标和分行业用水指标，主要包括：人均综合用水量、万元GDP用水量、城镇供水管网漏损率、节水器具普及率、万元工业增加值用水量、工业用水重复利用率、农田亩均实灌用水量、灌溉水利用系数、水分生产率、单方水粮食产量、节水灌溉工程面积占有效灌溉面积的比例、高效节水灌溉工程面积占有效灌溉面积的比例等指标。

二、节水指标及标准

节水标准要具有先进性、合理性、指导性，且能在未来的经济发展条件下通过一定的努力可以实现。节水标准与指标是在现状用水调查和各部门、各行业用水定额、用水效率指标分析的基础上，综合考虑当地水资源条件、经济社会发展状况、管理水平、技术水平及水价影响等因素，参考国内外（水资源条件和经济发展水平相近者）先进用水水平的指标与参数，通过技术经济比较，统筹需要与可能，因地制宜，注重实效，合理确定各地区节水目标与主要指标及其适用范围[3]。

城镇生活节水一般是集中供水和取用，因此其节水重点是减少水在输送过程中的损失，以及在使用过程中的浪费。城镇生活节水主要体现在通过提高水价、节水器具的普及程度、减少损失、增强节水意识等，将用水量和用水定额控制在与经济社会发展水平和生活条件改善相适应的范围内。可以行政区为单位，分析各类城市及城镇要求达到的生活用水定额、城市最小可能管网漏失率等。

工业节水主要通过调整工业布局和产业结构、节水技术开发、节水工艺和设备改造以提高重复利用率，以及调整水价等，控制取用水量不合理的增长，特别要注重限制高耗水项目，淘汰高耗水工艺和设备。建筑业及商饮业、服务业节水主要是减少水的浪费和损失。工业分行业节水指标要求按火（核）电、冶金、石化、纺织、造纸、及其他一般工业划分，包括节水定额、各行业要求达到的最佳用水重复利用率等，按行政区分类分析确定节水指标。

农业节水主要通过灌区节水改造，发展节水灌溉面积，调整作物种植结构，通过减少粮食与经济作物的协调搭配，达到节水与效益双赢的目的；加强输配水调控和田间防渗工程建设，努力提高灌溉水利用系数；提倡科技种田，提升作物水分生产率。农业节水指标要求按水稻、小麦、玉米、棉花、蔬菜、油料等主要作物以及林果地、草场划分，提出包括高水平节水条件下的灌溉定额，可能达到的最高灌溉水利用系数（分井灌区、渠灌区、井渠混合灌区），牲畜、渔业节水定额等。农业节水指标按省级行政区分不同类型区域分析确定。

建筑业及商饮业、服务业节水指标，按行政区分类分析建筑业及商饮业、服务业节水定额，确定其相应的节水指标。

三、节水潜力分析

本书节水潜力计算采用《全国水资源综合规划技术细则》中对节水潜力解释的第一种[4]，即节水潜力是以各部门、各行业（或作物）通过综合节水措施所达到的节水指标为参考标准，分析现状用水水平与节水指标的差值，并根据现状发展的实物量指标计算的最大可能节水数量。

根据现状用水水平、用水效率和区域水资源条件，按照资源节约型和环境友好型社会建设的总体要求，在水资源供需分析的基础上，以规划水平年各部门和各行业（或作物）通过综合节水措施所达到的节水目标指标为参照标准，计算分析现状用水水平与节水目标指标的差值，并根据现状经济社会发展的实物量指标，估算通过各种节水措施可能形成的节水量。分农业、工业、城镇生活等方面分别分析计算规划节水量，汇总得出总节水量。

1. 城镇生活节水潜力

此处的城镇生活节水为大生活节水，包括城镇居民生活、第三产业、建筑业节水。

$$W_{生活} = W_0(L_0 - L_t) \tag{7-1}$$

式中：$W_{生活}$ 为城镇大生活节水量（含公共用水），m^3；W_0 为现状城镇大生活用水量，m^3；L_0 为现状城镇供水综合漏失率；L_t 为规划水平年城镇供水综合漏失率。

2. 工业节水潜力

$$\begin{aligned} W_{工业} &= W_{yt}[(1-\eta_0)-(1-\eta_t)] + W_{q0}(L_0 - L_t) \\ &= W_{yt}(\eta_t - \eta_0) + W_{q0}(L_0 - L_t) \end{aligned} \tag{7-2}$$

其中
$$W_{yt} = \frac{P_0 Q_t}{1-\eta_t}$$

式中：$W_{工业}$ 为工业节水量，m^3；W_{yt} 为规划水平年用水量（等于取水量加重复利用水量，取水量为新鲜水，相当于水资源综合规划中的需用水量），m^3；η_0 为现状工业用水重复利用率；η_t 为规划水平年工业用水重复利用率；P_0 为现状年工业增加值，万元；Q_t 为规划水平年工业用水定额（万元增加值用水量），m^3；W_{q0} 为现状年非自备水源工业取水量，m^3；L_0 为现状年工业管网漏失率；L_t 为规划水平年工业管网漏失率。

3. 农业节水潜力

$$W_{农业} = A_0 Q(1-\mu_0) - W_t(1-\mu_t) \tag{7-3}$$

式中：$W_{农业}$ 为农业灌溉节水量，m^3；A_0 为现状农田有效灌溉面积，亩；Q 为现状农田灌溉用水定额，m^3/亩；μ_0 为现状农业灌溉水利用系数；μ_t 为规划水平年农业灌溉水利用系数；W_t 为规划水平年农业灌溉用水量，m^3。

第二节 节水目标与措施

一、节水目标

在现状用水和节水水平综合评价的基础上，综合考虑水资源条件、供需发展趋势、经济社会发展水平等因素，提出不同水平年的节水目标。要充分利用已有的研究成果与资料和有关规划成果，并按照国家有关政策和规定及各地的实际制定合理的节水目标。

不同地区节水的目的、方向和重点不同。水资源紧缺地区节水的主要目的是减少水资源的无效消耗量、提高水资源利用率、水分生产率、供水保证率和水资源的承载能力。水资源较丰沛的地区，节水的目的主要是减少污废水排放量、减少治污的投入、提高水资源利用效率，节水的重点是用水大户、污染大户。

目前，国家对用水实行总量控制和定额管理相结合的制度。2012 年 1 月，国务院发布了《关于实行最严格水资源管理制度的意见》，这是继 2011 年中央一号文件和中央水利工作会议明确要求实行最严格水资源管理制度以来，国务院对实行该制度做出的全面部署和具体安排，是指导当前和今后一个时期我国水资源工作的纲领性文件。实现最严格水资源管理的核心是采用三条红线对总量控制和定额管理进行了量化。《关于实行最严格水资源管理制度的意见》提出，到 2015 年，全国用水总量力争控制在 6350 亿 m^3 以内；万元工业增加值用水量比 2010 年下降 30%以上，农田灌溉水有效利用系数提高到 0.53 以上；重要江河湖泊水功能区水质达标率提高到 60%以上。到 2020 年，全国用水总量力争控制在 6700 亿 m^3 以内；万元工业增加值用水量降低到 65m^3 以下，农田灌溉水有效利用系数提高到 0.55 以上；重要江河湖泊水功能区水质达标率提高到 80%以上，城镇供水水源地水质全面达标。到 2030 年，全国用水总量控制在 7000 亿 m^3 以内；万元工业增加值用水量降低到 40m^3 以下，农田灌溉水有效利用系数提高到 0.6 以上；确立水功能区限制纳污红线；主要污染物入河湖总量控制在水功能区纳污能力范围之内，水功能区水质达标率提高到 95%以上。地区不同水平年节水总体目标要按照水资源供需协调、综合平衡、保护生态、厉行节约、合理开源的原则制定，并在此总量控制和指标下进行。

1. 农业[5]

农业节水目标主要根据当地的自然地理、土壤作物以及水资源条件，通过对节水潜力的分析，结合地区农业未来发展及产业结构布局等特点进行确定，同时还要结合实际情况，确定不同地区、不同时期农业节水的目标与重点，提出不同水平年节水型农业用水定额指标体系与用水效率控制指标。农业节水近期重点对大型灌区进行续建配套与节水改造，建设节水增效示范项目和节水增效示范县、市；中期在全国灌溉总用水量基本不增加的情况下，进一步提高灌溉水利用系数，适度新增节水灌溉面积。

2. 工业

在各地工业布局与产业结构及其变化趋势分析的基础上，根据对工业各行业，重点高用水、高污染工业的节水现状及节水潜力的分析，以及与国内外工业节水先进水平的比较分析，确定不同地区、不同时期工业节水的目标与重点，提出不同水平年节水型工业用水定额指标体系与用水效率控制指标。工业节水的重点行业是火力发电、化工、造纸、冶金、纺织、水泥、食品等。在工业增加值继续增长情况下，通过产业结构战略调整和企业技术改造，控制用水量的增长，特别是选择产能较大、基础条件好的企业，从取水、供水、用水、耗水、排水等环节，安排一批节水工艺改造及循环用水工程。重点提高工业用水重复利用率，减少万元工业产值用水量。

3. 城镇生活

在对国内外先进节水城市比较分析的基础上，根据各地水资源条件、生活习惯，节水宣传教育以及节水普及情况，结合未来城镇发展、城市功能及行业组成状况，通过城镇生活节水潜力的分析，确定不同时期城镇生活节水的目标与重点，提出不同水平年节水型城镇生活用水定额指标体系与用水效率控制指标。城镇生活节水的重点是推广节水器具和减少输配水、用水环节的跑、冒、滴、漏，使城市节水水平有明显提高。

二、节水措施[6-8]

1. 农业节水措施

工程节水是农业节水最主要，也是最常见的措施之一。它主要涉及到输配水渠系及田间灌水的相关工程，如工程配套、渠系配套与渠系防渗、管道化输水、喷灌、微灌等，以节约输配水量为主。

采取各种耕作栽培措施和化学制剂调控农田水分状况，减少无效蒸发，防止水土流失、改善土壤结构，提高作物产量和水分作用率。主要包括土地整理、良种化和平衡施肥、耕作保墒技术、抗旱品种选育等技术措施。

作物水分生理调控机制与作物高效用水技术紧密结合形成的新型节水技术，主要包括调亏灌溉，局部灌溉和控制性分根交替灌溉。特别是控制性分根交替灌溉，是由我国西北农林科技大学的科技人员所提出的新概念，其原理是通过对不同区域根系进行交替干旱锻炼和其存在的补偿生产功能而刺激根系的生长，提高根系对水分和养分的利用率，最终达到不牺牲作物产量而大量节水的目的。

合理调整种植结构。根据当地的水资源条件，未来农业经济社会发展规划以及作物本身的需水规律和特点，合理调整地区作物种植结构，达到节水和效益双赢的目的。

研究和制定合理的水价政策，实行水资源统一管理、制定节水灌溉政策法规、加强组织管理、加强宣传教育和推广节水灌溉技术等管理措施。

运用现代先进的管理技术和自动化技术，对作物用水进行科学调控，同时加强多部门联合协作，构建综合协调机制和运行体制，制造多部门参与的农业节水规划和管理流程，实现对农业节水的统一管理。

2. 工业节水措施

提高生产用水重复利用率、回用率。发展和推广蒸汽冷凝水回收再利用技术；优化企业蒸汽冷凝水回收网络，发展闭式回收系统；推广使用蒸汽冷凝水的回收设备和装置；鼓励和支持外排废（污）水处理后回用，大力推广外排废（污）水处理后回用于循环冷却水系统的技术和“零排放”技术。

应用节水和高效的新技术，如高效人工制冷及低温冷却技术、高效洗涤工艺等；发展高效换热技术和设备，鼓励发展高效环保节水型冷却塔和其他冷却构筑物；优化循环冷却水系统，加快淘汰冷却效率低、用水量大的冷却构筑物；发展高效循环冷却水处理技术，发展空气冷却技术。

实行计划用水，提倡一水多用、优水优用，提高水资源综合利用水平。发展采煤、采矿等矿井水的资源化利用。在山区，发展和推广矿井水作为矿区工业用水和生活用水、农田用水等替代水源。

进行工艺改造和设备更新，淘汰高耗水工艺和落后的设备；推广生产工艺（装置内、装置间、工序内、工序间）的热联合技术，优化锅炉给水、工艺用水的制备工艺。大力发展和推广火力发电等工业干式除灰与干式输灰（渣）、高浓度灰渣输送、冲灰水回收利用等节水技术和设备以及冶炼厂干法收尘净化技术；推广洁净煤燃烧发电技术；发展纺织生产节水工艺；发展造纸工业化学制浆节水工艺；发展食品与发酵工业节水工艺；发展煤炭生产节水工艺，推广煤炭采掘过程的有效保水措施；开发和应用对围岩破坏小、水流失少的先进采掘工艺和设备；开发和应用节水选煤设备；研究开发大型先进的脱水和煤泥水处理设备。

根据水资源条件，合理调整产业结构和工业布局；制定合理的水价，实行优水优价和累进制水价收费制度；对废污水排放征收污水处理费，实行污染物总量控制；加强节水技术开发和节水设备、器具的研制等。

3. 城镇生活节水措施

实行计划用水和定额管理。制定科学合理的用水定额，逐步对城市公共设施下达用水计划，实行计划用水，鼓励各单位采取节水措施，使用水量不超过节水管理部门下达的用水计划指标，对于超计划用水的单位给予一定的经济处罚。居民住宅用水彻底取消“包费制”，分户装表，努力使计量收费达到100%。逐步采用累进加价的收费方式，提倡合理用水，杜绝浪费用水。

加强节水宣传与教育。利用报刊、广播、电视等新闻媒体进行节水宣传，使人们认识到水作为一种资源并非“取之不尽，用之不绝”。①加强世界水日、中国水周和节水宣传周活动。通过报刊、广播、电视等新闻媒体及各种活动，发放节水宣传材料、张贴节水宣传画、举办节水知识竞赛等手段进行节水宣传。②积极创建“节水先进城市”，在全国评选“节水先进城市”和“节水先进企业（单位）”活动中，树立节水先进典型。③加强城市节水监督，充分发挥城市节水监督电话作用。

调整水价及改革水费收缴制度。要加快城市水价改革步伐，尽快理顺供水价格，逐步建立激励节约用水的科学、完善的水价机制。在逐步提高水价的同时，可继续实行计划用水和定额管理，对超计划和超定额用水要实行累进加价收费制度；缺水城市，要实行高额累进加价制度。提高水价以后增加的收入可以用于供水管网的维护更新和节水设施的建设，使用水和节水逐步走上良性循环的道路。

推广使用节水器具和设备。加大国家有关节水技术政策和技术标准的贯彻执行力度，制定并推行节水型用水器具的强制性标准。针对用水量大的环节，开发研制新型节水器具，积极推广节水型用水器具。要制定政策，鼓励居民家庭更换使用节水型器具，尽快淘汰不符合节水标准的生活用水器具。所有新建、改建、扩建的公共和民用建筑中，均不得继续使用不符合标准的用水器具；凡达不到节水标准的，经城市人民政府批准，可不予供水。

加快供水管网的改造，采取有效措施，加快城市供水管网技术改造，降低管网漏失率。加快对供水管网的全面普查，建立完备的供水管网技术档案，制定管网改造计划。积极推广中水利用。

第三节　节水方案与投资

一、节水方案的拟定

节约用水是水资源配置过程中要考虑的重要环节。节水方案应与需水预测成果相对应，同时要为水资源配置提供多种可供选择的节水方案和有关技术经济的参数供比较分析，应在确定不同水平年节水目标、落实节水措施的基础上制定节水方案。根据估算的节水潜力以及各水平年水资源供需分析反馈的缺水状况，拟定逐步加大节水投资和力度的节水方案，明确分阶段采取的节水措施及其相应的技术经济指标，估算各计算分区不同水平年各部门的节水量，并依据水资源需求预测的结果，确定合理抑制需求、减少需水量的新方案，供进一步进行供需分析和水资源配置选用。在水资源紧缺地区，水资源供需分析和合理配置，需要进行多次反馈的动态分析，以水资源配置最终确定的供需基本达到平衡所采用的节水方案作为推荐方案。

区域节水涉及农业、工业、生活等多个部门，节水方案实则是不同部门各种节水方案的组合结果，在需水预测分析中，考虑到地区的具体情况和不同时期经济发展的特点，针对不同时期的节水目标，采取适宜的各项工业、农业和生活等节水措施，在此情景下进行需水定额确定和需水量预测分析，因此对工业、农业、生活需水的计算实际上蕴含了相应的节水措施，这些方案组合交叉便形成了方案集，可见，节水方案的拟定是与需水预测相对应的。节水方案要求按计算分区（流域三级区套地市）进行分析，其他各项可按大区进行（生活、工业等按省级行政区分析，农业按节水类型区分析）。

通常节水方案包括三类，第一类是基本方案，与需水预测的“基本方案”相应，是指现状节水力度水平下的方案（包括正常情况下结构调整、工程建设、科技进步的节水）；第二类是弱节水方案（集），此类方案是根据估算的节水潜力以及各水平年水资源供需分析反馈的缺水状况，在基本方案的基础上，逐步拟定加大节水投资和力度的节水方案，明确相应的节水措施及其技术经济指标，估算各计算分区不同水平年各部门的节水量，供进行供需分析和水资源配置选用。因此该方案数目可能不止一个，所以也可能是方案集；第三类是强化节水方案，强化节水方案为在经济合理、技术可行的条件下，增加节水投入力度的方案（此方案应与水资源配置的推荐方案相一致）。它是由供需分析反馈而来，与节水措施、效果、投入相联系，供合理配置选用。《全国水资源综合规划技术细则》将节约方案各项内容的相互关系及与水资源配置、需水预测等的联系表述如图 7-1 所示。

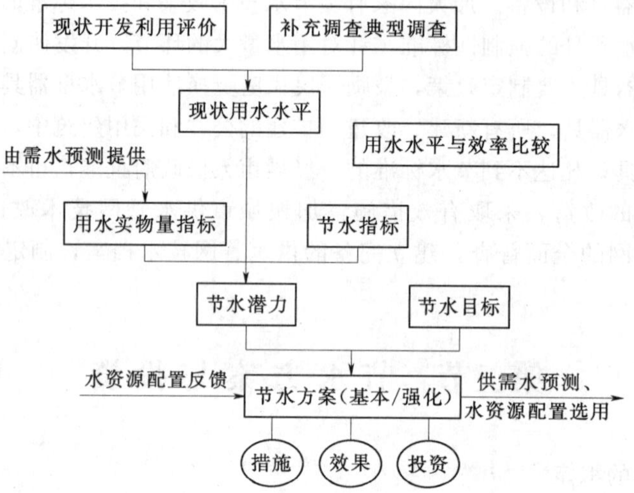

图 7-1 节约用水各项内容相互关系框图[4]

二、节水投资

节水投资估算不仅包括节水工程的投资，还应包括非工程措施的费用。应按不同发展时期，估算总投资及各地区、各部门、各项工程的投资。分析其机制和投资来源的可行性，提出投资分摊的原则和比例，以及分期实施意见。

1. 重点工程

农业节水工程的投资依据农业相关规划，投资重点包括大中型灌区、小型灌区、井灌区节水改造，节水灌溉示范，雨水集蓄与旱作节灌示范以及养殖业节水示范等。主要以国家投资为主。

工业节水工程投资依据相关行业已经完成的节水改造工程单方节水投资估算，分析总投资，明确投资资金来源。投资以企业为主，地方政府给予适当补贴。

城镇生活节水工程中，管网改造工程投资依据管网改造投资标准计算，原则上以地方政府投资为主；节水器具投资可按照市场价格和每一种器具的普及率提高数以及城市人口、户数等，分别按公共用水器具和家庭用水器具进行估算，其中公共用水器具投资由地方政府投资为主，居民用水器具以居民自购为主，学校、生活小区、机关、服务业投资亦以自筹为主，地方政府可进行必要的补贴，补贴比例由各级地方政府自行制定。

非常规水源利用工程投资可参照近几年已建的不同水源、不同规模工程的单方水投资进行估算，其中再生水利用工程投资不应计算污水前期处理投资，仅计算深度处理及回用管网建设投资。各级政府应设立非常规水源利用专项资金，并制定投融资激励政策，吸引外资，鼓励企业投资。

能力建设工程投资参照近几年部分我省已建工程投资分析计算，以地方政府投资为主，国家给予适当补贴。

2. 节水示范工程

节水示范工程中农业节水工程以相关规划投资为主，要对农业节水示范工程的项目制定激励政策，并适当给予补助和奖励，切实将节水与农民的增产增收有机结合起来，积极探索解决农业节水驱动力问题。

工业节水工程和节水型生活服务业节水示范工程地方政府应予适当补贴，对于国家级节水示范项目，国家给予适当补贴。

每一项工业和节水型生活服务业节水示范工程，应在1～2年时间内完成，要统筹规划工程建设时间，国家补贴按规划建设年度下发。

三、节水效果

节水实施效果评价可按三个层次进行[3]：第一层次评价节水推荐方案实施后与经济社会发展和生态环境保护的协调程度，及所产生的社会效益、经济效益和生态效益；第二层次评价实施后的总体效果，包括对提高水资源利用效率、水资源承载能力的作用，对水资源配置格局的改善程度，对缓解重点缺水地区和城市水资源紧缺状况以及改善生态环境的效果；第三层次评价实施后的经济效益，分析农业、工业、城镇生活等各类用水指标和用水效率，以及综合的用水指标和用水效率提高的程度，节水、节能、降耗、增效的综合效益，节水措施的投资与总体经济效益等。

节水效益的经济效益包括节省水费、污水处理费和土地节约、劳动力节约、增产增收等，以及减少供水、排水、污水处理工程投资等。通过分析节水量与替代水资源量以及各项单位投资来估算。社会效益包括对推动新农村建设、促进经济增长方式的转变、促进经济社会又好又快发展，以及规范用水秩序、避免水事纠纷、促进社会稳定，同时促进社会公众资源节约和环境保护意识提高、促进经济社会可持续发展等。生态与环境效益包括在降低经济社会发展的取水量的同时，维持了基本生态用水，减少排污量的同时改善生态与环境，以及对提高水资源承载能力承载能力，促进水资源可持续利用方面的分析等，干旱地区，要分析农业节水对环境带来的不利影响。

应注意的是节水效果与投资要根据相关的节水措施进行计算。对于跨计算分区的节水措施，其节水效果和投资要按一定的比例分解到相应的计算分区；对于在计算分区内包含有两项及两项以上节水措施的，一般可将各项节水措施的节水效果及投资分别相加，得出多项措施综合的节水效果和投资。如各项节水措施相互关系复杂，需在综合分析的基础上，根据具体情况，确定计算分区综合的节水效果和投资。

第四节 应 用 实 例

根据前述内容，以河南省南阳市为例，介绍南阳市节约用水规划实例，限于篇幅，本实例主要反映了编制节约用水规划方面的基本思路，但并不拘泥于此，仅作参考。

一、基本情况

1. 自然地理

南阳市位于河南省西南部，东邻信阳、驻马店；北倚平顶山、洛阳、三门峡市；西与陕西省交界；南和湖北省接壤。地理坐标东经 110°58′～113°49′、北纬 32°17′～33°48′。东西长 263km，南北宽 168km，总面积 $26509km^2$。

南阳处于亚热带向暖温带的过渡地带，属典型的季风大陆半湿润气候，四季分明，阳光充足，雨量充沛，全市大部分地区气候属亚湿润气候，只有桐柏、唐河属湿润气候。年平均气温 14.4～15.7℃，无霜期 220～240 天，年平均日照时数 2047h，多年平均气温 14.9℃。降雨受季风影响，时空和年际分布很不均匀，多年平均降雨量为 826.2mm，多年平均蒸发量为 844.5mm。降水年内分布也不均匀，60%～70%集中在汛期 6～9 月。非汛期降雨稀少，大多数河沟断流，大面积、长时间的干旱时有发生。

2. 经济社会

南阳市分 13 个县级行政区，其中方城县、桐柏县跨流域，其他县市区均在长江流域。全市有 30 个街道、123 个镇、83 个乡，面积 $26509km^2$。2009 年，南阳市总人口达到 1096.22 万人，其中邓州市人口最多，达到 157.03 万人。在南阳市总人口中，城镇人口 401.55 万人，农村人口 694.67 万人，城镇化率为 36.63%。

2009 年南阳市全年粮食种植面积 1681.10 万亩，比上年增长 1.8%，农业总产值、农业增加值和粮食产量都得到稳步提高。目前，全市已形成新能源、光电、电力、油碱化工、先进制造、超硬材料、纺织等优势产业。在 2005～2009 年期间，南阳市第二产业和第三产业生产总值均增长较快，第二产业增长率要高于第三产业增长率。得益于三产的快速发展，2005～2009 年南阳市国民经济生产总值也得到快速提升。南阳市国民生产总值增长率较高，2009 年国民生产总值增长率为 6.87%，相对较低。

3. 河流水系

南阳市大部分属于长江流域汉江区的丹江、唐白河水系，东南和东北角有两小片属于淮河流域的淮干及沙颍河水系。

全市流域面积在 $5000km^2$ 以上的河流有白河、唐河、丹江 3 条；流域面积在 1000～$5000km^2$ 之间的河流有 9 条，分别为湍河、老灌河、泌阳河、淮河、三夹河、赵河、洪河、甘江河、刁河；流域面积在 100～$1000km^2$ 之间的河流有 69 条，流域面积在 30～$100km^2$ 之间的河流有 91 条（主要河流介绍略）。

新中国成立以来，南阳市进行了大规模的水利建设，取得了很大成就，进一步增强了水利基础设施抗御水旱灾害的能力。到 2009 年底全市共建成大中小型水库 494 座，其中大型水库有鸭河口水库和赵湾水库 2 座，总库容 14.23 亿 m^3；中型水库 22 座，总库容 6.94 亿 m^3；小型水库 470 座，总库容 3.50 亿 m^3，全部水库总库容 24.67 亿 m^3，兴利库容 13.32 亿 m^3（重要水库介绍略）。

南阳市多年平均水资源总量为 68.43 亿 m^3，其中地表水资源量为 61.69 亿 m^3，地下水资源量为 24.99 亿 m^3，地表水与地下水资源重复量为 18.24 亿 m^3（南阳市行政分区水资源统计表略）。

2009 年全市废污水排放量为 4.93 亿 t，比上年增多了 0.10 亿 t；在废污水排放量中，第二产业、第三产业废水占 74.2%，生活污水占 2.8%。按流域分区统计，唐白河区 3.97 亿 t，丹江口以上区 0.64 亿 t，淮河上游王家坝以上（南岸区）0.19 亿 t，王蚌区北岸（沙颍河、涡河）0.07 亿 t。

根据《地表水环境质量标准》（GB 3838—2002）采用2009年6月水功能区水质监测资料，对全市38个水功能区进行水质类别评价，评价结果显示，水质为Ⅰ类的水功能区有8个，占21.1%；Ⅱ类的水功能区有21个，占55.3%；Ⅲ类的水功能区有6个，占15.8%；Ⅳ类的水功能区有1个，占2.63%；Ⅴ类的水功能区有2个，占5.26%。南阳市水功能区水质评价结果略。

二、现状用水水平与效率分析

1. 现状用水水平

表7-1反映了南阳市2005～2009年供水量变化，可以看出，在近几年南阳市的总供水量中，地表水供给量和地下水供给量相差不大，其中地下水供给量稍大于地表水供给量。

表7-1　　南阳市2005～2009年供水量　　单位：$\times 10^8 m^3$

水源 \ 年份	2005	2006	2007	2008	2009
地表水	5.27	9.46	8.68	10.08	10.42
地下水	9.35	10.29	9.59	10.81	11.99
其　他	0.00	0.00	0.00	0.00	0.00
合　计	14.62	19.75	18.26	20.89	22.41

2009年，南阳市总供水量为$22.41\times 10^8 m^3$。其中地表水$10.42\times 10^8 m^3$，占总供水量的46.49%；地下水$11.99\times 10^8 m^3$，占总供水量的53.51%。

表7-2反映了南阳市2005～2009年各行业用水情况。可以看出，南阳市总用水量总体呈现增长趋势，其中2009年南阳市总用水量最大，为22.41亿m^3。农林牧渔用水量表现趋势与总用水量基本保持一致，工业用水总量趋势先减后增，城乡生活环境综合用水量基本保持不变。南阳市耗水总量也与用水总量发展态势一致，耗水率整体呈现上升趋势，由2005年的22.86%上升到2009年的44.41%，升幅21.54%。

表7-2　　南阳市历年用水变化情况

水量 \ 年份		2005	2006	2007	2008	2009
用水量（$\times 10^8 m^3$）	农业	6.67	11.92	10.31	12.27	13.67
	工业	4.10	3.98	4.37	4.83	4.88
	城乡生活环境综合	3.76	3.85	3.58	3.80	3.86
	合计	14.62	19.7511	18.26	20.89	22.41
耗水量（$\times 10^8 m^3$）		3.34	6.72	5.17	8.76	9.95
耗水率（%）		22.86	34.04	28.29	41.92	44.41

注　工业及总用水量中不含鸭河口火电厂一期3亿～5亿m^3的贯流式循环水量。

2009年南阳市用水总量为22.41亿m^3，其中农林牧渔用水量为13.67亿m^3，占用水总量的60.99%，工业用水量为4.88亿m^3，占用水总量的21.78%，城乡生活环境综合用水量为3.86亿m^3，占用水总量的17.23%。因此，农业是南阳市用水量的主力军，也是今后节水工作的重点，而工业用水和城乡生活环境综合用水所占比例较小，今后可在加强节水的基础上，大力发展工业，适当加大城乡生活环境综合用水量的供给。

2. 用水效率分析

选取人均综合用水量、万元GDP用水量、城市供水管网漏损率、万元工业增加值用水量、工业用水重复利用率、城镇生活节水器具普及率、农田亩均实灌用水量、农业灌溉水有效利用系数、节水灌溉工程面积占有效灌溉面积的比例等9项指标对南阳市2009年用水水平与效率进行分析，与全省平均水平、国内外先进水平进行比较，具体见表7-3。

表7-3　2009年南阳市用水水平与效率指标比较

序号	节水指标	单位	南阳市现状	全省现状	国内先进水平	国际先进水平
1	人均用水量	m^3	204.44	232	190	—
2	万元GDP用水量	m^3	130.72	96	31	8.4
3	城市供水管网漏损率	%	33.4	20.4	12	6
4	万元工业增加值用水量	m^3	62.46	52	11.8	14
5	工业用水重复利用率	%	76.6	68	91	94.5
6	城市生活节水器具普及率	%	55.8	70	100	—
7	农业灌溉水有效利用系数	%	54.7	58	74	80
8	节水灌溉工程面积占有效灌溉面积的比例	%	24.3	29.2	66	84

注　市数据主要来自《南阳市水资源公报》(2009年)。指标统计，水量不含鸭河口火电厂一期贯流式循环水，GDP及工业增加值为当年价；省数据主要来自《河南省水资源公报》(2009年)。

由表7-3可以看出，在2009年用水水平与效率指标中，南阳市仅人均用水量和工业用水重复利用率两项指标优于全省平均水平，但与国内先进水平有一定差距，与国际先进水平更是相差较大。这说明南阳市具有很大的节水潜力，节水指标有很大的改善空间。

三、节水指标与标准

1. 生活节水

南阳市城镇生活节水主要包括以下几个方面：①全面推广节水器具，可以有效减少生活用水量；②采用中水利用措施，将污水处理厂处理过的排放水继续深度处理，使其达到国家有关规定标准后，经过中水管网广泛回用于景观用水、城市绿化、道路清洁、汽车冲洗、居民冲厕及施工用水、企业设备冷却用水等领域；③通过改造供水体系和改善城市供水管网可以有效减少渗漏，提高城市供水效率；④通过节水宣传与实行阶梯式水价，有效减少用水的浪费。

随着人口的增长，城市的发展和各种功能的完善，以及居民居住和生活条件的逐步改善，南阳生活用水量也将逐渐增加，根据用水现状和趋势分析，同时考虑生活节水措施的实施和推广，生活用水定额增长趋势会放缓，参考国内外类似经济发展和用水水平地区的用水定额以及《河南省用水定额》，规划 2015 年，南阳市城市供水管网漏损率将控制到 20%以下，南阳市城镇居民人均生活用水量 125.7L/（人·d），农村居民人均生活用水量 60.3L/（人·d）。

随着政府对第三产业的调整，把加快发展服务业作为转变发展方式、调整优化产业结构的战略举措，深化服务业领域体制改革和机制创新，营造有利于服务业大发展的政策和体制环境，创造公平竞争的市场环境，南阳市未来服务行业将大幅提高，第三产业产值在迅速增加的同时，用水量也会增大。另一方面，南阳市也在加大对污水的排放和处理力度，十二五期间南阳市基本解决城市缺水问题；使水功能区水质达标率达到 70%，供水水源地水质达标率达到 100%。南阳市的环境用水主要集中在城市的公园水体和绿化用水及其他用水，未来南阳市的生态环境将日益美好，生态需水量也逐步增加。

2. 工业节水

工业节水的主要措施有：①合理调整工业布局和工业结构，限制高耗水项目，淘汰高耗水工艺和设备；②鼓励节水技术开发和节水设备、器具的研制，重点抓工业内部循环用水，提高重复利用率；③运用经济手段推动节水的发展，包括调整水价和通过财政贴息和税收优惠等鼓励和支持工业企业进行节水技术改造；④强化企业内部用水管理和建立计量体系，加强用水定额管理，推行用水审计制度；⑤对废污水排放征收污水处理费，实行污染物排放总量控制。

南阳市十二五规划将继续向着建设工业强市迈进，在优先发展食品工业的同时，大力促进地区传统和现代产业融合高速发展，产业结构不断优化升级。随着科学技术的不断进步和生产工艺的改进，南阳市工业的单位用水量仍将保持较大幅度的下降，因此，工业产值虽保持了较高的增长，但用水量增长并不迅速，规划南阳市万元工业增加值用水量降低到 $40m^3$，再生水年利用量达到 0.44 亿 m^3。

3. 农业节水

农业用水是水资源耗用量的大项，也是南阳市今后实施节水的重点。目前南阳市的农田灌溉方式以井灌和渠灌为主，应加快提高现有灌溉水有效利用系数，加强渠道维修，减少渠道渗漏，逐步推广微灌、喷灌、管灌等节水灌溉方式，发展节水灌溉面积，以节约用水，缓解水资源不足的矛盾。

2009 年南阳市工程节水灌溉面积 169.07 万亩，高效节水工程灌溉面积 66.96 万亩。到 2015 年末，计划全市节水灌溉面积达到 259.07 万亩；有效灌溉面积达到 756 万亩，农业灌溉水利用系数提高到 58.4%。根据实际情况，参考《河南省用水定额》和相关文件，确定不同保证率下的农田灌溉定额。

“十二五”时期南阳市节水型社会建设主要指标与目标如表 7-4 所示。

表 7-4 "十二五"时期南阳市节水型社会建设主要指标与目标

节水指标	单位	2015 年目标	节水指标	单位	2015 年目标
万元工业增加值用水量（含火电）	m^3/万元	40	城市供水管网漏损率	%	20
万元建筑和三产增加值用水量	m^3/万元	6.5	工业供水管网漏损率	%	15.9
农田灌溉水利用系数	%	58.4	城镇居民生活用水	L/(人·d)	125.7
工业用水重复利用率	%	85	农村居民生活用水	L/(人·d)	60.3

四、节水潜力分析

以上述的节水指标与标准为参照标准，计算分析现状用水水平与节水目标指标的差值，并根据现状年经济社会发展情况，估算通过各种节水措施可能形成的节水量。由上述公式计算得出的南阳市 2015 年规划节水量汇总结果见表 7-5。

表 7-5 50%保证率下南阳市 2015 年规划节水量汇总 单位：万 m^3

行政区	城镇生活	工业	农业	合计	行政区	城镇生活	工业	农业	合计
宛城区	74	2182	924	3180	淅川县	46	1425	1713	3184
卧龙区	82	1696	349	2127	社旗县	40	750	1846	2636
南召县	39	1074	753	1866	唐河县	81	1810	3719	5611
方城县	61	973	1883	2917	新野县	48	1885	2239	4173
西峡县	31	1953	1064	3049	桐柏县	28	1267	902	2197
镇平县	61	1850	1281	3192	邓州市	98	2468	4255	6822
内乡县	41	1002	1750	2793	全市	730	20335	22678	43747

可见，在 50%保证率下，南阳市可节约水量为 $4.38\times10^8m^3$，其中农业的节水量最大，为 $2.27\times10^8m^3$，城镇生活和工业的节水量分别为 $0.073\times10^8m^3$、$2.04\times10^8m^3$。因此，节水措施的实施对于缓解南阳市水资源供需矛盾具有重要的意义。

五、节水目标与措施

1. 节水目标

根据南阳市用水现状和"十二五"节水型社会建设目标，拟定南阳市主要行业节水指标如表 7-6 所示。

表 7-6 南阳市"十二五"节水型社会建设主要用水行业节水指标

行业	节水指标	2009 年	2015 年	指标性质
综合	用水总量	22.41	24.91	约束
	万元 GDP 用水量（m^3）	130.72	85	预期

续表

行业	节水指标	2009 年	2015 年	指标性质
农业	节灌率（%）	24.3	31.6	预期
	机电井计量率（%）	0.0	30	预期
	灌溉水利用系数	0.547	0.584	约束
工业	万元增加值取水量（m^3/万元）	62.46	40	约束
	水重复利用率（%）	76.6	85	预期
	计量设施安装率（%）	80	95	预期
	管网漏失率（%）	17.7	15.9	预期
建筑和三产	万元增加值取水量（m^3/万元）	7.6	6.5	预期
	计量设施安装率（%）	95	100	预期
	节水器具安装率（%）	82.0	86.9	预期
城镇生活	用水定额［L/（人·d）］	109.3	125.7	预期
	计量设施安装率（%）	95	100.0	预期
	节水器具安装率（%）	55.8	85	预期
	管网漏失率（%）	33.4	19.6	预期
农村生活	用水定额［L/（人·d）］	50.3	60.3	预期
	计量设施安装率（%）	10	50	预期
	节水器具安装率（%）	10	46.2	预期
非常规水源	再生水利用量（万 m^3）	0	4500	预期
水资源保护	水功能区水质达标率（%）	65	70	约束
	城市污水处理率（%）	70	85	预期
	城市污水回用率（%）	0	20	预期
	供水水源地水质达标率（%）	100	100	约束

2. 节水措施

节水措施可参照节水指标与标准中所阐述的节水措施进行。

六、节水方案与投资

1. 节水方案

根据估算的节水潜力以及各水平年水资源供需分析反馈的缺水状况，拟定逐步加大节水投资和力度的节水方案，明确分阶段采取的节水措施及其相应的技术经济指标，估算各计算分区不同水平年各部门的节水量，并依据水资源需求预测的结果，确定合理抑制需求、减少需水量的新方案，供进一步进行供需分析和水资源配置选用。在水资源紧缺地区，水资源供需分析和合理配置，需要进行多次反馈的动态分析，以水资源配置最终确定的供需基本达到平衡所采用的节水方案作为推荐方案。其中基本方案是现状节水力度水平下的方案。在基本方案需水预测的基础上，根据水资源配置的要求，进行节水潜力的分析。强化节水方案下提出的方案即为强化节水方案。强化节水方案为在经济合理、技术可行的条件下，增加节水投入力度的方案。

2. 节水投资

南阳市节水型社会建设“十二五”规划中的节水重点工程涉及农业、工业、城市生活、非常规水利用和能力建设等方面。其中农业包括大型灌区节水灌溉工程、中型灌区节水改造、小型灌区节水改造工程、节水灌溉示范项目和雨水蓄集与旱作节水灌溉示范工程。下面仅以南阳市节水型社会建设“十二五”规划中的农业节水重点工程中的大型灌区节水灌溉工程为例进行说明。

南阳市大型灌区节水灌溉工程包括鸭河口灌区续建配套与节水改造项目、引丹灌区续建配套与节水改造项目和宋岗陶岔灌区续建配套与节水改造3个项目，主要内容都是增加灌溉面积，改善灌溉面积和配套建设渠系建筑物，总新增灌溉面积86万亩，改善灌溉面积160万亩，这些措施有效增加了农田灌溉质量，从而使农田得到了增产。以上项目均由南阳市水利局负责，建设时间均为2011～2015年，总投资193590万元，投资比例为6∶4，即国家投资116154万元，占总投资的60%，地方投资77436万元，占总投资的40%。

3. 效果分析

南阳市农业节水投入效益分析示例如下。

(1) 投资估算和节水量。规划期间南阳市农业节水重点工程总投资为23816万元，折合现值19230万元，节水3370万m^3/a。

(2) 运行费估算。年运行费主要包括工程管理费、维修费、能源动力费以及其他相关费用等。农业节水工程的年运行费主要是与无农业节水措施相比所增加的费用。根据有关规定并结合已建类似工程的实际调查，农业节水工程增加的年运行费按工程投资的0.4%估算，正常运行期的运行折现费为526万元。

(3) 经济效益估算。农业节水工程措施产生的直接经济效益主要包括增产效益、节水效益和节地效益三部分。增产效益是与无节水措施相比所增加的农作物产量或产值，根据河南省农作物种植情况，主要考虑小麦、玉米、水稻、棉花等大宗作物的增产效益，效益分摊系数平均取0.40。按农业节水量中50%用于扩大灌溉面积，50%用于环境需水，则节水效益只考虑扩大灌溉面积部分产生的效益。节地效益主要是采取渠道防渗工程和管道输水工程后节约耕地所产生的效益。通过节水型社会试点工程的建设，将节约（或增加供水）水量1400万m^3。现状年南阳市农业水分生产系数为1.8kg/m^3，粮食影子价格为1.60元/kg，水利分摊系数按0.5，则每方水的产值为1.44元；农业节水正常运行期的折现效益为26777万元。

(4) 经济效果评价。规划实施后，农业节水工程措施正常运行期，经济效益比为1.37，经济效益比较显著。

思　考　题

1. 简述地区现状用水和节水分析应包括哪些内容。
2. 不同用水部门节水指标和标准是如何确定的？
3. 如何估算地区节水潜力？

4．简述节水方案拟定流程，结合所学内容，尝试说明进行一个节水规划应收集哪些资料，如何开展？

参 考 文 献

[1] 全国节约用水办公室．全国节水规划纲要（2001～2010），2002.

[2] 徐恒力．水资源开发与保护，北京：地质出版社，2001.

[3] 董辅新，董新东．节约用水原理与及方法指南，北京：中国建筑工业出版社，1995.

[4] 水利部水利水电规划设计总院．全国水资源综合规划技术大纲，2008.

[5] 李广贺．水资源利用与保护．北京：中国建筑工业出版社，2002.

[6] 左其亭，王树谦，刘廷玺．水资源利用与管理．郑州：黄河水利出版社，2009.

[7] 水利部水利水电规划设计总院．节约用水规划工作大纲. 2004.

[8] 裴源生，赵勇，陆垂裕．经济生态系统广义水资源合理配置．郑州：黄河水利出版社，2006.

第八章　水 资 源 保 护

水资源既是支撑经济社会可持续发展的基础性自然资源，也是生态环境保护和建设中的重要控制性要素。然而，随着经济社会的发展和水资源开发利用程度的提高，人类对水资源系统的作用和影响越来越明显，水资源短缺、水污染严重、水生态恶化等问题日益突出，已成为制约我国经济社会可持续发展的主要瓶颈。为此，水行政主管部门应进一步加强水资源保护工作，积极采取有效措施防止水源枯竭、水污染和水生态恶化，维护水域水量、水质、水生态的功能与资源属性。本章将介绍有关水资源保护方面的基本知识。

第一节　概　　述

一、水资源保护的概念及内涵

水资源保护是通过行政、法律、工程、经济等手段，保障水资源的质量和供给，防止水源枯竭、水流阻塞、水环境污染、水生态恶化和水土流失，限制不合理开发利用水资源的行为，并尽可能地满足经济社会可持续发展对水资源的需求。

水资源保护具有以下内涵：

(1) 水资源保护是根据水资源时空分布、演化规律，调整和控制人类的各种取用水行为，使水资源系统维持一种良性循环的状态，从而达到水资源的持续利用。

(2) 水资源保护不是以恢复或保持地表水、地下水天然状态为目的的被动活动，而是一种积极的、促进水资源开发利用更合理、更科学的自觉行动。

(3) 水资源保护与水资源开发利用是对立统一的，两者既相互制约，又相互促进。保护工作做得好，水资源才能持续开发利用；开发利用科学合理了，也就达到了保护的目的。

(4) 水资源保护应贯穿在协调人水关系的各个环节中。从广义范畴来看，准确客观地调查、评价水资源，合理地规划和管理水资源，规范各类用水行为都属于水资源保护工作的范畴；从狭义范畴来看，水资源保护主要与实施“开源节流”、防治和控制水源污染、开展水生态系统保护等工作内容有关。它一方面涉及水资源、经济、环境三者平衡与协调发展的问题，另一方面还涉及各地区、各部门、集体和个人用水利益的分配与调整。这里面既有工程技术问题，也有经济学和社会学问题，同时还需要广大群众积极响应、共同参与，就这一点来说水资源保护也是一项社会性的公益事业。

二、水资源保护的指导思想及要点

自21世纪以来，我国的水资源保护工作思路发生了很大变化，从传统的以河湖水污染整治为主导的治理模式向当前以水功能区排污控制为主导的预防模式转变。特别是在

《中共中央国务院关于加快水利改革发展的决定》(中发〔2011〕1号）中明确指出，“建立水功能区限制纳污制度。确立水功能区限制纳污红线，从严核定水域纳污容量，严格控制入河湖排污总量。”水功能区限制纳污制度，是在科学划定流域或区域水功能区限制纳污红线的基础上，严格控制水功能区的入河湖排污总量，从而促进河湖水质不断改善，最终实现预定的水环境保护目标和满足经济社会的可持续发展需求。

基于此，我国水资源保护工作的指导思想可概括为：在贯彻落实可持续发展理念和科学发展观的基础上，面向21世纪经济社会发展对水资源保护的新要求，特别是最严格水资源管理对水资源保护的要求，以实现水资源可持续利用与水生态系统良性循环为目标，坚持水量、水质和水生态统一规划，统筹考虑地表与地下、保护与修复、点源与非点源等方面的关系，科学制定水资源保护方案和措施，促进水资源可持续利用与经济发展方式转变，推动经济社会发展与水资源承载能力相协调。

今后我国的水资源保护工作要重点加强以下几方面的工作：

(1）应积极贯彻防治结合、预防为主的方针。对于已经受污染的水资源，应尽快着手整治；对于尚未受污染或污染不严重的水体，则应加强保护措施。

(2）应特别重视水资源的合理开发与利用，要把节水、污水资源化及开发跨域引水工程结合起来，作为长期的重大战略措施。

(3）水功能区的划定，既要考虑近期要求，也要考虑到中长期的要求，还应根据财政支撑能力，对水资源保护措施做出相应的分阶段优化配置方案与实施计划。

(4）对于工业污染源，应加强源头控制、发展清洁生产，实施废物减量化和生产全过程控制，达到节水减污的目的，并与厂外集中处理相结合，实现入河排污口的优化布置。

(5）应高度重视农业等非点源污染防治，特别是位于重要饮用水源地的农村污染源。对化肥农药、畜禽排泄物、乡镇企业废水及村镇生活污水等非点源，积极采取有效措施进行控制、处理及利用，实现农村经济的良性循环。

(6）积极开展水生态系统保护与修复。要尽快研究提出河道内生态基流、敏感生态需水、湖泊湿地适宜生态水位要求，并制定重要生境维护、重要湿地保护、生态敏感区保护与修复及水生态监测等水生态保护与修复措施。

三、水资源保护的内容及流程

根据保护对象的不同，可将水资源保护分为饮用水水源地保护、地表水资源保护、地下水资源保护、水生态系统保护等多个方面，这些方面的工作内容略有差别。

1. 饮用水水源地保护

主要是针对那些面向城市集中供水的大中型饮用水水源地开展的相关保护工作。其内容包括水质现状评价，污染源现状调查评价，水源地保护区划定及其水质保护目标确定，保护区点源（必要时应考虑非点源）排污量削减方案编制，水源地保护措施制定等。

2. 地表水资源保护

主要是针对江河、湖泊、水库等各类地表水体开展的相关保护工作，是目前水利部门重点开展的工作内容之一。其内容包括水功能区划分，污染源现状调查与估算，污染源预测，水功能区纳污能力计算，污染物总量控制方案编制，水资源保护措施制定等。

3. 地下水资源保护

主要是针对浅层、深层地下水开展的相关保护工作，是近年来水利部门正逐步加强的工作领域。其内容包括区域水文地质调查评价，地下水开发利用情况调查，地下水资源数量和质量评价，地下水超采区划定，超采引发的环境地质问题调查，地下水污染成因及污染途径分析，控制超采的合理开发利用措施制定，地下水污染防治措施制定，地下水监测规划方案编制等。

4. 水生态系统保护

主要是针对与水有关的生态环境系统开展的修复与保护工作，也是目前水利部门一项新的工作内容。其内容包括水生态状况调查与评价，水生态类型区划分，生态环境需水预测，重要水生态及生境保护与修复措施，水工程生态调度方案编制，水生态补偿措施制定，水生态监测方案制定等。

下面以地表水资源保护为例，简要介绍水资源保护工作的流程（图 8-1）。

（1）调查研究区水体的基本情况，包括了解目标水体的概况、特点及其功能，天然来水条件，水资源开发利用现状，存在的水环境问题等。

（2）根据水利部颁布的《中国水功能区划》以及各地具体情况，对各类水体的功能进行区划，并据此拟定各水体的水质目标以及保证能达到该水质目标时应采取的工程措施的设计条件。

（3）对水功能区的污染源进行调查评价，包括了解污染源的空间分布，估算各污染源的排污量大小，识别主要污染源及污染物的类型等。

（4）根据研究区域的经济社会发展目标、经济结构调整、人口增长、科技进步等因素，同时结合当地城市规划方案、排水管网等基础设施建设的情况，预测在规划水平年陆域范围内的污染物排放量，再按照污废水的流向和排污口设置，将进入水体的污染物量分

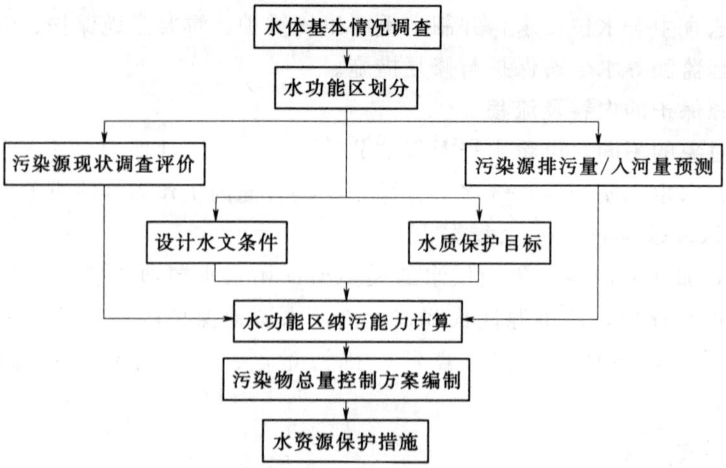

图 8-1 水资源保护工作流程图

解到各个水功能区，求出可能进入水功能区的污染物入河量。

(5) 计算水功能区内各类水体的纳污能力，并将规划水平年进入水功能区的污染物入河量与相应水体的纳污能力进行比较。当水功能区的污染物入河量大于纳污能力时，计算其污染物入河削减量；当污染物入河量小于纳污能力时，计算其污染物入河控制量。根据求出的入河控制量和削减量，进一步提出水功能区所对应的陆域污染源的污染物总量控制方案。

(6) 结合污染物总量控制方案，提出更具可操作性的水资源保护工程措施和非工程措施。

第二节 水功能区的划定

水功能区是指为满足水资源合理开发、利用、节约和保护的需求，根据水资源的自然条件和开发利用现状，按照流域综合规划、水资源与水生态系统保护和经济社会发展要求，依其主导功能划定范围并执行相应水环境质量标准的水域，是水资源开发利用与保护、水环境综合治理和水污染防治等工作的重要基础。

一、水功能区划分的目的和意义

(一) 水功能区划分的目的

1. 确定重点保护水域和保护目标

水功能区划分主要是在对研究区域内水系进行系统调查和分析的基础上，科学合理地在相应水域内划定具有特定功能、满足水资源合理开发利用和保护要求并能够发挥最佳效益的不同区域。然后，确定各水域的主导功能及功能顺序，制定水域功能不遭破坏的水资源保护目标。

2. 科学地计算水域的纳污能力

通过合理划分水功能区，可以科学地计算水域的纳污能力，从而达到既能充分利用水体自净能力、节省污水处理费用，又能有效地保护水资源和生态系统、满足水域功能要求的目标。

3. 排污口的优化分配和综合整治

在科学地划定水功能区和计算其纳污能力后，制定入河排污口的排污总量控制方案，并对该水域的污染源进行限排量优化分配和综合治理，提出入河排污口布局、限期治理和综合整治的意见。这样可将水资源保护的目标管理落实到污染物综合整治的实处，从而保证水功能区水质目标的实现。

(二) 水功能区划分的意义

1. 水功能区划分是应对当前水资源保护严峻形势的迫切需要

当前水资源短缺、水污染严重仍然是我国经济社会可持续发展的主要瓶颈。根据《全国水资源综合规划》，目前全国多年平均总缺水量为 536 亿 m^3，主要由于河道外供水不足、超采地下水和挤占河道内生态环境用水所致。一些地区水资源开发已经接近或超过当地水资源承载能力，并引发一系列生态环境问题。此外，水污染状况仍然十分严峻，2011 年，全国 4128 个监测评价的水功能区中，水质达标的仅为 46.4%；18.9 万 km 评价河流中，35.8%的河流水质劣于Ⅲ类；452个省界断面中，有44.3%的断面水质劣于Ⅲ类，直接威胁城乡饮水安全和人民身心健康。由于江河湖库水域没有明确的功能划分和保护要求，出现了用水、排污布局不尽合理、开发利用与保护的关系不协调、水域保护目标不明确等问题，影响了水资源管理和保护工作的全面开展。

2. 水功能区划分是贯彻落实《水法》等有关法律法规的明确要求

《水法》第三十二条明确规定，国务院水行政主管部门会同国务院环境保护行政主管部门、有关部门和有关省、自治区、直辖市人民政府，拟定国家确定的重要江河、湖泊的水功能区划，报国务院批准。同时，要求按照水功能区对水质的要求和水体的自然净化能力，核定该水域的纳污能力，提出该水域的限制排污总量意见，对水功能区的水质状况进行监测。

3. 水功能区划分是实行最严格水资源管理制度的重要内容

2011年中央水利工作会议和《中共中央国务院关于加快水利改革发展的决定》（中发〔2011〕1号）明确要求把严格水资源管理作为加快转变经济发展方式的战略举措，《国务院关于实行最严格水资源管理制度的意见》（国发〔2012〕3号）对实施最严格水资源管理制度进行了全面部署，明确要求到2015年、2020年、2030年全国重要江河湖泊水功能区水质达标率分别提高到60%、80%、95%以上。由此可见，加强水功能区管理和水资源保护将成为我国最严格水资源管理制度建设的重要内容之一。

二、水功能区划分的指导思想及原则

1. 指导思想

水功能区划分应以合理开发和有效保护水资源为核心，以改善水资源质量、遏制水生态系统恶化为目标，按照流域综合规划、水资源保护规划及经济社会发展要求，从我国水资源开发利用现状、水生态系统保护状况以及未来发展需要出发，科学合理地划定水功能区，实行最严格的水资源管理，建立水功能区限制纳污制度，促进经济社会和水资源保护的协调发展，以水资源的可持续利用支撑经济社会的可持续发展。

2. 基本原则[2]

（1）前瞻性原则。水功能区划分应具有前瞻性，要体现社会发展的超前意识，结合未来经济社会发展需求，引入本领域和相关领域研究的最新成果，为将来进一步发展留有余地。

（2）统筹兼顾，突出重点原则。水功能区划应将流域或区域作为统一的整体来考虑，分析河流上下游，左右岸，省界、市界、县界，湖泊水库的不同水域等相互之间的水功能协调问题，并统筹考虑水资源开发利用、国民经济发展规划对水资源保护的要求。此外，还要对某些重要用水需求特殊对待，如对于饮用水源地、工业用水区等重点水域，要作为优先保护对象来考虑。

（3）分级与分类相结合的原则。通过水功能区划分，在宏观上对流域水资源的保护和利用进行总体控制，协调地区间的用水关系；在整体功能布局确定的前提下，再在重点开发利用水域内详细划分各种用途的功能类别和水域界线，协调行业间的用水关系，建立水功能区之间横向的并列关系和纵向的层次体系。

（4）水质与水量统一考虑的原则。一般来讲，水体的水质功能与其水量大小密切相关，因此在进行水功能区划时应将水质和水量统一考虑，既要考虑水资源的开发利用对水量的需要，又要考虑水质是否能满足使用要求。

（5）便于管理，实用可行的原则。为便于管理，水功能区的分区界限应尽可能与行政区界限一致；在类型划分时要选用目前实际使用的、易于获取和测定的指标，并考虑定量和定性指标相结合。区划方案的确定既要反映实际需求，又要考虑技术经济现状和发展，力求实用、可行。

三、水功能区的分类体系和划分程序

我国目前的水功能区划分采用的是两级体系，即一级区划和二级区划（图 8-2）。一级水功能区分为四类，分别为保护区、缓冲区、开发利用区和保留区；二级水功能区是在一级区划的开发利用区内进行，共分为七类，分别为饮用水源区、工业用水区、农业用水区、渔业用水区、景观娱乐用水区、过渡区和排污控制区。一级区划要求在宏观上解决水资源开发利用与保护的问题，主要协调地区间关系，并考虑发展的需求；二级区划主要协调各用水部门之间的关系。

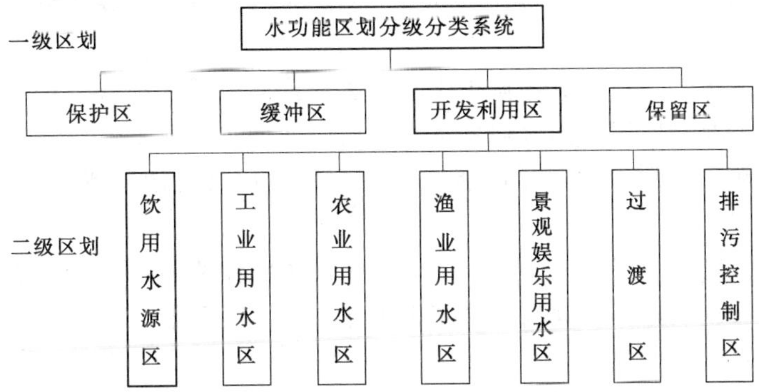

图 8-2　水功能区划分级分类体系示意图

1. 一级水功能区的划分

一级水功能区划分的程序是：首先划定保护区，然后划定缓冲区和开发利用区，最后划定保留区。

（1）保护区。是指对水资源保护、饮用水保护、生态系统和珍稀濒危物种的保护具有重要意义的水域。其划分依据为：①源头水保护区，即重要河流的源头河段划出专门涵养保护水源的区域；②国家级和省级自然保护区范围内的水域；③已建的和在规划水平年内建成的跨流域、跨省区的大型调水工程水源地及其调水线路；④对典型生态、自然环境保护具有重要意义的水域。

（2）缓冲区。是指为协调省际间或矛盾突出的地区间的用水关系而划定的水域。其划分依据为：①跨省、自治区、直辖市行政区域河流、湖泊的边界水域；②河流沿线上下游地区间或部门间矛盾比较突出或者有争议的水域，缓冲区的长度视矛盾的突出程度而定。

（3）开发利用区。是指具有满足工农业生产、城镇生活、渔业、娱乐和净化水体污染等多种功能要求的水域和水污染控制、治理的重点水域。其划分依据为：取（排）水口较集中，取（排）水量较大的水域（如流域内重要城市河段、具有一定灌溉用水量和渔业用水要求的水域等）。具体划分可参见二级水功能区的划分方法。

（4）保留区。是指目前开发利用程度不高，但为今后开发利用和保护水资源而预留的水域。保留区内水资源应维持现状不遭破坏。其划分依据为：①受人类活动影响较少，水资源开发利用程度较低的水域；②目前不具备开发条件的水域；③考虑到可持续发展的需要，为今后的发展预留的水域；④划定保护区、缓冲区和开发利用区后的其余水域。

2. 二级水功能区的划分

二级水功能区划分的程序是：首先，确定区划具体范围，包括城市现状水域范围以及城市在规划水平年涉及的水域范围；其次，收集划分水功能区的资料，包括水质资料（如取水口和排污口资料）、特殊用水要求（如鱼类产卵场、越冬场，水上运动场等）以及规划资料（包括陆域和水域的规划，如城区的发展规划、河岸上码头规划等）；第三，对各二级水功能区的位置和长度进行适当的协调和平衡，尽量避免出现从低功能区向高功能区跃变的情况；最后，考虑与区域水资源综合规划衔接，并进行合理性检查，对不合理的水功能区进行调整。

（1）饮用水源区。是指为满足城镇生活用水需要而保留的水域。其划分依据为：根据已建生活取水口的布局状况，结合规划水平年内生活用水发展要求，将取水口相对集中的水域划为饮用水源区。划区时，尽可能选择在开发利用区上游或受开发利用影响较小的水域。

（2）工业用水区。是指为满足城镇工业用水需要而保留的水域。其划分依据为：根据工业取水口的分布现状，结合规划水平年内工业用水发展要求，将工业取水口较为集中的水域划为工业用水区。

（3）农业用水区。是指为满足农业灌溉用水需要而保留的水域。其划分依据为：根据农业取水口的分布现状，结合规划水平年内农业用水发展要求，将农业取水口较为集中的水域划为农业用水区。

（4）渔业用水区。是指具有鱼、虾、蟹、贝类产卵场、索饵场、越冬场及洄游通道功能的水域，或养殖鱼、虾、蟹、贝、藻类等水生动植物的水域。其划分依据为：根据鱼类重要产卵场、栖息地和重要的水产养殖场来进行划分。

（5）景观娱乐用水区。是指以景观、疗养、度假和娱乐需要为目的的水域。其划分依据为：根据当地是否有重要的风景名胜、度假、娱乐和运动场所涉及的水域来进行划分。

（6）过渡区。是指为使水质要求有差异的相邻水功能区顺利衔接而划定的区域。其划分依据为：根据两个相邻水功能区的用水要求来确定过渡区的设置。低功能区对高功能区水质影响较大时，过渡区的范围应适当大一些。

（7）排污控制区。是指接纳生活、生产污废水比较集中，且所接纳的污废水对水环境无重大不利影响的区域。其划分依据为：在排污口较为集中，且位于开发利用区下游或对其他用水影响不大的水域。排污控制区的设置应从严掌握，其分区范围也不宜划得过大。

四、水功能区水质目标拟定

水功能区划定后，还要根据水功能区的水质现状、排污状况、不同水功能区的特点以及当地技术经济条件等，拟定各一、二级水功能区的水质目标值。水功能区的水质目标值是相应水体水质指标的确定浓度值。下面给出各水功能区水质目标拟定的参考依据。

在一级水功能区中，保护区应按照《地表水环境质量标准》（GB 3838—2002）中Ⅰ类、Ⅱ类水质标准来定，因自然、地质原因不满足Ⅰ类、Ⅱ类水质标准的，应维持水质现状；缓冲区应按照实际需要来制定相应水质标准，或按现状来控制；开发利用区按各二级区划来制定相应的水质标准；保留区应按现状水质类别来控制。

在二级水功能区中，饮用水源区应按照《地表水环境质量标准》（GB 3838—2002）中Ⅱ类、Ⅲ类水质标准来定；工业用水区应按照《地表水环境质量标准》（GB 3838—2002）中Ⅳ类水质标准来定；农业用水区应按照《地表水环境质量标准》（GB 3838—2002）中Ⅴ类水质标准来定；渔业用水区应按照《渔业水质标准》（GB 11607—89），并参照《地表水环境质量标准》（GB 3838—2002）中Ⅱ～Ⅲ类水质标准来定；景观娱乐用水区应按照《景观娱乐用水水质标准》（GB 12941—91），并参照《地表水环境质量标准》（GB 3838—2002）中Ⅲ～Ⅳ类水质标准来定；过渡区和排污控制区应按照出流断面水质达到相邻水功能区的水质要求来选择相应的水质控制标准。

除了以上原则外，在具体应用时还要综合考虑以下因素：①水功能区水质现状；②相邻水功能区的水质要求；③水功能区排污现状与相应的规划；④用水部门对水功能区水质的要求，包括现状和规划；⑤经济社会状况及特殊要求；⑥水资源配置对水域的总体安排。

第三节 水功能区纳污能力计算

在水资源保护中，纳污能力的确定是制定污染物排放总量控制方案的前提条件。总量控制的核心问题就是要弄清楚水环境质量与受纳污染物之间的对应关系，确定在一定的水体中到底允许排放多少污染物，并由此制定污染物的削减量和控制量。

一、水功能区纳污能力的概念及特征

1. 水功能区纳污能力的概念及内涵

水功能区纳污能力，又称为水功能区允许纳污总量，是在满足水域功能要求的前提下，按给定的水功能区水质目标值、设计水量、排污口位置及排污方式，功能区水体所能容纳的最大污染物量，以吨/年表示。由于自然界的各种物理、化学和生物作用，能将一定数量的污染物迁移、扩散出水域，或者在水域内直接转化，从而使该水域的水质得到部分甚至完全恢复的能力，即为水体的自净能力。但水体的这种自净能力是有限的，因此水功能区纳污能力也有一定的上限。

与纳污能力意义相近的是另外一个词汇“水环境容量”。水环境容量是在水环境功能不受到破坏的前提下，水体所允许容纳的污染负荷量上限。水功能区纳污能力与水环境容量的主要区别为：水功能区纳污能力要考虑排污口和排放方式，水环境容量一般只考虑水体自身特性、而不考虑排污口情况。通常将给定水域范围、水质标准、设计条件下的水域最大允许纳污量近似看作水环境容量来处理。一般而言，我国环境保护领域多采用水环境容量，水利领域则习惯采用水功能区纳污能力。在实际工作中，水功能区纳污能力就是用于计算在特定排污口位置下的水环境容量，此时水环境容量与水功能区纳污能力所表达的概念一致。

当然，纳污能力的核定，既不是完全限制排污，维持水体的原始状态；也不是随意给定水质目标，完全服务于经济发展需要；而是要协调处理好环境保护和经济发展两者之间的关系，最终达到维护生态环境健康与促进经济社会发展双赢的目的。因此，在计算纳污能力时，要坚持效益最大化的原则，充分考虑地区间的自然条件和经济社会条件差异，发挥纳污能力的经济社会效益，使得能最大程度地利用纳污能力，最终实现以较低的社会成本促进经济发展的目的。

作为我国最严格水资源管理制度三条红线之一的限制纳污红线，就是严格控制流域或区域水功能区入河湖排污总量的红线管理指标。自改革开放以来，随着经济社会的快速发展，全国入河湖排污总量呈几何倍数增长，给多数河流造成了一定程度的污染，部分水体被严重污染、甚至丧失了使用功能。为了遏制水环境的进一步恶化，恢复水体原有使用功能，国家采取了排污总量控制与排污许可制度，严格污染排放审批权限和排放总量控制。水功能区限制纳污红线的划定正是排污总量控制理念的重要体现，是水利部门有效管理水功能区、遏制水环境污染的重要手段。

2. 水功能区纳污能力的影响因素

影响水功能区纳污能力大小的因素众多，主要有水体特征、水体功能定位、污染物特性、污染物排放方式等。

(1) 水体特征。水体特征包括水体的几何特征（岸边形状、水底地形、水深或体积），水文特征（流量、流速、降雨、径流等），化学性质（pH 值、硬度等），物理自净能力（挥发、扩散、稀释、沉降、吸附），化学自净能力（氧化、水解等），生物降解能力（光合、呼吸作用）。水体特征决定着水体对污染物的扩散稀释能力和自净能力，从而决定着纳污能力的大小。

(2) 水体功能定位。水体的纳污能力是相对于水体满足一定的用途和功能而言的。水体的用途不同，允许在水体中存在的污染物数量是不同的。目前，我国已划定并公布了全国重要江河湖泊的水功能区，提出了不同水功能区的水质目标要求。不同的水功能区划，对纳污能力的影响也是不同的：水质要求高的水域，纳污能力小；水质要求低的水域，纳污能力大。

(3) 污染物特性。不同污染物具有不同的物理化学特性和生物反应机理，同时它们对水生生物和人体健康的影响程度也是不同的。因此，不同的污染物具有不同的环境容量，这又会影响到水体的自净能力。但当水体中存在多种污染物质时，其相互之间会有一定的影响，提高某种污染物的环境容量可能会降低另一种污染物的环境容量。

(4) 污染物排放方式。水功能区纳污能力还与污染物的排放位置和排放方式有关。一般来说，在其他条件相同的情况下，集中排放的比分散排放的纳污能力小，瞬时排放的比连续排放的纳污能力小，在岸边排放的比在河中心排放的纳污能力小。因此，限定排污方式也是合理计算纳污能力的一个重要影响因素。

3. 水功能区纳污能力的基本特征

水功能区纳污能力具有以下基本特征：

（1）资源性。水功能区纳污能力是一种自然资源，其价值体现在对排入污染物的缓冲作用，即容纳一定数量的污染物也能满足人类生产、生活和生态系统的需要；但水域纳污能力是有限的可再生资源，一旦污染负荷超过纳污能力，其恢复将十分缓慢与艰难。

（2）区域性。由于受到区域地理、水文、气象等因素影响，不同水域对污染物的物理、化学和生物净化能力存在明显的差异，从而导致纳污能力量具有明显的地域特征。

（3）系统性。河流、湖泊等水域一般处在大的流域系统中，水域与陆域、上游与下游、左岸与右岸构成不同尺度的空间生态系统。因此，在确定局部水域纳污能力时，必须从流域的角度出发，合理协调流域内各水功能区的纳污能力。

二、水功能区纳污能力计算方法

水功能区纳污能力主要由水质保护目标和水体稀释、自净能力的大小来决定。因此在计算纳污能力时，首先要分析与之相关的各种因素，如水体自然背景浓度、水环境质量标准、水量的时间变化规律、水体的物理、化学、生物和水力学特性，以及污染源的位置和排放方式等，进而选择适当的水质数学模型来计算纳污能力的大小。

（一）水质数学模型的选择

对于小型湖泊和水库，可视为水功能区内污染物均匀混合，故采用零维水质模型来计算纳污能力；对于宽深比不大的中小河流，污染物基本能在河道断面上均匀混合，故可采用一维水质模型来计算纳污能力；对于大型宽阔水域及大型湖泊、水库，且当资料比较充分时，可采用二维水质模型来计算纳污能力。不论采用哪种水质模型，都要对模型进行检验。下面根据《全国水资源综合规划技术细则》，介绍几种用于水功能区纳污能力计算的水质数学模型。

1. 一般河流水质数学模型

对于一般河流，如果常年来水条件比较稳定且扩散作用相对迁移作用很小，可采用一维稳态水质迁移转化方程来描述水质浓度的变化过程，表达式如下

$$u\frac{\partial C}{\partial x} = -KC \tag{8-1}$$

对式（8－1）求解后有：

$$C(x) = C_0 \exp\left(-\frac{Kx}{u}\right) \tag{8-2}$$

式中：C_0为起始断面污染物浓度，mg/L；K 为污染物综合自净系数，1/s；x 为排污口下游断面距控制断面纵向距离，m；u 为设计流量下岸边污染带的平均流速，m/s。

2. 感潮河段水质数学模型

对于感潮河段，必须考虑水功能区内水流随潮汐的移流和扩散作用，因此采用一维非稳态水质迁移转化基本方程来进行描述，则有

$$\frac{\partial C}{\partial t} + u\frac{\partial C}{\partial x} = \frac{\partial}{\partial x}\left(E_x\frac{\partial C}{\partial x}\right) - KC \tag{8-3}$$

将水力参数取潮汐半周期的平均值，变为稳定情况来求解，即认为排污口是定常量排放，且 $\frac{\partial C}{\partial t}=0$，方程的解为：

涨潮时
$$C(x)=\frac{C_0'}{M}\exp\left[\frac{u}{2E_x}(1+M)x\right] \tag{8-4}$$

落潮时
$$C(x)=\frac{C_0'}{M}\exp\left[\frac{u}{2E_x}(1-M)x\right] \tag{8-5}$$

其中，$C_0'=\frac{[m]}{Q_h+Q_r}$，当 $Q_h \ll Q_r$ 时 $C_0'=\frac{[m]}{Q_r}$。

$$M=\sqrt{1+\frac{4KE_x}{u^2}} \tag{8-6}$$

式中：$[m]$ 为污染物入河速率，g/s；Q_h、Q_r 分别为涨潮、落潮时的平均流量，m^3/s；E_x 为纵向离散系数，m^2/s；K 为污染物综合自净系数。

3. 湖（库）水质数学模型

对于均匀混合的湖泊或水库，在纳污能力计算时可选择零维均匀混合水质模型，即

$$C(t)=\frac{m+m_0}{K_hV}+\left(C_0-\frac{m+m_0}{K_hV}\right)\exp(-K_ht) \tag{8-7}$$

$$K_h=\frac{Q}{V}+K \tag{8-8}$$

平衡时

$$C(t)=\frac{m+m_0}{K_hV} \tag{8-9}$$

式中：m 为污染物入湖（库）速率，g/s；$m_0=C_0Q$，为污染物湖（库）现有污染物排放速率，g/s；K_h 为中间变量，L/s；V 为湖（库）容积，m^3；Q 为入湖（库）流量，m^3/s；K 为污染物综合衰减系数，L/s；C_0 为湖（库）现状浓度，mg/L；t 为计算时段，s。

而对于非均匀混合的湖（库），则构建如下水质模型：

$$C_r=C_0+C_p\exp\left(-\frac{K\phi Hr^2}{2Q_p}\right)=C_0+\frac{m}{Q_p}\exp\left(-\frac{K\phi Hr^2}{2Q_p}\right) \tag{8-10}$$

式中：C_r 为距排污口 r 处污染物浓度，mg/L；C_p 为污染物排放浓度，mg/L；Q_p 为污水排放流量，m^3/s；ϕ 为扩散角，由排放口附近地形决定。排污口在开阔的岸边垂直排放时，$\phi=\pi$；在湖（库）中排放时，$\phi=2\pi$；H 为扩散区湖（库）平均水深，m；r 为距排污口的距离，m。

4. 考虑富营养化作用时的水质数学模型

对于那些具有富营养化趋势的湖（库），需要考虑氮、磷等元素的浓度变化过程，此时可选用迪隆（Dillon）模型、罗伦珍（Lorenzen）模型来计算水质浓度的变化过程。下面以迪隆模型为例来进行介绍：

$$[P]=\frac{I_p(1-R_p)}{rV}=\frac{L_p(1-R_p)}{rh} \tag{8-11}$$

$$R_p=1-\frac{\sum q_a[P]_a}{\sum q_i[P]_i} \tag{8-12}$$

式中：$[P]$为湖（库）中氮、磷的平均浓度，mg/m³；I_p为年入湖（库）的氮、磷量，mg/a；L_p为年入湖（库）的氮、磷单位面积负荷，mg/（m²·a）；V为湖（库）容积，m³；h为平均水深，m；$r = Q/V$，L/a；Q为湖（库）年出流水量，m³/a；R_p为氮、磷在湖（库）中的滞留系数；q_a和q_i分别为年出流和入流的流量，m³/a；$[P]_a$和$[P]_i$分别为年出流和入流的氮、磷平均浓度，mg/m³。

湖（库）中氮、磷最大允许负荷量：

$$[m] = L_s A \tag{8-13}$$

$$L_s = \frac{[P]_s h Q}{(1 - R_p) V} \tag{8-14}$$

式中：$[m]$为氮、磷最大允许负荷量，mg/a；L_s为单位湖（库）水面积，氮、磷最大允许负荷量，mg/(m²·a)；A为湖（库）水面积，m²；$[P]_s$为湖（库）中磷、氮的年平均控制浓度，mg/m³。

（二）综合衰减系数的计算方法

1. 分析借用

对于以前在环评、环保规划、环保科研等工作中可供利用的有关资料经过分析检验后采用。无资料时，可借用水力特性、污染状况及地理、气象条件相似的邻近河流的资料。

2. 实测法

选取一个河道顺直、水流稳定、中间无支流汇入、无排污口的河段，分别在河段上游（A点）和下游（B点）布设采样点，监测污染物浓度值，并同时测验水文参数以确定断面平均流速。综合衰减系数K按下式计算：

$$K = \frac{v}{\Delta X} \ln \frac{C_A}{C_B} \tag{8-15}$$

式中：v为断面平均流速；ΔX为上下断面之间距离；C_A为上断面污染物浓度；C_B为下断面污染物浓度。

对于湖（库），选取一个排污口，在距排污口一定距离处分别布设2个采样点（近距离处为A点；远距离处为B点），监测污染物浓度值，并同时监测污水排放流量。布设采样点时应注意：采样点附近只能有一个排污口，且附近无河流汇入，近距离采样点不宜离排污口过近以免所采水样不具备代表性；远距离采样点也不宜离排污口过远，以免超出排污口影响区。则综合衰减系数K可按下式计算：

$$K = \frac{2Q_p}{\phi H (r_B^2 - r_A^2)} \ln \frac{C_A}{C_B} \tag{8-16}$$

式中：r_A、r_B分别为远近两测点距排放点的距离，m；其他符号意义同前。

用实测法测定综合衰减系数简单易行，但误差较大，建议监测多组数据取其平均值。

此外，还可根据当地实际情况采用其他方法拟定综合衰减系数。

三、纳污能力设计条件

在选定水质数学模型后，还要进一步给出纳污能力计算时所需的设计水文条件、水质目标浓度、水质背景浓度等计算要素，下面介绍这些设计条件的确定原则。

1. 设计水文条件的确定

在计算纳污能力时，如果选择某一时期的实测水文资料来计算纳污能力，则计算结果仅能反映出该时期的实际情况。而在进行水资源保护和规划工作时，需要考虑水文条件时间变异性对纳污能力的影响，因此通常采用某一标准下的设计水文条件来计算纳污能力。由此计算出的结果更能反映出在某些特定情况下（如枯水年）的纳污能力大小，并有利于在不同水功能区之间进行相互比较。

纳污能力计算的水文设计条件，以计算断面的设计流量或水量表示。河流常采用设计流量，湖泊或水库则采用设计水位或设计蓄水量。

河流设计流量的选取在不同地区有所差异。对于南方地区（包括长江、珠江、东南诸河、西南诸河四个水资源一级区），一般采用最近10年最枯月平均流量或90%保证率最枯月平均流量作为设计流量；对于北方地区（包括松花江、辽河、海河、黄河、淮河、西北内陆河六个水资源一级区），可根据实际情况适当调整设计保证率，也可选取平偏枯典型年的枯水期流量作为设计流量，如选取75%保证率的枯水期平均流量作为设计流量。集中式饮用水水源区，采用95%保证率最枯月平均流量作为其设计流量。对于季节性河流或枯季流量很小的河道，可根据流域实际情况确定设计标准。

湖泊或水库的设计水量一般采用近10年最低月平均水位或90%保证率最枯月平均水位相应的蓄水量。北方地区可考虑近10年最高月平均水位的最低水位或90%保证率最高月平均水位相应的蓄水量。根据湖泊或水库的水位资料，求出设计枯水位，其所对应的蓄水量即为设计水量。对水库而言，也可采用死库容和水库正常蓄水位之间的库容蓄水量作为设计水量。

2. 水质目标浓度 C_s 和背景浓度 C_B 的确定

在纳污能力计算时，还要确定相应水功能区的水质目标浓度或水环境质量标准值 C_s，水质目标浓度可参考水功能区水质目标的拟定原则，或按照水资源保护规划的实际要求来制定。

背景浓度 C_B 可按照以下方法来确定：在有资料的情况下，可选用相应水功能区的水质实测资料作为水质背景浓度 C_B；在资料不足或无资料的情况下，可根据上一个水功能区的水质目标浓度来确定水质背景浓度 C_B，即上一个水功能区的水质目标浓度就是下一个功能区的水质背景浓度 C_B。

第四节 污染物总量控制方案编制

在纳污能力计算的基础上，将水功能区的污染物入河量分配到相应陆域各污染源，是污染物排放总量控制的重要环节，也是总量控制中的关键技术问题。只有了解和掌握各水功能区污染物的控制量和削减量，才能达到有效控制水环境污染的目的。因此，制定污染物排放总量控制方案是实施总量控制的前提，对于改善和提高水环境质量具有重大的意义[2]。

一、污染物入河量确定

（一）污染源调查

污染源调查的目的是弄清水域中污染物的种类、数量、排放方式、排放途径以及污染源的类型和位置，在此基础上进一步判断出主要的污染物和主要的污染源，为水资源保护与水环境治理提供依据。

根据污染源分类的不同和调查目的不同，污染源调查可分为工业污染源调查、城市生活污染源调查和农业污染源调查。工业污染源调查的主要内容有污染物生产量及排放途径、污染处理工艺和方法、污染造成的危害和损失、企业生产发展情况等；生活污染源调查的主要内容有城市居民人口、居民用水排水状况、城市污水和垃圾的处理和处置方式等；农业污染源调查的主要内容有农药和化肥的使用情况、农业废弃物处置方式及其利用情况、水土流失情况等。

污染源调查方法可分为普查、详查、重点调查和典型调查。普查就是对各类污染源进行全面调查。详查是在普查的基础上，针对那些排放量大、影响范围广泛、危害严重的重点污染源进行的详细调查。重点调查是选择一些对环境影响较大的污染源进行细致调查的方法，它为解决实际问题提供重要的资料，尤其适用于那些只有少数污染源，但其污染物排放又是区域内主要污染来源的单位。典型调查是根据所研究问题的目的和要求，在总体分析的基础上有意识地对区域内一些具有代表性污染源进行细致调查和剖析的调查方法。

（二）陆域污染物排放量的估算

通过污染源调查，收集有关入河排污口的设置、市政排水管网布置、企业和单位自行设置排污口现状及规划等资料，尽可能搞清相应的陆域范围，特别是其中对水功能区水质影响大的污染源，同时进行必要的实地勘查分析，提出水功能区对应的陆域范围，并以此作为陆域污染物排放总量控制的基础。确定陆域污染物排放量的方法主要有统计报表法、现场调查法、排污系数法等。

1. 统计报表法

统计报表法是指排污单位按照统一的表格形式所规定的填报内容和指标要求等，经实际统计后向上级提交报表的方法。按照汇总后的统计报表，可以根据行业、部门、区域、污染物的类型分别开列清单，得到按不同分类要求统计的污染物排污量。这种方法适用于普查。

2. 现场调查法

现场调查法是通过对某个污染源进行现场测定，得到污染物的排放浓度和流量，然后计算出排放量。如对于某工厂和车间的废水排放系统中某一排污口，可选定合适的采样测点和采样测流频率，实测废水的流量、污染物浓度等，进而计算得出有害物质的排放量。

3. 排污系数法

排污系数法也称经验估算法，它是根据生产过程中单位产品的经验排污系数和产品产量计算污染物排放量。计算公式为

$$Q = KWT \tag{8-17}$$

式中：Q 为污染物排放量；K 为单位产品的经验排放系数；W 为某种产品的单位时间产量；T 为时间。

各种污染物的排放系数 K 与原材料、生产工艺、生产设备及操作水平有关。各地区、各单位由于生产技术条件的不同，污染物排放系数与实际排放系数可能有很大差别，因此，若选用有关文献给出的排污系数，应根据实际情况予以修正。

（三）污染物入河量的估算

污染物入河量，指由入河排污口进入水功能区的污废水量和污染物量。由于污废水自陆域上的污染源排放后，在输送过程中总是存在着各种损失（如渗漏、蒸发或污染物降解等）。因此进入水体的污废水和污染物总量必然小于污染源排放的污废水和污染物总量。进入河流的污染物量占污染物排放总量的比例通常用污染物入河系数来表示，其计算公式如下：

$$k_r = \frac{W_{河}}{W_{排}} \tag{8-18}$$

式中：k_r 为入河系数；$W_{河}$ 为污染物入河量；$W_{排}$ 为陆域各污染源的污染物排放量。

一般情况下，污染物进入水域的数量受众多因素的影响，情况复杂且区域差异很大，因此可采用典型调查法来推求各污染源的入河系数。典型调查法的原理是，首先选取设置有独立入河通道或入河排污口的污染源，分别在污染源排放口和入河排污口监测污染物排放量和入河量，可求得污染物的入河系数；再选取各类典型水域和河段，监测其所对应的陆域范围内所有污染源的污染物排放量和水域内所有排污口的污染物入河量，可求得典型水域所对应的陆域范围的污染物入河系数。因排水区域环境状况的不同和污水性质的差异，污染物入河系数变化较大，一般在0.5～0.9之间。

对有水质水量资料的入河排污口，根据污废水排放量和水质监测资料，按下式估算主要污染物入河量：

$$W_{河} = Q_{河} C_{河} \tag{8-19}$$

式中：$W_{河}$ 为污染物入河量；$Q_{河}$ 为污废水入河量；$C_{河}$ 为污染物的入河浓度。

对于有污染源排污资料而无入河排污口资料的排污口，其污染物入河量可先用典型调查法计算出入河系数，再通过下式计算污染物入河量：

$$W_{河} = k_r W_{排} \tag{8-20}$$

二、污染物控制量与削减量的确定

根据污染物排放总量控制原则，污染物入河量应该与相应水功能区的纳污能力相适应。如果超出纳污能力就必须采取措施，如降低排放浓度、削减排放总量、增加污水处理设施等，否则水体功能就会被破坏。也就是说，必须对进入水功能区的污染物入河量和陆域污染源排放量进行控制和削减。下面分别介绍有关污染物控制量和消减量的确定方法。

（1）污染物入河控制量。是根据水功能区的纳污能力和污染物入河量，并综合考虑水功能区的水质状况、当地科技水平和经济社会发展速度等因素，来确定污染物进入水功能区的最大数量。污染物入河控制量是进行水功能区水资源保护和管理的依据。不同的水功能区入河控制量可采用下面的方法来确定：当污染物入河量大于纳污能力时，以纳污能力作为污染物控制量；当污染物入河量小于纳污能力时，以现状条件下污染物入河量作为入河控制量。

（2）污染物入河削减量。将水功能区的污染物入河量与其入河控制量相比较，如果污染物入河量超过污染物入河控制量，其差值即为该水功能区的污染物入河削减量。

水功能区的污染物入河控制量和削减量是水行政主管部门进行水资源管理和发现污染

物排放总量超标或水域水质不满足要求时，向有关政府和环境保护主管部门报告，并提出排污控制意见的依据，也是制定水污染防治规划方案的基础。

（3）污染物排放控制量。为保证水功能区的水质符合水域功能要求，根据陆域污染源污染物排放量和入河量之间的关系表达式［式（8－18）］，由水功能区污染物入河控制量所推出的水功能区相应陆域污染源的污染物最大排放数量，称为污染物排放控制量。

（4）污染物排放削减量。水功能区相应陆域的污染物排放量与排放控制量之差，即为该水功能区陆域污染物排放削减量。陆域污染物排放削减量是制定污染源控制规划的基础。

三、水功能区纳污能力的分配

纳污能力的分配，是根据排污地点、数量和方式，结合污染源排污量削减的优先顺序和技术、经济的可行性等因素，对各控制水域分配纳污能力。根据纳污能力，确定控制水域所对应的陆域范围内各污染源的排污控制量或削减量，是实现水资源保护目标的重要环节，也是我国实施污染物排放总量控制的技术关键所在。

对某一水域来说，污染物排放削减量的分配有两种方法：一是将水域的纳污能力作为总量控制目标，分配到各水功能区或污染控制单元，然后再根据相应陆域污染源排放量的计算结果，分别求出各个污染源的削减量；二是根据该水域的纳污能力和总的污染物入河量，计算出水域总的污染物排放削减量，直接将其作为污染物排放削减指标，分配到各个污染源。在具体操作时，可根据实际情况来选取相应的分配方法。

（一）纳污能力分配原则

1. 公平性原则

纳污能力分配关系到各排污单位的切身利益，因此分配应体现公平性原则。由于纳污能力的自然属性，所以每个人都有同等利用其价值的权利，要对同类型的排污者一视同仁，同时也要公平合理地分担责任。

2. 效率原则

在基本含义上，公平和效率并不是互相矛盾的，但在实际操作中，追求效率的手段与追求公平的手段往往是相抵触的。公平性原则是纳污能力分配顺利实施的基础，而在公平的基础上还要追求经济效益，要以较低的社会成本达到保护环境、促进经济发展的目的。追求效率体现在对各区域的纳污能力分配上，在保证公平的前提下，使得区域内总的污染物允许排放量最大。

3. 纳污能力充分利用的原则

纳污能力的价值体现在水体通过对污染物的稀释扩散，既容纳了一定污染物，又不影响水体的其他使用功能。想要完全彻底地治理污染，实现污染零排放，既不经济，也不现实，应该充分地利用纳污能力，发挥其最大的使用价值。

4. 体现水功能区差异的原则

在纳污能力的分配问题中，应该考虑不同水功能区中不同行业的自身特点，按照不同的水功能区进行划分。由于各种行业间污染物产生数量、技术水平或污染物处理边际费用的差异，处理相同数量污染物所需费用也相差很大或生产单位产品排放的污染物数量相差甚远。因此在各个水功能区间分配污染物允许排放量时应该兼顾这种功能划分的差别，适当进行调整，以较小的成本实现功能达标。

（二）常用的分配方法介绍

目前在排污总量控制中，污染物排放量的分配主要基于以下三种分配方法。

1. 等比例分配法

等比例分配法是在承认各污染源排放现状的基础上，将受总量控制的允许排放总量等比例地分配到各水功能区或污染控制单元所对应的污染源中，各污染源等比例分担排放责任。这是一种在承认现状基础上比较简单易行的分配方法。

2. 按贡献率削减分配法

按贡献率削减分配法是按照各污染源对总量控制区域内环境质量的影响程度大小，按污染物贡献率大小来削减污染负荷。该方法在一定程度上体现了每个污染源在平等共享纳污能力的基础上，也平等承担超过其允许负荷量责任的公平性。

3. 费用最小分配法

费用最小分配法是以治理费用作为目标函数，以环境目标作为约束条件，使系统的污染治理投资费用总和最小，求得各污染源的允许排放负荷。其分配采用的方法是优化方法，通过优化方法求得的结果能反映系统整体的经济效益、社会效益和环境效益[5]。

第五节 水资源保护措施

水资源保护是一项十分重要、十分迫切，也是十分复杂的工作。一般来讲，水资源保护措施分为工程措施和非工程措施两大类，如图 8-3 所示。

一、工程措施

水资源保护可采取的工程措施包括水利工程、农林工程、市政工程、生物工程等措施。

1. 水利工程措施

水利工程是水资源保护的一项重要工程措施，通过水利工程的引水、调水、蓄水、排水等各种措施，可以改善或破坏水资源状况。因此，采用正确的水利工程能起到有效保护水资源的目的。

(1) 调蓄水工程措施：通过在江河湖泊上修建一系列的水利工程（如水库和闸坝），改变天然水系的丰、枯水期水量不平衡状况，控制河川径流量，使河流在枯水期具有一定的生态用水量来稀释净化污染物质，改善水质状况。

(2) 进水工程措施：从汇水区流出的水一般要经过若干沟、渠、支流而后流入湖泊、水库，在其进入湖库之前可设置渗滤沟、渗滤池、小型水库等工程措施来沉淀、过滤掉有害物质，确保水质达标后，再进入到湖库中。

(3) 江河湖库的底泥疏浚工程：通过对江河湖库的底泥疏浚，可以将底泥中的营养元素、重金属等有害物质直接除去，这是解决河道底泥污染物释放的有效措施。

2. 农林工程措施

(1) 减少非点源污染：农业生产中施用大量的化肥（主要是氮、磷类肥料），随着地表径流、水土流失等途径进入水体，形成非点源污染。因此，在汇流区域内，应科学管理

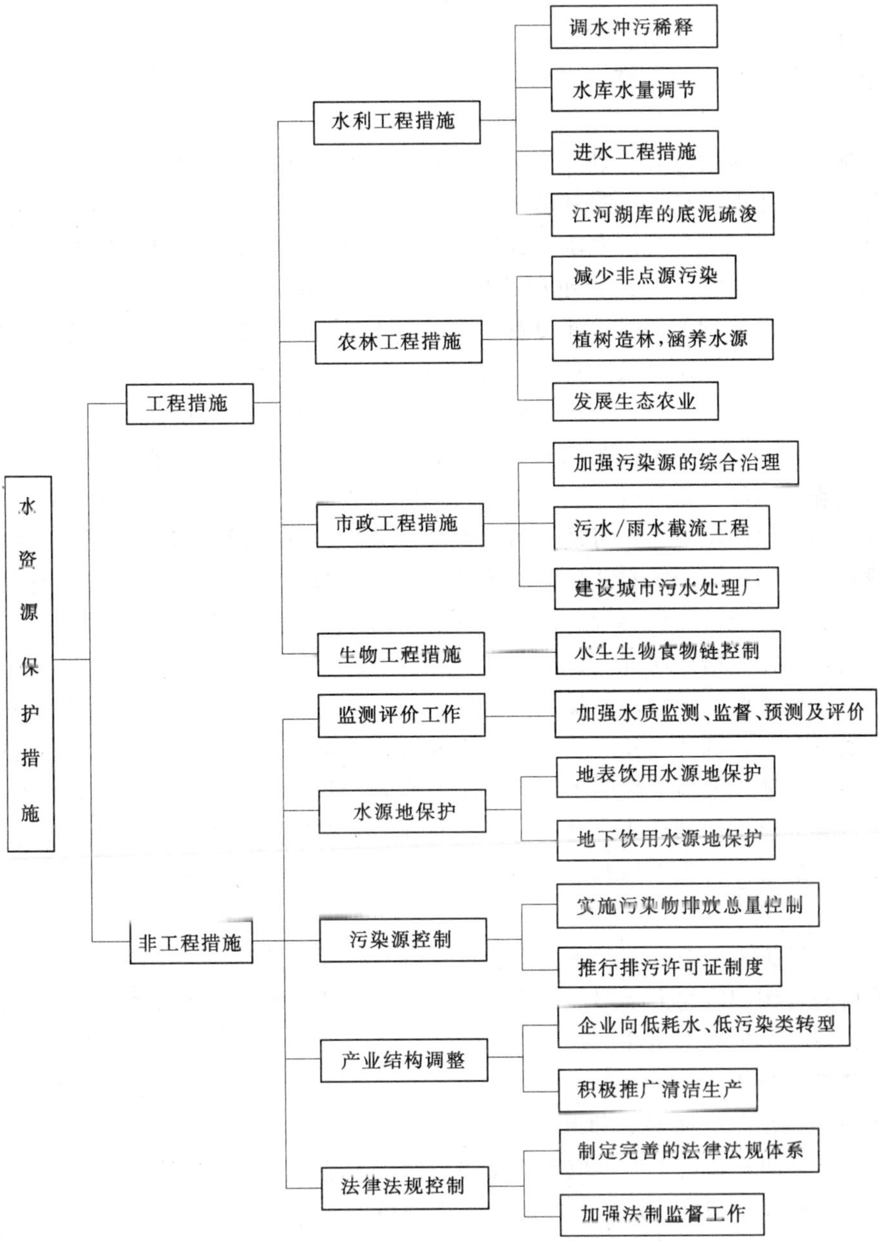

图 8－3　水资源保护措施

农田，控制施肥量，加强水土保持，减少化肥的流失。在有条件的地方，宜建立缓冲带，改变耕种方式，以减少肥料的施用量与流失量。

（2）植树造林，涵养水源：植树造林，绿化江河湖库周围山丘大地，以涵养水源。森林与水源之间有着非常密切的关系。它具有截留降水、植被蒸腾、增强土壤下渗、抑制林地地面蒸发、缓和地表径流状况以及增加降水等功能，表现出较强的水文效应。森林通过这些功能的综合作用，发挥其涵养水源和调节径流的效能。

（3）发展生态农业：建立养殖业、种植业、林果业相结合的生态工程，将畜禽养殖业排放的粪便有效利用于种植业和林果业，形成一个封闭系统，使生态系统中产生的营养物质在系统中循环利用，而不排入水体，减少对水环境的污染和破坏。

3．市政工程措施

（1）加强污染源的综合治理：水资源保护的根本出路在于污染预防，即进行污染源控制和治理。对于工业污染源，对环境危害严重的应优先安排资金、技术力量给予治理，确保污染物的排放满足总量控制要求；此外，在水环境综合整治中，还要坚持走集中与分散相结合的道路，在广大乡村设置小型的垃圾回收和处理设施，减小非点源污染带来的危害。在工业污染源治理的同时，还要重视对城市生活污水、粪便以及垃圾的治理，逐步兴建生活污水处理厂和城市垃圾处理站，将污染物统一集中处理。

（2）建设城市污水/雨水截流工程：目前，我国城市的下水道系统多为合流制系统，即是一种兼收集、输送污水和雨水于一体的下水道系统。在晴天，它仅收集、输送污水至城市污水处理厂，经过处理后排放；在雨天，由于截流管的容量及输水能力的限制，仅有一部分雨水与污水的混合污水可送至污水处理厂处理，其余的混合污水则就近排入水体，往往造成水体的污染。为了有效地控制水体污染，应对合流下水道的溢流进行严格控制，采取改合流制为分流制（即污水、雨水分别由不同下水道系统收集输送），优化排水系统，积极利用雨水资源等措施与办法。

（3）建设城市污水处理厂并提高其处理效率：进行城市污水处理厂规划是一个十分重要和复杂的过程，在具体操作时要考虑城市的自然、地理、经济及人文等实际情况、城市水污染防治的需要以及经济上的可行性等多方面因素的影响。其规划方案应当既能满足当前城市建设和人民生活的需要，又要考虑一定规划时期后城市的发展需要。总之，这是一项系统工程，需要进行深入细致的技术经济分析。

4．生物工程措施

生物工程措施主要考虑利用水生生物及其食物链系统达到去除水体中氮、磷和其他污染物质的目的，例如修建人工湿地、生态塘系统等。其最大特点是投资省、效益好，且有利于建立合理的水生生态循环系统。

二、非工程措施

1．加强水质监测、监督、预测及评价工作

加强水质监测和监督工作不应是静态的，而应是动态的。只有时刻掌握污染负荷的变化和水体水质状况的响应关系，才能对所采取的措施是否有效做出评判，并及时调整实施措施，控制污染势态的发展。

2．做好饮用水源地的保护工作

饮用水源地保护是城市环境综合整治规划的首要目标，是城市经济发展的制约条件。必须限期制定饮用水源地保护长远规划。规划中要协调环境与经济的关系，切实做到饮用水源地的合理布局，建立健全城市供水水源防护措施，以逐步改善饮用水源的水质状况。

（1）地表饮用水源地的保护工作。要采取切实可行的措施，做好水源地的保护工作。如禁止在饮用水源保护范围内，新建有污染的企业和旅游、体育、娱乐设施；对位于该保护区域内的排污单位，要采取坚决果断的措施，禁止其向受保护的水域排污。

（2）地下饮用水源地的保护工作。在进行城市发展规划布局时，要从地下径流条件出发，并考虑工农业的总体布局，对污染源严加管制，避免地下饮用水源地受污染而无法使用的现象发生。同时，加强水源地的卫生管理，建立卫生防护带，禁止在防护带内进行任何可能引起含水层受污染的活动。

3. 积极实施污染物排放总量控制，逐步推行排污许可制度

污染物总量控制是水资源保护的重要手段。长期以来，我国工业废水的排放实施浓度控制的方法。浓度控制尽管对减少工业污染物的排放起到了一定的积极作用，但也出现了某些工厂采用清水稀释废水以降低污染物浓度的不正当做法。其结果是污染物排放量并没有得到控制，反而浪费了大量清水。污染物排放总量控制的实质是既要控制工业废水中污染物的浓度，又要控制工业废水的排放量，在此基础上使排入水体的污染物总量得到控制。

此外，对排污企业实行排污许可制度，也是加强水资源保护的一项有效管理措施。凡是对环境有影响、排放污染物的生产活动，均需由当地经营者向环境保护部门申请，经批准领取排污许可证后方可进行。

4. 产业结构调整

目前，我国工业生产正处于关键的发展阶段，应积极遵循可持续发展原则，完成产业结构的优化调整，使其与水资源开发利用和保护相协调。不应再发展那些能耗大、用水多、排污量大的工业。同时，还应加强对工业企业的技术改造，积极推广清洁生产。发展清洁生产与绿色产业是近年来国内外经济社会可持续发展与环境保护的一个热点。在水资源保护中应鼓励清洁生产在我国的实施。

5. 水资源保护法律法规建设

水资源保护工作必须有完善的法律、法规与之配套，才能使具体保护工作得以实施。水资源保护的法律、法规措施应从以下几个方向考虑.

（1）加强水资源保护政策法规的建设。

（2）建立和完善水资源保护管理体制和运行机制。

（3）运用经济杠杆的调节作用。

（4）依法行政，建立水资源保护的法规体系和执法体系，并进行统一监督与管理。

第六节　应　用　实　例

本节以郑州市为例，介绍以上水资源保护理论方法在《郑州市水资源综合规划》成果中的应用情况。

一、水功能区划定

首先，根据水功能区划的原则、设计条件和方法，对郑州市进行水功能区划分。郑州市地跨黄河、淮河两大流域，其中黄河流域的土地面积占全市总面积的 27%，淮河流域占全市总面积的 73%。全市有大小河流 124 条，流域面积较大的河流有 29 条，其中黄河流域 6 条，淮河流域 23 条。主要过境河流有黄河、伊洛河。

在一级水功能区划方面，郑州市共划定了 19 个一级区，区划河流总长度为 926.9km。

其中，保护区1个，占区划总个数的5.26%，长度为14km，占区划总长度的1.51%；开发利用区共18个，占区划总个数94.74%，长度为912.9km，占区划总长度的98.49%。

二级水功能区划是在一级区划的开发利用区中进行。根据区划方法，郑州市共划分了45个二级水功能区。其中，饮用水源区10个，占二级区总数的22.22%；工业用水区1个，占2.22%；农业用水区9个，占20.00%；渔业用水区1个，占2.22%；景观娱乐用水区5个，占11.11%；过渡区8个，占17.78%；排污控制区11个，占24.44%。

在表8-1中列出了郑州市所属黄河流域的水功能区详细信息。

表8-1　郑州市水功能区详细信息（仅黄河流域）

一级功能区名称	二级功能区名称	河流	范围		长度（km）	水质现状	水质目标
			起始断面	终止断面			
黄河郑州开发利用区	黄河郑州饮用工业用水区	黄河	巩义曹柏坡	中牟狼城岗	150.0	Ⅳ	Ⅲ
伊洛河巩义开发利用区	伊洛河巩义农业用水区	伊洛河	回郭镇火车站	高速公路桥	15.5	>Ⅴ	Ⅳ
	伊洛河巩义排污控制区	伊洛河	高速公路桥	石灰雾	6.0	>Ⅴ	Ⅴ
	伊洛河巩义过渡区	伊洛河	石灰雾	入黄河口	10.0	>Ⅴ	Ⅳ
坞罗河巩义开发利用区	坞罗河巩义饮用水源区	坞罗河	河源	坞罗河水库大坝	20.3	>Ⅴ	Ⅱ
	坞罗河巩义农业用水区	坞罗河	坞罗河水库大坝	入伊洛河口	10.5	>Ⅴ	Ⅴ
后寺河巩义开发利用区	后寺河巩义饮用水源区	后寺河	河源	后寺河水库大坝	29.2	Ⅴ	Ⅱ
	后寺河巩义景观娱乐用水区	后寺河	后寺河水库大坝	化工厂排污口	9.4	>Ⅴ	Ⅳ
	后寺河巩义排污控制区	后寺河	化工厂排污口	入伊洛河口	2.4	>Ⅴ	Ⅴ
汜水河巩义开发利用区	汜水河巩义排污控制区	汜水河	河源	米河镇两河口	27.5	Ⅴ	Ⅴ
	汜水河巩义过渡区	汜水河	米河镇两河口	入黄河口	17.5	>Ⅴ	Ⅴ
枯河荥阳开发利用区	枯河荥阳农业用水区	枯河	河源	入黄河口	16.4	>Ⅴ	Ⅳ

二、水功能区纳污能力计算

根据以上划定的水功能区，进一步计算其纳污能力大小。计算时现状水平年取2005年，规划水平年取2030年。水质指标仅给出COD_{Cr}的计算结果。

1. 水功能区水质目标的拟定

参照前面介绍的水功能区水质目标拟定方法，并综合考虑郑州市实际情况，来确定各水功能区的水质保护目标值（表8-2）。

2. 设计水文条件

郑州市属于北方地区（黄河流域和淮河流域），部分河流由于枯水月流量太小或可能断流，根据实际情况适当调整设计保证率，取75%保证率最枯月平均流量（水量）作为枯水期设计流量；取90%保证率最丰月平均流量（水量）作为丰水期设计流量（表8-2）。

3. 背景浓度值的确定

参考上游水功能区标准，以对应国家水环境质量标准的上限值（达到国家标准的最大值）为背景浓度（来水浓度），对于跨界水功能区的背景浓度需要考虑国家和省（直辖市、自治区）政府部门规定的出、入断面浓度限值。

4. 综合衰减系数的确定

依据《全国地表水环境容量核定技术复核要点》中提供的河道水质综合衰减系数参考值，并结合郑州市各水功能区水质优劣状况和水文特征，进行水质综合衰减系数参考值的选取。水质及生态环境较好的，水质综合衰减系数值大，否则小。

5. 水域及排污口概化

将天然水域（河流、湖泊水库）概化成计算水域，例如天然河道可概化成顺直河道，复杂的河道地形可进行简化处理，非稳态水流可简化为稳态水流等。水域概化的结果，就是能够利用简单的数学模型来描述水质变化规律。同时，支流、排污口、取水口等影响水环境的因素也要进行相应概化。图 8-4 给出郑州市境内伊洛河河段的排污口概化结果。

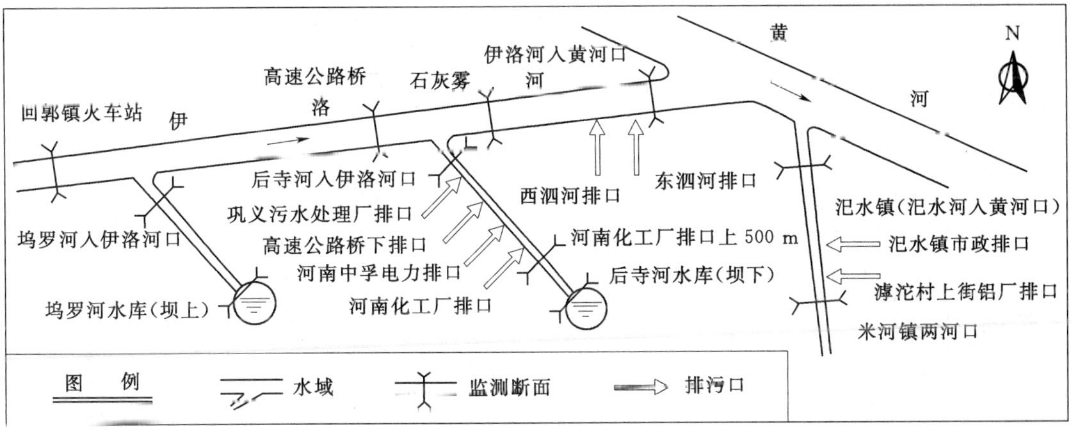

图 8-4 伊洛河水域与排污口概化图

6. 水质模型的选择

郑州市境内主要河流的河道较窄，污染物在较短时间内即可混合均匀，因此采用概化的一维水质数学模型［式（8-1）］进行水功能区纳污能力计算。

结合以上计算条件，运用水质模型计算后得到郑州市黄河流域水功能区的纳污能力计算结果（表 8-2）。由表 8-2 可见，2005 年郑州市黄河流域水功能区的 COD_{Cr} 纳污能力为 4987.7t/a，2030 年的纳污能力为 4232.0t/a。

三、污染物排放总量控制方案编制

1. 陆域污染物排放量估算

在对水功能区所对应的陆域污染源调查基础上，统计计算各类污染源的排污量大小。污染源主要从工业污染源、城市生活污染源和非点源三个方面来调查，其中非点源又进一步考虑了对农村生活污染物排放量、农田径流污染物产生量、城市径流污染物排放量的估算。有关污染物排放量的计算方法在前面已有介绍，结合上述方法求出郑州市黄河流域水功能区在不同水平年的污染物排放量计算结果（表 8-3）。

表 8-2　　郑州市水功能区的纳污能力计算结果（仅黄河流域）

水功能区		水平年	COD_{Cr}纳污能力			
一级功能区	二级功能区		水质目标（mg/L）	设计流量（m^3/s）	综合衰减系数（L/d）	纳污能力（t/a）
伊洛河巩义开发利用区	伊洛河巩义农业用水区	2005	30	8.56（99.57）	0.06（0.10）	65.0
		2030	30	8.40（99.26）	0.06（0.10）	65.0
	伊洛河巩义排污控制区	2005	40	8.56（99.57）	0.06（0.10）	2426.0
		2030	40	8.40（99.26）	0.06（0.10）	2426.0
	伊洛河巩义过渡区	2005	30	8.56（99.57）	0.06（0.10）	84.0
		2030	30	8.40（99.26）	0.06（0.10）	84.0
坞罗河巩义开发利用区	坞罗河巩义农业用水区	2005	40	0.049（0.62）	0.06（0.10）	258.7
		2030	40	0.010（0.31）	0.06（0.10）	152.3
后寺河巩义开发利用区	后寺河巩义景观娱乐用水区	2005	30	0.046（0.58）	0.06（0.10）	157.7
		2030	30	0.010（0.17）	0.06（0.10）	78.7
	后寺河巩义排污控制区	2005	40	0.046（0.58）	0.06（0.10）	508.0
		2030	40	0.010（0.17）	0.06（0.10）	429.3
汜水河巩义开发利用区	汜水河巩义排污控制区	2005	40	0.20（2.45）	0.06（0.10）	946.3
		2030	40	0.045（2.14）	0.06（0.10）	510.0
	汜水河巩义过渡区	2005	40	0.20（2.45）	0.06（0.10）	324.0
		2030	40	0.045（2.14）	0.06（0.10）	284.7
枯河荥阳开发利用区	枯河荥阳农业用水区	2005	30	0.088（1.10）	0.06（0.10）	218.0
		2030	30	0.047（1.02）	0.06（0.10）	202.0

注　设计流量一栏中，括号外的数据为最枯月设计流量，括号内的数据为最丰月设计流量。综合衰减系数一栏中，括号外的数据为枯水期综合衰减系数，括号内的数据为丰水期综合衰减系数。

2. 污染物入河量估算

根据郑州市的实际情况，并结合《全国水环境容量核定技术指南》提供的各类污染物入河系数参考值，综合确定了现状年各类污染源的入河系数；在拟订规划水平年的入河系数时，则考虑城市化和城市规划发展（如产业布局调整、管网改造、排污口优化、截污工程等）可能导致的入河系数的变化，最终给出各水功能区入河系数（表 8-3）。

现状年的污染物入河量，可采用相关废污水排放量调查资料以及相应的污染物排放量、入河系数进行估算，并分解到各水功能区。规划水平年污染物排放量的预测要与需水预测相结合，原则上，生活污水按当地规划水平年内的人口增长状况进行预测；工业污染负荷预测是指排污口的污染物排放总量，预测时考虑排污总量控制目标。根据各规划水平年预测的污染物排放量和相应的入河系数，即可求得规划水平年污染物入河量。最终给出郑州市黄河流域水功能区在不同水平年的污染物入河量计算结果（表 8－3）。

表 8－3 郑州市水功能区污染物排放量及入河量估算表（仅黄河流域）

水功能区		水平年	COD_{Cr}					
			排放量（t/a）				入河系数（%）	入河量（t/a）
一级功能区	二级功能区		工业	城市生活	非点源	合计		
伊洛河巩义开发利用区	伊洛河巩义农业用水区	2005	0	0	8219.7	8219.7	0.02	164.4
		2030	0	0	7064.0	7064.0	0.02	141.2
	伊洛河巩义排污控制区	2005	0	0	3181.8	3181.8	0.02	63.6
		2030	0	0	2734.3	2734.3	0.02	54.7
	伊洛河巩义过渡区	2005	0	0	5302.7	5302.7	0.02	106.1
		2030	0	0	4555.4	4555.4	0.02	91.1
坞罗河巩义开发利用区	坞罗河巩义农业用水区	2005	0	0	5568.1	5568.1	0.02	111.4
		2030	0	0	4783.7	4783.7	0.02	95.7
后寺河巩义开发利用区	后寺河巩义景观娱乐用水区	2005	0	0	4984.9	4984.9	0.02	99.7
		2030	0	0	4286.1	4286.1	0.02	85.7
	后寺河巩义排污控制区	2005	678.9	1100.5	1272.8	3052.2	0.49	1484.5
		2030	2954.6	4447.9	1087.6	8490.1	0.70	5943.8
汜水河巩义开发利用区	汜水河巩义排污控制区	2005	248.7	139.7	3014.2	3402.6	0.11	371.0
		2030	1082.5	564.6	2590.7	4237.8	0.32	1369.5
	汜水河巩义过渡区	2005	740.4	29.4	4439.1	5208.9	0.14	704.6
		2030	3222.0	118.5	3814.2	7154.7	0.38	2740.7
枯河荥阳开发利用区	枯河荥阳农业用水区	2005	0	0	10299.0	10299.0	0.02	206.0
		2030	0	0	8849.3	8849.3	0.02	177.0

3. 污染物控制量与削减量计算

以水功能区为单元，将污染物入河量与纳污能力相比较，如果污染物入河量超过水功能区的纳污能力，需要计算入河削减量和相应的排放削减量；反之，制定入河控制量和排放控制量。将水功能区规划水平年的污染物入河控制量除以入河系数，即可得到水功能区所对应的陆域污染源排放控制量。郑州市黄河流域水功能区在不同水平年的污染物入河总量控制、废污水排放及其处理规划方案见表 8－4。

四、水资源保护措施

在污染物排放总量控制方案编制的基础上，进一步提出相应的水资源保护措施。总体来看，郑州市水资源保护措施可分为工程措施和非工程措施两类：工程措施包括推行清洁生产工艺、加大工业废水处理与达标排放、提高水功能区纳污能力和水体自净能力（主要包括水利工程调度、引水减污、疏浚清淤等工程措施）、水质监测网络布设等；非工程措施主要表现在管理方面，即软环境的建设，包括调整工业布局和产业结构、关停污染严重企业、环境监察与环境执法、建立地表水水质保护机构和应对突发事件机制等。

表 8-4　　郑州市水功能区污染物入河量与排放量控制方案（仅黄河流域）

水功能区		水平年	废污水排放率（%）	废污水年排放总量（万 m^3）	COD_{Cr}量（t/a）							
一级功能区	二级功能区				排放量	入河量	纳污能力	入河控制量	入河削减量	排放控制量	排放削减量	陆域治理量
伊洛河巩义开发利用区	伊洛河巩义农业用水区	2005	0.1	180.0	8219.7	164.4	65.0		99.4		4970.0	3287.9
		2030	0.7	275.4	7064.0	141.2	65.0		76.2		3810.0	3810.0
	伊洛河巩义排污控制区	2005	0.1	69.7	3181.8	63.6	2426.0	63.6		3180.0		
		2030	0.7	106.6	2734.3	54.7	2426.0	54.7		2735.0		
	伊洛河巩义过渡区	2005	0.1	116.1	5302.7	106.1	84.0		22.1		1105.0	1105.0
		2030	0.7	177.6	4555.4	91.1	84.0		7.1		355.0	355.0
坞罗河巩义开发利用区	坞罗河巩义农业用水区	2005	0.1	121.9	5568.1	111.4	258.7	111.4		5570.0		
		2030	0.7	186.5	4783.7	95.7	152.3	95.7		4785.0		
后寺河巩义开发利用区	后寺河巩义景观娱乐用水区	2005	0.1	109.2	4984.9	99.7	157.7	58.0		2900.0		
		2030	0.7	167.1	4286.1	85.7	78.7		7.0		350.0	350.0
	后寺河巩义排污控制区	2005	0.1	1141.2	3052.2	1484.5	508.0		976.5		1992.9	1220.6
		2030	0.7	2810.1	8490.1	5943.8	429.3		5514.5		7877.9	6980.4
汜水河巩义开发利用区	汜水河巩义排污控制区	2005	0.1	342.8	3402.6	371.0	946.3	371.0		3372.7		
		2030	0.7	957.6	4237.8	1369.5	510.0		859.5		2685.9	2685.9
	汜水河巩义过渡区	2005	0.2	728.8	5208.9	704.6	324.0		380.6		2718.6	2083.3
		2030	0.7	2467.6	7154.7	2748.7	284.7		2464.0		6484.2	6484.2
枯河荥阳开发利用区	枯河荥阳农业用水区	2005	0.2	225.5	10299.0	206.0	218.0	206.0		10300.0		
		2030	0.7	345.0	8849.3	177.0	202.0	177.0		8850.0		

思　考　题

1. 查阅资料，说明最严格水资源管理制度对我国水资源保护工作的指导意义。
2. 简要叙述水资源保护工作的流程。
3. 为何要对水体进行水功能区划分。
4. 简要叙述一级和二级水功能区的划分依据。
5. 介绍水功能区纳污能力与水环境容量两者的区别和联系。
6. 影响水功能区纳污能力大小的因素有哪些？
7. 如何确定水功能区相应陆域的污染物排放控制量与削减量？
8. 如何科学合理的分配水功能区纳污能力？
9. 常见的水资源保护措施体系有哪些？
10. 试选择某一小流域，搜索相关资料，完成一个水资源保护的工作任务，并撰写水资源保护报告。

参　考　文　献

[1]　史晓新，朱党生，张建永．现代水资源保护规划．北京：化学工业出版社，2005.

[2]　水利部水利水电规划设计总院．全国水资源保护规划技术大纲，2012.

[3]　水利部水利水电规划设计总院．全国水资源综合规划技术细则，2002.

[4]　雒文生，宋星原．水环境分析及预测．武汉：武汉水利电力大学出版社，2000.

[5]　高健磊，吴泽宁，左其亭．水资源保护规划理论方法与实践．郑州：黄河水利出版社，2002.

[6]　马晓明．环境规划理论与方法．北京：化学工业出版社，2004.

[7]　郑州市水利局．郑州市水资源综合规划报告，2008.

[8]　左其亭，窦明，吴泽宁．水资源规划与管理．北京：中国水利水电出版社，2005.

[9]　左其亭，窦明，马军霞．水资源学教程．北京：中国水利水电出版社，2008.

第九章　水资源系统分析方法

水资源规划与管理是一项涉及社会、经济、水资源、环境、地学、法律、政策、管理等多方面的系统工程，因此，运用系统科学的理论方法来寻求解决水资源规划与管理工作中问题的最优方案是十分必要的。本章将介绍有关水资源系统分析方法、优化技术等方面的基础知识。

第一节　水资源系统的内涵

一、系统的概念和特征

系统一词是混乱的反义词，它意味着为实现某个目标而建立起来的秩序、组织、系列、体系、制度、方法等。由于系统具有广泛的涵义，因此不仅在产业领域里，甚至在政治、经济领域里也得到了应用。但是从工程观点来说，系统被解释为由若干个相互区别、而又相互联系和相互作用的元素所组成，且处在一定的环境中为实现同一目标而存在的有机整体。因此，系统包括两个部分：一个是系统本身；另一个是系统所处在的环境。系统环境就是系统工作的限制条件。而系统本身又由三个元素所构成，即输入、系统和输出。这样，系统在特定环境下对输入进行响应，就产生输出。把输入转变为输出，这就是系统的功能，如图 9-1 所示。

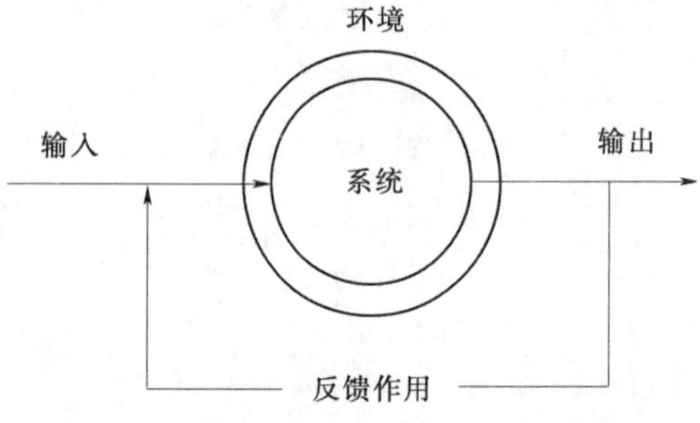

图 9-1　基本系统模型

系统本身又是它所从属的一个更大系统的组成部分。也就是说，系统总是有总系统和分系统（子系统）之分，分系统是总系统的组成部分。总之，系统的概念是相对的，在某种场合下它是总系统，而在另一种场合下它可能又是分系统。

一个系统应具有如下特征：

（1）目的性。系统的目的决定了系统的基本作用和功能，一个系统可能有若干个功能，这些功能的实现也就完成了系统中间的或最终的目的。通过系统的目的性分析，可以将目的用系统目标来具体化，系统目标进一步通过模型来描述，这样就可以把问题变成有可能求解的形式。因此，系统的目的性是系统设计的一个重要方面。

（2）相关性。系统是由两个或两个以上的可以相互区别的要素所组成，各要素之所以能成为一个整体，是因为它们之间存在着相互作用、相互依存和相互制约的关系，即各要素间的内在联系。如果有要素存在但要素间没有相互联系，是不能构成一个系统的。

（3）整体性。系统是作为一个整体而存在，而且也只有作为一个整体，系统才能充分发挥其功能。这就要求系统的各要素必须服从整体的要求，在实现系统的整体功能基础上开展其相互间的活动与作用。

(4) 环境适应性。任何一个系统都存在于一定的环境（或更大的系统）之中。系统本身必须要与外部环境进行物质、能量和信息的交换，必须适应外部环境的变化。不能适应环境变化的系统是没有生命力的系统，一个生产系统，其输入来自环境，而输出又进入环境，如果环境断绝了输入，系统的正常运行将无法维持。因此，任何系统都必须适应环境。

二、水资源系统结构与功能

水资源系统是以水为主体构成的一种特定的系统。它是指处于一定范围或环境下，为实现水资源开发目标，由相互联系、相互制约、相互作用的若干水资源工程单元和管理技术单元所组成的有机体。这些物质的和非物质的（概念的）单元之间既存在着关联性，也存在着相对独立性，前者是构成系统整体性的前提，后者是划分系统（子系统）与环境、识别系统内部结构的必要条件。

系统的整体性是系统工作的基础，以水资源系统为例，从规划与管理目标的确定、决策方案的选择，到决策实施的整个过程中，一切工作都要建立在系统整体原则的基础上。系统的整体性表现在系统内部诸要素之间及系统与环境之间的有机联系，这种联系是通过系统结构和系统功能这两个媒介来沟通的。如果系统结构与功能之间经常处于良好状态，则系统的整体属性就可以永远发挥作用；否则，系统的整体属性就要受到损害甚至失去效用。因此，系统的结构和功能在系统中的作用是非常重要的。

系统结构是指系统各单元间相互联系、相互制约、相互作用的组成形式和关系。在水资源系统中，水工建筑物群体是系统的物质单元；系统设计方案、管理策略以及人、财、物的组织管理等则是概念性的单元。它们的相互联系构成了概念化的结构术语。水资源系统运转效应的好坏，取决于系统实体结构形式和组织管理技术的协调，亦即取决于系统内部结构的好坏。

系统功能是系统内部与外部相互关联、相互作用的结果，由系统结构和系统环境所决定。水资源系统的功能，一般以防洪、除涝、发电、灌溉、给水、航运和它们的综合利用目标来表示。

三、水资源系统特征

不同于一般的系统，水资源系统具有自然属性和社会属性两方面：其一，水资源系统是自然系统的一员，与自然界的生态、环境有着天然的渊源；其二，它又是社会系统的一部分，与人类社会和经济发展有着密切的联系。因此，水资源系统是一个自然与社会（人工）相结合的、开放性的复合系统。其特点如下。

1. 水资源系统的结构和功能受自然规律的影响和制约

作为自然系统之一的水资源系统，存在许多不以人们意志为转移的自然规律，它们对系统的结构、功能和行为起着重要的制约和支配作用，对系统环境包括自然环境和社会环境也有着重要的影响。

在新建的水资源系统设计阶段，任何流域或地区水资源开发和治理的规模、方式、措施和目的，无不受自然地理、地质、生态、水循环、水量、水质等约束，有时这些约束或某种约束是起决定性作用的。对于已建的系统运行阶段，外界（自然的和社会的）

对系统结构的影响较小，且可使其保持相对的稳定性。但是，系统功能却易受外界影响，且影响较大。如径流式电站，洪水期可能被迫停产或不能正常生产；又如供水系统，可能因外界用水性质的改变，而不得不调整原系统的功能和相应的系统结构。

在任何水资源工程的建设期和运行期，都会对自然环境和社会环境带来影响。这种影响或大或小，或正或负，因具体情况而异。因此，水资源开发利用策略只能在不断认识自然、合理利用自然规律的基础上进行。那种以“人定胜天”的征服者姿态，粗暴地对待自然、掠夺自然资源的行为，必将遭致自然的无情惩罚。

2. 水资源系统的正负效应受人类意识和活动的主宰和支配

作为社会系统一部分的水资源系统，是人类为了自身的利益，长期以来对自然过程进行干预控制的产物。人类生存离不开水，经济社会发展更离不开水资源的供给。然而，当水资源不能满足人类生活和生产的需求时，人们更倾向于通过各类措施，主要是工程技术措施，来改变水资源的自然时空分布特性，使之为人类自身的利益服务。由于人类对自然规律认识的不足，对自然进行粗暴干预的结果往往是自然对人类愈来愈严重的惩罚。

人在干预自然的过程中，既是组织者，又是受益者，还是自然反作用的承受者。总之，人在水资源系统中越来越成为主宰者和支配者。主宰者的社会意识包括人的水意识，往往就决定了水资源系统的规模、作用和方向。

3. 水资源系统是连接生态环境与经济社会的桥梁，是协调自然与社会系统良性发展的不可替代的必要条件

社会发展和经济增长需要水资源为其提供必要的支撑和服务，而水资源的可持续利用同样也离不开一个良好的生态环境系统来保障。如果万物赖以生存的生态环境系统遭到了破坏，那么水资源的更新再生能力必然下降，人类社会也将受到相应的伤害和威胁。相反，如果能有效利用水资源系统这根联系纽带，保护和改善生态环境，并将其与经济社会连接起来，通过工程技术和人力、物力的投入，调节控制生态环境与经济社会的协同发展，就可使自然与社会系统持续稳定地沿着良性循环的轨道运转。这样，水资源系统在协调和维持自然—社会良性发展过程中，不仅起到联系二者的媒介作用，更重要的是成为促使它们协调发展的必要条件。

水资源规划与管理对于维护经济社会和生态环境可持续发展的重要作用，是由水资源系统与其外部环境的特殊关系和水资源系统的开放性质所决定的。水资源的三大功能：构成生命的基本要素；物质、能量、信息交换的媒介；人类经济社会、资源、环境联系的纽带。这三大功能是其他系统所无法替代的。因此，水资源系统与生态环境和经济社会系统一起构成了更大范围的经济社会—生态环境—水资源复合大系统，是水资源规划与管理的研究对象。

第二节 水资源系统分析概述

一、系统分析的概念及作用

系统分析是系统工程应用中最基本、最普遍的分析方法，也是系统方法的最核心部

分。系统分析原本出自对数学方程式组成的系统所进行的数学分析。但是，它并不是简单的数学技术的应用，而是集中了若干传统学科的概念、观点和技术综合发展起来的一门学科。它是分析研究系统规划和决策问题的科学方法，也是帮助决策者从多个可行方案中识别和选择最优方案的决策手段。

系统分析方法，主要研究系统内部有关要素、结构、功能、状态、行为等之间的关系，及其与外部之间的相互作用关系，并通过逻辑思维推理和科学计算的定量途径，找出可行方案；再经过分析、综合和评价技术，选出可行方案的最佳者，提供给决策者参考。可以认为，系统分析是对系统工程作出定量评价的基础，也是优选方案的工具。

系统分析方法的最重要内容包括：确定系统目的和目标；建立系统数学模型；实施模拟和优化技术；进行分析、综合和评价；作出选择方案的满意决策。这一重要思路和研究内容正好适应水资源规划与管理对方法技术的要求。

通常，系统分析在水资源系统中的应用贯穿于水资源系统规划、施工和管理的各个阶段。

系统规划阶段：在明确系统概念、系统建设的必要性以及系统的目的、开发治理目标、约束条件、环境要求后，制定开发、利用、保护和治理方案。通过系统分析，确定各方案的设计规模、建成期限、投资效益等，并进行综合评价，比较确定最优方案。

系统施工阶段：包括施工的组织管理、施工场地的总体布置。各子系统，如土石开挖系统，混凝土拌和浇筑系统，场地交通系统，水、电供应系统等的合理布局、日常的施工管理等，均须通过系统分析使其达到全局协调、经济合理的最优运转。

系统管理阶段：系统投入运行后，系统的运行方式、维护检修方法等，需经过系统分析进行改进，提出最优运行方式，以实现系统运行的最大价值；同时，通过系统分析使得人、财、物处于最佳状态，从而使得水资源系统的经济效益、社会效益和生态环境效益不断的提高。

二、系统分析的特点

随着人口的增长、经济社会的发展，对水资源的需求量越来越大，随之而来的水资源短缺、水资源危机及水环境问题日益严重。这就迫使水资源学术界不仅把目光盯在水本身，还要考虑与水有关的其他方面，如人口的增长、工农业的发展、生态环境保护意识的提高等。同时，也迫使水资源学术界不仅把目光盯在本地区的水资源，还要考虑邻区乃至全球的水资源变化及协调等问题。总而言之，进行水资源系统分析必须考虑到水资源系统是一个综合性的系统，其具有以下几个主要特点：

(1) 水资源开发利用的目标或目的可能有一个或多个，如防洪、工业、农业、生活用水等；另外，目标的层次有高有低，有主有次。比如，以防洪为主要目的的综合利用水库工程，同时兼顾有供水等目的。因此，水资源系统分析的目标有一个或多个，有主要目标和次要目标，次要目标要服从主要目标，低层次目标要服从高层次目标，使各个目标得到充分体现和相互协调。

(2) 水资源系统是一个十分复杂的大系统，各个分系统之间存在着相互关联、相互依赖、相互制约的关系。因此，水资源系统分析要统筹兼顾、全面分析、系统描述水资源系统的结构和功能，真实、客观地反映水资源系统。

(3) 研究复杂的水资源系统对采用的数学工具要求较高。这是由水资源系统的复杂性、研究问题的尖锐性以及系统本身的动态性、不确定性、多功能性所决定的。

(4) 需要多学科的综合。应用系统分析方法研究水资源系统时，常常涉及多门学科，如系统科学、管理科学、环境科学以及数学等。在解决实际问题时，需要各个学科的综合，需要多个学科的专家和有关技术人员参加，对研究系统的目的要求、运行方案选择、成果分析与评价等都有着重要作用。

三、系统分析的步骤

水资源系统分析具有严谨的逻辑推理步骤和计算方法，其工作流程主要包括下面几步：

1. 分析问题、明确目的、确定目标

对于具体的水资源系统，首先要对研究的问题作全面、详尽的分析和研究，包括：①要摸清问题的主要内容和研究难点；②要摸清问题的由来和产生的背景；③要摸清问题的性质，如问题的提出者、决策者以及他们的目的、想法等；④要摸清问题的条件，如水文水资源条件、人力、物力、技术、财力状况以及时间要求、规划目标等；⑤要摸清问题实现的可能措施与现有条件相匹配的程度，把握拟选方案的大致范畴，做到有的放矢。

真正要满足这些要求，必须在研究问题之初，做到以下两点：①大量的收集资料、有关数据。掌握水资源系统第一手资料，为分析问题、解决问题奠定基础；②与有关专家、管理人员、决策者座谈，了解问题之所在以及解决的可能途径，为分析问题、解决问题打开思路，找准目标。

对研究问题进行全面、详尽分析的目的之一，就是要明确问题的目的要求和相应的目标。目的和目标是两个既密切相关，又有区别的概念。目的是指研究系统预期达到的效果，多以原则的、理想的定性形式表示；而目标则是为了实现目的而选择的定量标准。如果对所研究问题的目的、目标分析不准确或确定不正确，就会使整个系统分析无法进行，或走错方向。

在实际研究中，首先要明确问题提出者、决策者以及问题本身的研究目的，再提炼、归纳、总结，并分析目标的层次结构，选择合适的目标。目标太笼统，系统分析的难度就大；相反，如果目标提得太具体，又容易以偏概全。如何适当地选择目标，还需研究者按照决策者总的目的和意愿，发挥群体综合分析能力和实际经验。

2. 建立数学模型

在分析确定水资源系统的目标、约束条件之后，就应建立相应的数学模型，以描述系统的特征及各部分之间的依存关系。也就是，将系统的结构、有关参数和因素及其相互关系，归纳成一个或一组数学方程式，用来反映水资源系统的结构、功能和目标，即水资源系统数学模型。常用的数学模型有最优化模型（如线性规划、动态规划等）和模拟模型两大类。

3. 求解数学模型并检验

根据建立的数学模型，需要认真研究和确定模型的计算参数，并选择适当的分析计算

方法，求解数学模型。实际上，这一步已转化成纯数学求解问题。

在求解完数学模型之后，要对模型进行检验。一方面，从数学模型的解法上，分析计算结果的可靠性，即要求选用的计算方法比较合适，计算处理方法比较符合实际；另一方面，要进行灵敏度分析，即研究模型中所含参数的变化范围及其对计算结果的影响；再一方面，还要按照所用模型的性能是否与实际系统的性能相同，计算结果值与实际值误差是否在允许的范围之内来鉴别，确定计算结果的精度和可靠性。如果模型计算结果不能满足要求，就要重新选择求解方法，重新计算，再检验，直至计算结果满意为止。如果计算结果仍不满意，就要考虑修改数学模型。

4. 决策方案检验

根据数学模型的求解结果，拟定决策方案。决策者可根据自己的经验和意愿，对系统分析的成果进行认真的分析与评价，从总体上权衡利弊得失，进行决策。

在得出最终决策之前，需要对入选方案获得的结论作进一步检验。如果检验的结果不满意，就转回第一步，对问题进行重新分析，重新建立数学模型，重新选择决策方案，直至满意为止。在通过对方案的正确性检验后才能进入实施阶段。

5. 研究计划实施

对决策方案制定出具体的行动计划，并逐步实施。如果在实施过程中遇到较多的新问题，就要返回到前面的步骤，重新进行研究；如果在实施过程中遇到的新问题不多，就可对实施计划略加调整后继续实施，直至完成整个计划。在研究计划付诸实施过程中，要求系统分析人员与决策实施人员密切合作，并对可能出现的情况和问题及时加以修正和调整。

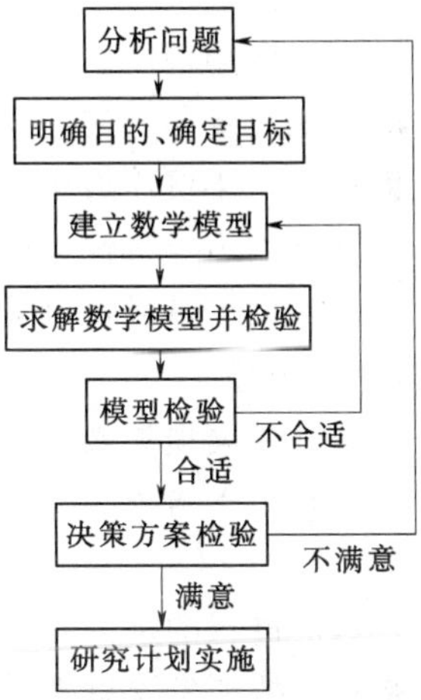

图9-2　水资源系统分析步骤简图

水资源系统分析步骤如图9-2所示。

第三节　水资源系统分析的目标与约束

一、目标的确定

在开展水资源规划与管理工作时，首先要明确工作的目的和亟待解决的问题，以此作为系统分析决策的基础。

水资源规划与管理的目的是充分利用有限的水资源，以更大地满足某一时期、某一地区经济社会发展、人民生活水平提高和生态环境质量改善的需要。通常这些目的需要通过多种目标来实现。总的来说，目标确立的原则和标准可归纳为同等重要的两条：一是促进经济社会的发展；二是改善生态环境质量。

在进行水资源系统分析时，根据实际情况，所选择的目标个数也可能是一个或多个。如果只选择一个目标时，就称为单目标；选择两个或两个以上目标时，称为多目标。

水资源系统是一个十分复杂的大系统，涉及自然—社会的广阔领域。水资源规划与管理工作的目标因面临的实际问题不同而有简有繁、有多有少、有高有低。总的来讲，水资源规划与管理目标的确定要兼顾经济社会发展、生态环境保护，实现经济社会—生态环境—水资源复合大系统协调发展。

二、优化准则的选取

在目标确立后，还须将其转化为可以计量的准则，通常称为优化准则，以便选用合适的优化技术，实现目标要求的最优化。在系统分析方法的具体应用中，要将输入与输出变量和可计量的准则函数联系起来，进行分析求解。

在传统的水资源系统分析中，通常将经济分析作为主要内容之一。经济分析的优化准则包括：

（1）净效益最大。一般用于投资、效益均不受限的情况。

（2）效益最大。多用于费用一定的情况。

（3）费用最小。多用于效益一定或方案等效的情况。

这是经济分析的主要三种优化准则，由此派生的常用准则还有：效益费用比最大，净现值最大，年费用最小，投资回收期小于规定回收期等。

除了以上经济优化准则外，还有非经济的优化准则，包括：

（1）供水量或发电量最大；水量或水能损失最小。一般用于兴利事业的供水、发电、航运等工程。

（2）受灾损失最小，如淹没面积最小、淹没时间最短等。多用于防洪、排涝等工程。

（3）出于自然、景观及环境等诸多目标的需求所设计的准则，如污染物消减量最小等。

目前进行的水资源系统分析，又在以上准则的基础上考虑了更多的准则，最具代表性的是在可持续发展思想指导下进行的水资源系统分析。它考虑的准则包括效益最大化、可生存、可承载和可持续等优化准则，这部分内容将在本章进行介绍。

三、目标函数与约束方程

当一个目标（或多个目标）转化为优化准则时，把它写成数学表达式的形式，就称为目标函数，它是由一些待求的未知变量（或称决策变量、控制变量）及其有关参数所组成的数学方程式。它表示水资源规划与管理目的能够达到的定量程度，是评价各规划和管理方案优劣或进行排序的一个衡量尺度。

而对于水资源规划与管理工作中的另一些要求，常常通过数学函数方程以约束条件的形式来表示，称为约束方程。对于不能以数量关系表示的要求，才以硬性的限制条件来处理。目标函数中，通常均有一定数量的约束条件，但有时也可无约束条件，这主要视所解决的问题的性质而定。

目标函数与约束条件的作用是不同的。目标函数是方案选择的判断依据；约束条件是所有方案必须满足的要求。目标函数、约束条件结合优化方法就构成了水资源系统分析方法的整体框架。在水资源系统分析中，通常有两大类约束条件：

（1）物理约束。这些约束是指必须遵守的自然规律和条件，如质量（能量）守恒定律，资源限制和设备容量限制等。

（2）隐含有目标性质的约束。这些约束实际上虽可能遭到破坏，但要付出昂贵的代价。这类约束包括为了维持一定的水质标准、河道最小流量的限制、可靠性或风险率限制及预算限制等。

此外，有时也会遇到政策、法律、合同的约束，不过它们也常常转化为经济的和数量的约束形式来表示。

第四节　水资源系统模型的建立与识别

一、模型分类

数学分析是系统分析中最常用的分析方法之一。实质上，系统分析就是借助数学模型，应用模拟技术和优化技术，求解系统目标函数最优的科学方法。

在生产实践中，为了获得一种控制和管理真实物理系统的方法，首先，要建立能准确描述该物理系统的数学模型；然后采用适当的优化技术，求解这个数学模型；最后，再把这个模型的最优解应用到真实物理系统中，以实现对系统控制和管理的意图。

数学模型是真实系统的抽象，是描述和表示真实系统行为的数学方程组。它的作用在于：揭示问题的不同方面，识别系统结构、组成元素间与环境间的函数关系，确定具有效性和约束条件，指明为定量分析需要搜集的资料和数据等。这样的数学模型不仅起到传统物理模型的描述作用，而且还能起到选择方案的导向作用。

水资源系统模型就是采用数学语言对水资源系统的抽象描述。在水资源系统研究中，建立数学模型的关键点是要描述水资源系统的结构关系、确定合适的参数。因此，模型的结构识别和参数识别是模型识别的两个重要方面，只有当模型结构预先确定后，模型识别问题才变成简单的参数识别问题。

在水资源系统分析中，常用的数学模型，依其结构形式、模型功能、用途等性质，可分成多种类型。如：

(1) 按照对问题的求解方式，是通过约束条件搜索全局最优值，还是模仿系统实际情况进行模拟，可把模型分为最优化模型和模拟模型。

(2) 按照所建模型中是否包含不确定性参数、变量或结构，可把数学模型分为确定性模型和不确定性模型。

(3) 依据所考虑问题是否与时间因素有关，或者依据所建模型是否包含时间因子，可把模型分为静态模型和动态模型。

(4) 根据模型中参数是反映空间的每一点，还是反映集中单元的整体，可把模型分为集中参数模型和分布参数模型。

(5) 按照模型是否满足线性关系，可分为线性模型和非线性模型。

二、建模的要求与步骤

模型是真实系统的写照或概念化的表述，因此在建立模型时，必须要做到以下几点：

(1) 真实性。一般模型只能反映系统最本质的东西，如系统的主要性质、关系和功能，而忽略一些次要的因素。但这必须是在保证模型反映系统真实性的前提下，同时还要满足系统要求的精确性。

(2) 简练性。模型不仅要真实、精确，还应结构简单，易于求解；否则，有时宁肯降低一些精度，也要保证模型的简练明确。

(3) 标准性或通用性。有些系统数学模型具有标准性或通用性，可以借用或借鉴。但水资源系统模型很少有典型的和直接能借用的，一般均需针对研究系统的特点建立相应的实用模型。实践中，应力求模型标准化和通用化，以便发挥更大的作用。

模型的建立过程，大体分以下几步：

(1) 明确系统的目的和要求，选定单目标或多目标。

(2) 确定系统和环境的边界条件，明确影响系统功能的主要因素、主要变量、主要参数，以及它们之间的关系、变化范围和约束条件。

(3) 剖析系统的结构组成，对大系统进行分解，以利于建立相应的模型和求解。

(4) 建立数学模型。一般需要通过系统识别、参数估计和模型验证等几个环节，才能确定出满意的数学模型。

三、系统识别与参数估计

自然界中的水资源系统是一种十分复杂的大系统，定量描述水资源系统的数学模型往往也比较复杂，面临着各种各样的问题。

然而，不管采用什么方法来建立水资源系统模型，都将面临着一个共同问题，即自然界的水循环规律还不能被完全认识，获得的水资源知识还存在这样或那样的未知部分(包括结构或参数)。它们需要通过系统观测的数据信息加以判明或予以估计，其处理的适当与否不仅直接影响到所建模型的质量，而且涉及到水资源系统特征的正确分析、水资源系统模型的实际应用及其评价等。为了解决这一问题，可以引用系统识别理论，即用系统分析的原理和方法建立可以定量描述水资源系统的数学模型，研究和处理验前缺乏或部分缺乏的系统信息，以及受各种随机性、模糊性等不确定性因素干扰的水资源系统。

1. 系统识别的基本概念

系统识别是通过观测一个系统或一个过程的输入—输出关系，确定该系统或过程的数学模型。具体地说，系统识别就是依据系统的输入—输出 $\{u,Y\}_{t=1}^{T}$ 和其他信息 $\{I_n\}$，在指定的模型集 $\phi=\{M_N\}$ 中确定出一个具体的模型 M，它在数学上与原型的实际观测数据和概念相符合，即

条件： $$D_0=\{(u,Y)_{t=1}^{T};I_n\}\ ,\phi=\{M_N\} \tag{9-1}$$

目标： $$E=\|\varepsilon\|\rightarrow\overset{*}{M}_N \tag{9-2}$$

要求： $$E=\min,\text{且}\ \overset{*}{M}_N\in D_0 \tag{9-3}$$

式中：ε 为数学模型与原型间的误差向量；E 为模拟的目标函数；$\|\cdot\|$ 为量度误差“距离”的某种范数；D_0 为数学模型的可行域。

应进一步说明的是：

(1) 系统识别有三个基本成分，即模型类 $\phi=\{\cdot\}$、观测资料信息 $D_0=\{\cdot\}$ 和系统识别准则

$$J=\{E=\min\cap\overset{*}{M}_N\in D_0\} \tag{9-4}$$

它们是描述识别问题的重要部分。只有当三者被确定之后，在数学上才进一步归结为模型

或参数的最优化、最优估计等问题。

(2) 模型类 $\phi=\{\cdot\}$ 是由结构加参数或函数组成的，故识别内容可分为模型的结构识别与参数识别两部分。只有当结构在验前完全设定的情况下，问题才简化为参数识别。

(3) 识别过程有三个环节，即确定基本成分 (ϕ, D_0, J)，完成数学求解和检验，应用。

2. 系统识别的一般程序

首先，依据研究的问题（水文分析、预报，水库调度，水资源评价、规划、管理等），由水文学、水资源学原理和系统方法确定模型类。

其次，选择适当的系统识别准则，利用可以观测到的原型信息（即水文、气象资料等）去估计模型中的未知部分，并作出必要的检验。

最后，应用于实际或反馈作再次改进。

3. 系统识别的误差准则

原型观测值 Y 和模型计算值 Y_M 之间的误差通常用泛函或范数表示：

$$E=E(Y,Y_M) \tag{9-5}$$

系统识别的误差准则通常是使误差泛函数（或范数）E 取最小值。比如，最小二乘准则是

$$E(Y,Y_M)=\int_0^T \varepsilon^T(t)\cdot\varepsilon(t)\mathrm{d}t=\min \tag{9-6}$$

式中：$\varepsilon(t)=Y(t)-Y_M(t)$；$Y$、$Y_M$、$\varepsilon$ 为定义在区间 $[0,\ T]$ 上的函数。

4. 系统识别最优估计方法

系统识别大多数涉及到数学上的模型最优化问题。关于求解模型最优化问题的方法有多种，其中常用的有最小二乘法、最速下降法等。

5. 模型参数估计

如前所述，当模型结构完全确定之后，系统识别问题就转化为参数估计问题。模型的参数估计是指在输入、输出多组观测数据的基础上，运用系统识别最优估计方法，确定模型参数的工作。它的工作原理为：给定 m 组输入、输出，寻找一组参数，使数学模型的输出和真实物理系统的输出之间的误差最小。

在系统数学模型建立过程中，模型的参数估计是非常重要的一个环节。模型的可靠性与精确度如何，直接与参数估计的正确与否密切相关。模型参数估计的方法也有多种，如最小二乘法、步长加速法、惩罚函数法等。这里仅介绍矛盾线性方程组的最小二乘法，以供参考。

在现行的各种水资源系统模型中，有一类较为特殊的模型“相对待定量为‘显式’的线性方程组”。如下式模型方程就是一个典型的线性方程模型。

$$Y=a_1x_1+a_2x_2+\cdots+a_nx_n \tag{9-7}$$

有些模型可以通过一定的转换，变成线性模型。比如，下式非线性模型方程：

$$Y=a_0f_1^{a_1}(x)f_2^{a_2}(x)\cdots f_n^{a_n}(x) \tag{9-8}$$

通过取自然对数，转化成线性方程：

$$\ln(Y)=\ln a_0+a_1\ln f_1(x)+a_2\ln f_2(x)+\cdots+a_n\ln f_n(x)$$

对于一般的线性模型：

$$y_j = a_{1j}x_1 + a_{2j}x_2 + \cdots + a_{nj}x_n \quad (j = 1,2,\cdots,m) \tag{9-9}$$

式中：x_i 为 n 个待定参变量（未知）；a_{ij} 为 m 组输入观测信息（已知）；y_j 为 m 组输出观测信息（已知）。

线性方程组用矩阵表示：

$$A_{m\times n}X_{n\times 1} = B_{m\times 1} \tag{9-10}$$

其中

$$A_{m\times n} = \begin{bmatrix} a_{11} & a_{12} & \cdots & a_{1n} \\ a_{21} & a_{22} & \cdots & a_{2n} \\ \vdots & \vdots & \cdots & \vdots \\ a_{m1} & a_{m2} & \cdots & a_{mn} \end{bmatrix} \qquad X_{n\times 1} = \begin{bmatrix} x_1 \\ x_2 \\ \vdots \\ x_n \end{bmatrix} \qquad B_{m\times 1} = \begin{bmatrix} y_1 \\ y_2 \\ \vdots \\ y_m \end{bmatrix}$$

模型参数识别问题常归结为已知 A 和 B 求 X，且 $m > n$ 。所以，它不符合由 n 个方程求 n 个未知数的定解条件。从 m 个已知量 y_i 决定 n 个未知量 $x_1, x_2, \cdots, x_n$ 来看，只要已知值的个数 m 大于唯一决定未知量所必需的方程个数，得到的是一个矛盾方程组。就这样的矛盾方程组，对任何 n 维向量 X，总有

$$A_{m\times n}X_{n\times 1} - B_{m\times 1} \neq 0 \quad (\text{当 } m \neq n) \tag{9-11}$$

令其差为残差 $\varepsilon(X)$，即

$$AX - B = \varepsilon(X) \tag{9-12}$$

式中：$\varepsilon(X) = (\varepsilon_1, \varepsilon_2, \cdots, \varepsilon_m =)^{\mathrm{T}}$。

一般说，有无穷多种 $\varepsilon(X)$ 的取法都可以找到相应的 X，使上式成为严格的等式。当然，我们总希望找到使 ε 在某种意义下达到最小的那个解 $\widetilde{X}$，这实际是处理矛盾方程组的最优化问题。如果我们寻找使残差 $\varepsilon_1, \varepsilon_2, \cdots, \varepsilon_m$ 的平方和最小的解 X^*，这类问题就是线性最小二乘问题。

设 $E(X)$ 为目标函数，当寻求某一向量 X^*，使下式成立：

$$E(X) = \| AX - B \|^2 = \min \tag{9-13}$$

或

$$\| \varepsilon \|^2 = \min$$

就称 X^* 为原矛盾方程组的最小二乘解。

对于矛盾方程组 $AX = B$，如果系数矩阵非奇异（矩阵行列式不为零），可求得唯一的最小二乘解：

$$X^* = (A^{\mathrm{T}}A)^{-1}(A^{\mathrm{T}}B) \tag{9-14}$$

第五节　水资源系统分析优化技术与模拟技术

水资源系统分析中的常用优化技术，基本分为两大类：一类是解析技术，即运筹学所讲的优化技术，如线性规划、非线性规划、动态规划、整数规划等；另一类是计算机模拟技术，即对现实情况的仿真模拟。下面对这两种方法分别进行简单介绍。

一、优化技术

1. 确定性线性规划模型

在“运筹学”中，一般介绍的线性规划模型是确定性线性规划模型，亦即经典线性规划模型，常简称为线性规划模型。它具有如下三点共同特征：

(1) 每一具体问题都用一组决策变量（$x_1, x_2, \cdots, x_n$）表示某一方案。这组决策变量的值就代表一个具体的方案。一般这些变量取值是非负的。

(2) 存在一定的约束条件，这些约束条件都可以用一组线性等式或线性不等式表示。

(3) 都有一个要求达到的目标，它可以用决策变量的线性函数来表示，即目标函数。根据问题的不同，要求目标函数达到最大或最小。

满足以上三个条件的数学模型称为线性规划模型。其一般形式为：

目标函数：
$$\max(\min) z = c_1 x_1 + c_2 x_2 + \cdots + c_n x_n \tag{9-15}$$

约束条件：

$$\begin{cases} a_{11}x_1 + a_{12}x_2 + \cdots + a_{1n}x_n \leqslant (=, \geqslant) b_1 \\ a_{21}x_1 + a_{22}x_2 + \cdots + a_{2n}x_n \leqslant (=, \geqslant) b_2 \\ \vdots \\ a_{m1}x_1 + a_{m2}x_2 + \cdots + a_{mn}x_n \leqslant (=, \geqslant) b_m \\ x_1, x_2, \cdots, x_n \geqslant 0 \end{cases}$$

求解线性规划模型的常用方法是单纯形法，即根据问题的优化标准，在由约束条件切割成的凸多面体各极点中，从一个极点转移到相邻极点，使目标函数值逐步增加（或减小），直到目标函数值达到最大（或最小）时为止。此时，极点所对应的决策变量值就是最优解。

2. 非线性规划模型

当目标函数或约束方程中有一个或多个非线性函数时，称为非线性规划模型。这类模型在水资源系统分析中常常被运用。

当非线性规划模型比较简单时，实际中常采用线性化技术，把非线性方程近似地用系列线性函数表示，再用线性规划方法求解。常用的线性化技术有变量分割法、可分规划法等。

如果非线性规划模型比较复杂，不能采用线性化技术进行处理，就只能用非线性规划方法求解。求解的方法不外乎两类，一类是解析解，另一类是数值解。

解析法的使用条件是：目标函数可用解析式表达。当无约束条件时，可简单对目标函数求导数，使导数等于零，就可得到极值（极大值或极小值）；当目标函数受等式条件约束时，可采用拉格朗日乘子法求极值，即引入拉格朗日乘子 λ，将目标函数与等式约束联系起来，把约束问题转变为等价的无约束极值问题求解；当目标函数受不等式条件约束时，可采用 H. W. Kuhn 和 A. W. Tucker 提出的不等式约束条件下的非线性优化问题求解方法。

采用数值法求解非线性规划模型时，根据计算方法的不同，可有多种类型。对于单变量函数，常采用黄金分割法，逐渐逼近最优解；对于多变量函数，则可用爬山法和以梯度法为基础的数值法（如最速下降法、牛顿法、共轭梯度法等）。当有约束条件时，常采用罚函数法，把有约束问题转化为无约束问题，再求解。

3. 动态规划模型

动态规划模型的基本思路是把一个复杂的系统分析问题分解，形成一个多阶段的决策过程，并按一定顺序或时序，从第一阶段开始，逐次求出每段的最优决策，最终求得整个系统（全阶段）的最优决策。动态规划模型在水资源系统中的应用比较广泛，如水库优化调度的多阶段决策过程、水资源工程最优投入次序、施工组织安排、最佳输水线路选择等。

动态规划没有标准的数学形式，也没有通用的计算机程序，只能针对具体的问题写出相应的数学模型，编制相应的计算机程序。

为了便于介绍，先对动态规划中常采用的一些术语进行定义：

（1）阶段及阶段变量：把所给问题的过程，恰当地分成若干相互联系的序列单元，称为阶段。这样，便于按一定的次序去求解。阶段的划分，一般是根据时间和空间的自然特征来划分，但要便于能把问题的过程转化成为多阶段决策的过程。描述阶段的变量称为阶段变量，常用 k 表示。

（2）多阶段决策过程：在由若干阶段组成的整个过程中，如果每一阶段都有相应的决策，则该过程称为多阶段决策过程。

（3）状态：表示每个阶段开始所处的自然状况或客观条件，它描述了研究问题过程的状况。

（4）无后效性：当给定某一阶段状态后，过程的未来演变不再受此阶段以前各阶段状态的影响，这种性质就称为无后效性。

（5）状态变量：是指描述过程状态的变量，常用 s_k 表示。

（6）决策、决策变量及允许决策集合：当过程处于某一阶段的某一状态时，可以作出不同的决定（或选择），从而确定下一阶段的状态，这种决定称为决策。描述决策的变量称为决策变量。它可用一个数、一组数或一向量来描述。常用 $u_k(s_k)$ 表示第 k 阶段当状态处于 s_k 时的决策变量，它是状态变量的函数。在实际问题中，决策变量的取值往往限制在某一范围之内，此范围称为允许决策集合。常用 $D_k(s_k)$ 表示第 k 阶段从状态 s_k 出发的允许决策集合，显然有 $u_k(s_k) \in D_k(s_k)$ 。

（7）策略与最优策略：是一个按顺序排列的决策组成的集合。由过程的第 k 阶段开始到终止状态为止的过程，称为问题的后部子过程（或 k 子过程）。由每段的决策按顺序排列组成的决策函数序列 $[u_k(s_k),\cdots,u_n(s_n)]$ 称为 k 子过程策略，简称子策略，记为 $p_{k,n}(s_k)$ 。即

$$p_{k,n}(s_k) = [u_k(s_k), u_{k+1}(s_{k+1}), \cdots, u_n(s_n)] \tag{9-16}$$

当 $k=1$ 时，此决策函数序列称为全过程的一个策略，简称策略，记为 $p_{1,n}(s_1)$ 。即

$$p_{1,n}(s_1) = [u_1(s_1), u_2(s_2), \cdots, u_n(s_n)] \tag{9-17}$$

把可供选择的策略的范围称为允许策略集合，用 P 表示。从允许策略集合中找出达到最优效果的策略称为最优策略。

（8）状态转移方程：是描述过程从一个状态到另一个状态的演变过程。给定第 k 阶段状态变量 s_k 的值，如果该阶段的决策变量 u_k 一经确定，第 $k+1$ 阶段的状态变量 s_{k+1} 的值就完

全确定。即 s_{k+1} 的值随 s_k 和 u_k 的值变化而变化，这种对应关系记为 $s_{k+1}=T_k(s_k,u_k)$。它描述了由 k 阶段到 $k+1$ 阶段的状态转移规律，称为状态转移方程。

(9) 指标函数和最优值函数：用来衡量所实现过程优劣的一种数量指标，称为指标函数。它是定义在全过程和所有后部子过程上确定的数量函数，常用 $V_{k,n}$ 表示。即

$$V_{k,n}=V_{k,n}(s_k,u_k,s_{k+1},\cdots,s_{n+1})\quad (k=1,2,\cdots,n) \tag{9-18}$$

指标函数的最优值称为最优值函数，记为 $f_k(s_k)$。它表示从第 k 阶段的状态 s_k 开始到第 n 阶段的终止状态的过程，采用的最优决策所得到的指标函数值。即

$$f_k(s_k)=\underset{\{u_k,\cdots,u_n\}}{opt}V_{k,n}(s_k,u_k,s_{k+1},\cdots,s_{n+1}) \tag{9-19}$$

动态规划模型基本方程，可写成第 k 阶段与 $k+1$ 阶段的递推关系式形式：

$$f_k(s_k)=\underset{u_k\in D_k(s_k)}{opt}\{v_k[s_k,u_k(s_k)]+f_{k+1}[u_k(s_k)]\}\quad (k=n,n-1,\cdots,1) \tag{9-20}$$

边界条件为

$$f_{n+1}(s_{n+1})=0$$

式中：v_k 为第 k 阶段的阶段指标。

在求整个动态规划问题的最优解时，由于初始状态是已知的，且每段的决策都是该段的状态函数，故最优策略所经过的各段状态便可通过逐次变换得到，从而确定了最优路线。关于动态规划模型的求解方法，可以采用逆向的和顺向的递推方法。上面给出的动态规划模型基本方程式是逆向递推方法的基本形式，其求解过程，是根据边界条件，从 $k=n$ 开始，由后向前逆推，从而逐步可求得各段的最优决策和相应的最优值，最后求出 $f_1(s_1)$ 时，就得到整个问题的最优解。

顺向递推方法求解动态规划模型的基本方程式，如下：

$$f_k(s_{k+1})=\underset{u_k\in D_k(s_{k+1})}{opt}\{v_k[s_{k+1},u_k(s_k)]+f_{k-1}[u_k(s_k)]\}\quad (k=1,2,\cdots,n) \tag{9-21}$$

边界条件为

$$f_0(s_1)=0$$

其求解过程，是根据边界条件，从 $k=1$ 开始，由前向后顺推，从而逐步可求得各段的最优决策和相应的最优值，最后求出 $f_n(s_{n+1})$ 时，就得到整个问题的最优解。

二、模拟技术

计算机模拟技术，是仿造真实物理系统的情况下，利用计算机模型（或模拟程序），模仿实际系统的各种活动，为制定正确决策提供依据的技术。

应用计算机模拟技术解决实际问题的主要内容与步骤有三个：

(1) 建立系统的计算机模型（或模拟程序）。

(2) 运用模型进行计算（或实验）。

(3) 分析模拟计算结果，并作出决策。

必须解决的几个关键问题：

(1) 建立可靠的模拟模型。计算机模拟能否反映客观实际、能否得到有价值的输出结果与建立的模拟模型好坏关系密切。只有建立可靠的模拟模型，才有可能保证输出结果可信。

(2) 确定输入，也就是如何划分拟选方案。在多数情况下，可以针对具体情况，人为

确定模拟计算所要的输入，也可以使用优选技术（如网格法、对开法、旋升法、最陡梯度法、切块法等），逐步优选方案，作为输入。

（3）输出结果择优标准的确定。对于众多模拟方案的输出结果，到底选择哪一个方案，要有明确的判定标准。比如，在进行可持续水资源管理模拟实验研究时，可以选择“满足所有约束条件下的目标函数值最大”作为判定标准。

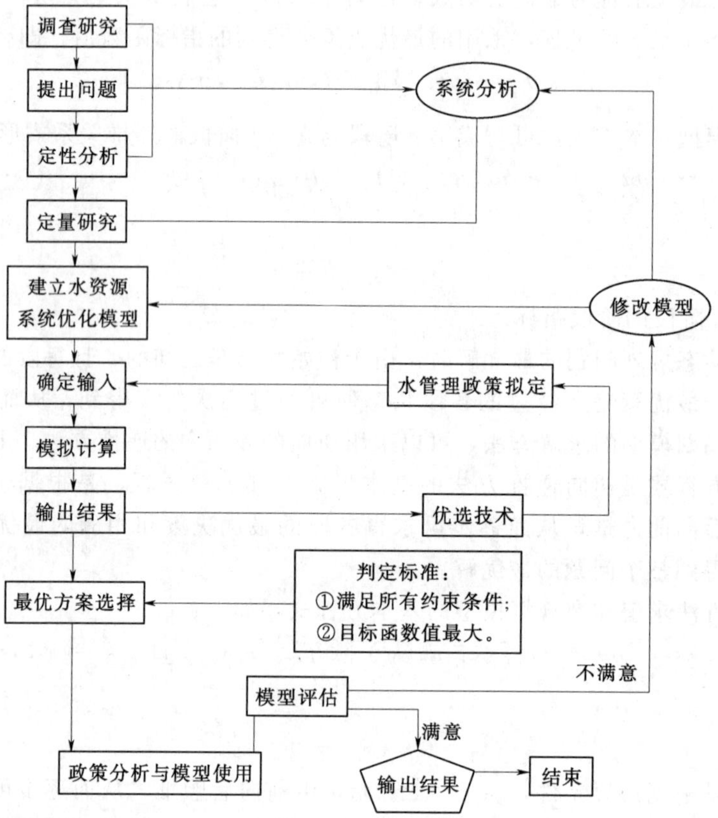

图 9－3　水管理政策计算机模拟与优选步骤

计算机模拟技术是在水资源系统分析中，特别是在水资源管理研究中应用最广的一种计算方法。它是通过计算机仿造系统的真实情况，针对不同系统方案多次计算（或实验），对照优化模型，可以回答“如果……，则……”。比如，针对可持续水资源管理优化模型，就是“如果……，则系统是（或不是）满足可持续水资源管理准则，目标函数值为……”。因此，这种方法向人们提供一个“政策分析”的工具，决策人员可以试验各种虚拟假设的水管理政策，将计算机模拟结果作为决策的重要参考依据。

根据计算机模拟技术在水资源系统分析中的应用过程，总结出采用计算机模拟技术来进行水管理政策模拟与优选的方法步骤（主要过程可见图 9－3）：

第一步：首先进行调查研究，提出问题，分析问题，对水资源系统进行系统分析。这是建立水资源系统优化模型之前的前期研究工作。

第二步：研究量化方法，建立定量优化模型。这是进行模拟实验的重要前提。

第三步：拟定水管理政策，确定输入，即选定模拟的方案。可以根据具体的情况，人为划分模拟方案；也可以使用优化技术逐步优选方案。

第四步：模拟计算，输出结果。以“目标函数值最大”为目标，选择最优方案。

第五步：通过政策分析与模型使用效果分析，评估模型，并进一步剖析系统，得到更多信息，反过来再修改模型，直至得到满意的分析结果。

第六节　水资源优化配置模型

一、水资源优化配置的概念

1. 水资源优化配置的概念与内涵

水资源优化配置涉及资源、环境、经济和社会等各个方面，适宜动态、多变、非平衡、开放耗散的“非结构化”或“半结构化”系统[1]。水资源优化配置是指依据可持续发展的需要，通过工程与非工程措施，调节水资源的天然时空分布；开源与节流并重，开放利用与保护治理并重，兼顾当前利益和长远利益，利用系统方法、决策理论和计算机技术，统一地调配当地地表水、地下水、处理后可回用的污水（回用水）、从区域外调入的水（外调水）及微咸水；注重兴利与除弊的结合，协调好各地区及各用水部门间的利益矛盾，尽可能地提高区域整体的用水效率，促进水资源的可持续利用和区域的可持续发展[2]。

从宏观上讲，水资源优化配置就是要对洪涝灾害、干旱缺水与水环境恶化等问题进行统筹规划、综合治理。要除害兴利集合，防洪抗旱并举，开源节流并重，妥善处理上下游、左右岸、干支流、城市与乡村、流域与区域、开发与保护、建设与管理、近期与远期等各方面的关系。水资源优化配置的目的是缓解水资源短缺与水功能矛盾的用水局面，提高水的区域、部门与行业的优化分配效率，以及提高水的部门和内部水资源使用效率，从而实现有限水资源的合理利用。

水资源优化配置的基本功能主要从水的需求和供给两个方面来体现[3]：在需求方面通过调整产业结构，建设节水型社会并调整生产力布局以适应较为不利的水资源条件；在供给方面则协调各项竞争性用水，并通过工程措施改变水资源的天然时空分布来适应生产力布局。二者相辅相成，以促进区域可持续发展。

2. 水资源优化配置的研究内容

水资源优化配置是针对水资源短缺和用水竞争而提出的，其研究内容主要包括以下几个方面[4-5]：

（1）用水需求。研究现状条件下区域各用水部门的用水结构、用水效率、节水措施，结合未来经济社会发展预测，分析未来不同经济社会发展模式下的用水需求。

（2）供需平衡分析。进行不同的水工程开发模式和经济发展模式下的水资源供需平衡分析，确定水工程的供水范围和可供水量，以及各用水单位的供水量、供水保证率、供水水源构成、缺水量、缺水过程和缺水破坏深度分布等。

（3）经济社会发展。分析经济社会发展结构和速度，探索科学可行的经济社会发展模式与方向，需求适宜的工农业生产发展布局。

（4）水资源开发利用方式、水利工程布局。现状水资源开发利用评价，供水结构分析、水资源可利用量分析、水资源开发利用方式对区域经济、社会、环境等方面的影响、各规划工程的合理规模与建设次序等。

（5）水环境污染。现状水环境质量评价，各用水部门各类污染物的排放率及排放总量，预测河流水体中各主要污染物的浓度，制定合理的水环境保护和治理标准。

（6）生态环境问题。生态环境质量评价，生态保护准则研究，生态环境保护与水资源开发利用的关系。

（7）供水效益。分析各种水源开发利用所需的投资及运行费用，对水工程进行国民经济评价和财务评价，分析水价对经济社会发展的影响和对用水需求的抑制作用。

（8）水资源管理。研究与水资源优化配置相适应的水资源科学管理体系，制定有效的政策法规，确定合理的实施办法。

二、水资源优化配置建模与求解

（一）水资源优化配置模型建立

水资源优化配置就是运用系统工程理论，将区域（或流域）水资源在各子区、各用水部门间进行最优化分配。通常要建立一个有目标函数、约束条件的优化模型来实现。其一般形式如下：

$$Z = \max[F(X)] \tag{9-22}$$
$$G(X) \leqslant 0$$
$$X \geqslant 0$$

式中：X 为决策向量；$F(X)$ 为综合效益函数；$G(X)$ 为约束条件集。

水资源优化配置模型建立的具体步骤如下。

1. 子区域划分及水源、用户组成

首先，需要划分子区、确定水源途径、用水部门。设研究区划分 K 个子区，$k=1$，2，…，K；k 子区有 $I(k)$ 个独立水源、$J(k)$ 个用水部门。研究区内有 M 个公共水源，$c=1$，2，…，M。公共水源 c 分配到 k 子区水量用 D_c^k 表示。其水量和其他独立水源一样，需要在各用水户之间进行分配。因此，对于 k 子区而言，是 $I(k)+M$ 个水源、$J(k)$ 个用水户的水资源优化配置问题。

2. 模型目标函数

由于水资源优化配置至少要考虑社会效益、经济效益、环境效益，因此，可以把目标函数分成三个目标，再集成总的综合效益。这就是多目标优化模型。

目标 1：社会效益。由于社会效益不易度量，可以用区域总缺水量最小来间接反映。因为区域缺水量大小或缺水程度直接影响到社会发展和安定，是社会效益的一个侧面反映，即

$$\max f_1(X) = -\min\left\{\sum_{k=1}^{K}\sum_{j=1}^{J(k)}\left[D_j^k - \left(\sum_{i=1}^{I(k)} x_{ij}^k + \sum_{c=1}^{M} x_{cj}^k\right)\right]\right\} \tag{9-23}$$

式中：D_j^k 为 k 子区 j 用户需水量，$\times 10^4\,\text{m}^3$；x_{ij}^k、x_{cj}^k 分别为独立水源 i、公共水源 c 向 k 子区 j 用户的供水量，$\times 10^4\,\text{m}^3$。

目标 2：经济效益。可以用供水带来的直接经济效益来表示。即

$$\max f_2(X)=\max\left\{\sum_{k=1}^{K}\sum_{j=1}^{J(k)}\left[\sum_{i=1}^{I(k)}(b_{ij}^k-c_{ij}^k)x_{ij}^k a_{ij}^k+\sum_{c=1}^{M}(b_{cj}^k-c_{cj}^k)x_{cj}^k a_{cj}^k\right]\right\} \tag{9-24}$$

式中：b_{ij}^k、b_{cj}^k 分别为独立水源 i、公共水源 c 向 k 子区 j 用户的单位供水量效益系数，元/m^3；c_{ij}^k、c_{cj}^k 分别为独立水源 i、公共水源 c 向 k 子区 j 用户的单位供水量费用系数，元/m^3；a_{ij}^k、a_{cj}^k 分别为独立水源 i、公共水源 c 向 k 子区 j 用户供水效益修正系数，与供水次序、用户类型及子区影响程度有关。

目标 3：环境效益。与水资源利用直接有关的环境问题，可以用废污水排放量最小来衡量。一般可以选择重要污染物的最小排放量来表示。即

$$\max f_3(X)=-\min\left\{\sum_{k=1}^{K}\sum_{j=1}^{J(k)}0.01d_j^k p_j^k\left(\sum_{i=1}^{I(k)}x_{ij}^k+\sum_{c=1}^{M}x_{cj}^k\right)\right\} \tag{9-25}$$

式中：d_j^k 为 k 子区 j 用户单位废污水排放量中重要污染物的含量，一般用化学需氧量 COD、生化需氧量 BOD 等水质指标来表示，mg/L；p_j^k 为 k 子区 j 用户污水排放系数。

3. 模型约束条件

一方面，可以从水资源配置的各个环节分别进行分析；另一方面，可以从社会、经济、水资源、生态环境协调方面进行分析。

(1) 供水系统的供水能力约束：

公共水源
$$\begin{cases}\sum_{j=1}^{J(k)}x_{cj}^k\leqslant W(c,k)\\ \sum_{k=1}^{K}W(c,k)\leqslant W_c\end{cases} \tag{9-26}$$

独立水源
$$\sum_{j=1}^{J(k)}x_{ij}^k\leqslant W_i^k \tag{9-27}$$

式中：W_c、W_i^k 分别为公共水源 c 和 k 子区独立水源 i 的可供水量上限；$W(c,k)$ 为公共水源 c 分配给 k 子区的水量；其他符号意义同前。

(2) 输水系统的输水能力约束：

公共水源 $$x_{cj}^k\leqslant Q_c \tag{9-28}$$

独立水源 $$x_{ij}^k\leqslant Q_i^k \tag{9-29}$$

式中：Q_c、Q_i^k 分别为公共水源 c、k 子区 i 水源的最大输水能力。

(3) 用水系统的供需变化约束：

$$L(k,j)\leqslant\sum_{i=1}^{I(k)}x_{ij}^k+\sum_{c=1}^{M}x_{cj}^k\leqslant H(k,j) \tag{9-30}$$

式中：$L(k,j)$、$H(k,j)$ 分别表示 k 子区 j 用户需水量变化的下限和上限。

(4) 排水系统的水质约束：

达标排放

$$c_{kj}^r\leqslant c_o^r \tag{9-31}$$

总量控制

$$\sum_{k=1}^{K}\sum_{j=1}^{J(k)}0.01d_j^k p_j^k\left(\sum_{i=1}^{I(k)}x_{ij}^k+\sum_{c=1}^{M}x_{cj}^k\right)\leqslant W_0 \tag{9-32}$$

式中：c_{kj}^r 为 k 子区 j 用户排放污染物 r 浓度；c_0^r 为污染物 r 达标排放规定的浓度；W_0 允许的污染物排放总量；其他符号意义同前。

（5）经济社会系统结构关系约束：如果要定量研究未来变化了的社会，就需要建立经济社会系统模型，也需要把该模型作为一个约束条件，嵌入到优化模型中。把经济社会系统模型统称为 SubMod（SESD）模型，即有约束条件：

$$\text{SubMod (SESD)} \tag{9-33}$$

（6）生态环境系统结构关系约束：由于水资源与经济社会系统相互作用的结果是通过生态环境系统反映出来，因此生态环境质量的优劣将是制约经济社会发展的重要因素之一。把生态环境系统模型统称为 SubMod（Q，C，E），该模型也可作为生态环境方面的一个约束条件，即：

$$\text{SubMod (Q, C, E)} \tag{9-34}$$

（7）非负约束：

$$x_{ij}^k、x_{cj}^k\geqslant 0 \tag{9-35}$$

（8）其他约束条件：针对具体情况，可能还需要增加一些其他约束条件。例如，投资约束、风险约束、湖泊最低水位约束、地下水位最低约束等。

（二）水资源优化配置模型求解

由上述目标函数和约束条件组合在一起就构成了水资源优化配置模型。该模型是一个十分复杂的多目标、多水源、多用户的优化模型。求解该模型可以采用大系统理论方法，也可以采用遗传算法，以及计算机模拟技术等，关于模型求解方法的部分内容已在前面介绍过。

如果构建的水资源优化配置模型结构相对简单，且目标函数属性也相对固定，也可采用一些简单的数学方法将多目标问题单目标化，如权重法和约束法。

权重法是将各目标函数赋予权重，然后对各权重函数进行求和达到极值，不断改变权重的摄动权重法；数值解法的程序，一般是将权重从 0 到 1 离散，然后对权重组合，在分别优化各目标函数值。

约束法是选择一个目标作为基本目标，其余的目标转换为不等式约束；或对各个目标依次选择为基本目标，并相应地不断变动约束值的摄动约束法。

实际上，水资源优化配置就是针对水资源系统，利用优化技术方法，依据一定的目标（单一目标或多目标），在水资源系统的综合约束条件下，使水资源配置达到目标最优的过程。可见，水资源优化配置的发展是与优化技术相联系的，也就是说，水资源优化配置仅仅是优化技术在水资源配置中的一种应用。当然，这种应用具有重要的现实意义，对水资源合理利用有重要的指导作用。特别是在目前情况下，人类面临着前所未有的水资源问题、环境问题以及经济社会发展问题，要实现经济社会发展、水资源利用、生态环境保护的协调发展和综合目标最大，显然需要优化技术来参与。即应用优化技术来协调水资源系统各要素之间的关系，实现社会效益、经济效益、生态环境效益的综合目标最大，保证经济社会可持续发展。

三、两类典型的水资源优化配置模型

（一）基于可持续发展量化方法建立的水资源优化配置模型

基于可持续发展量化研究方法建立的水资源优化配置模型，实际上与上述优化模型相似，区别仅仅是用到可持续发展量化方法来建立模型。这里，只是为了给读者展示一下该模型，仅简要介绍基于“发展综合指标测度（DD）”的水资源优化配置模型，详细内容见参考文献［6］～［8］。本小节内容在教学中不作要求，只作一般性了解。

1. 可持续发展量化

关于可持续发展量化方法的论述已有很多文献，如文献［6］～［9］。下文只简要介绍基于“发展综合指标测度（DD）”的量化方法。

该方法的基本思路是：把可持续发展划分为三个准则：可承载、有效益、可持续。用模糊数学中隶属度来定量描述可承载准则、有效益准则、可持续准则，应用多准则集成方法来定量判定可持续发展综合水平。

（1）可承载程度的定量描述。因为可承载在实际度量界定上存在模糊性，所以可以用模糊数学中隶属度进行描述。假如反映可承载能力的因子有多个，对于 T 时刻某单个指标 $Y_i(T)$ 描述的可承载隶属度为 $\mu_{LI}[Y_i(T)]$，则由多个指标集成反映的整个系统的可承载隶属度描述如下：

$$LI(T)=\prod_{i=1}^{n_1}\mu_{LI}{}^{a_i}[Y_i(T)] \tag{9-36}$$

式中：$LI(T)$ 为系统在 T 时段可承载隶属度；n_1 为指标个数；a_i 为第 i 个指标的指数权重，可根据因子的重要程度给 a_i 赋值。

（2）有效益的定量描述。取经济学指标（如，国民生产总值、工农业总产值、人均国民生产总值等）SP，设初始年 SP 值为基准值 SP_0，为了使数据无量纲化，可以将指标进行初始化，即令 $x=SP(T)/SP_0$。用下面的隶属函数（也可据具体情况另选）来量化表示经济增长指标：

$$EG(T)=\mu=\frac{x-a}{x+a} \tag{9-37}$$

式中：a 为待定系数，这一隶属函数仅仅是一种描述公式。

（3）可持续发展综合水平表达。可持续发展不仅要求经济增长，而且讲究发展质量。因此，应该把它们综合起来表征系统发展的状态。前面介绍的可承载隶属度 $LI(T)$ 是对人类生存质量的一种定量描述，$EG(T)$ 是对经济增长的一种定量描述。可以通过下式来表征系统的综合发展状态，即得到发展综合指标测度 $DD(T)$：

$$DD(T)=EG(T)^{\beta_1}\cdot LI(T)^{\beta_2} \tag{9-38}$$

式中：β_1、β_2 分别为经济增长 $EG(T)$、可承载 $LI(T)$ 的指数权重，可根据其重要程度赋值。

$DD(T)$ 是系统在 T 时段的发展综合指标测度，$DD(T)\in[0,1]$。对于同一系统、同一时段，$DD(T)$ 值越大，发展程度越高，效益越大。可持续发展要求的是在可预测的全时段（设共 N 个时段）内总效益最大。为了消除时段个数不同带来的差异（且具有可比性），常采用效益的平均值来衡量，令 $BTI=\sum\limits_{T=1}^{N}DD(T)/N$，称 BTI 为目标函数值。

(4) 可持续的定量描述。可持续准则要求，发展是持续提高的。因此，对于发展综合指标测度 $DD(T)$，可持续性可定义为：$DD(T) \geqslant DD(T-1)$。令 $x = DD(T)/DD(T-1)$（如果 $T=1$，约定 $x=1$）。按照可持续定义，给出 T 时段相对 $T-1$ 时段发展持续提高的隶属函数（也可据具体情况另选），如下式：

$$\mu_{SU}[DD(T)] = \begin{cases} 1 & x \geqslant 1 \\ x & x < 1 \end{cases} \tag{9-39}$$

$\mu_{SU}[DD(T)]$ 作为整个系统在 T 时段相对 $T-1$ 时段发展是否持续提高的一种度量，但它还不能判别全时段发展是否是良性的、是否满足可持续发展定义的要求。为此，还要对发展态势进行判别。定义全时段发展相对可持续性的隶属度（简称态势隶属度）为

$$SDDT = \left[\prod_{T=1}^{N} \mu_{SU}[DD(T)]\right]^{\frac{N_0}{N}} \tag{9-40}$$

式中：N 为整个时段个数（如 N 年）；N_0 为选定的常数（如 5，10，…，N）。

2. 目标函数

可持续发展要求发展给人类带来尽可能大的综合效益，可以用目标函数值 BTI 达最大来衡量。即在某一特定时段 T，在满足一定条件下，使其总效益达到最大（即目标函数值 BTI 最大）。

$$\max(BTI) = \max\left[\sum_{T=1}^{N} DD(T)/N\right] \tag{9-41}$$

式中：$DD(T)$ 为时段 T 的发展指标综合测度。

3. 约束条件

除具有"基于系统理论建立的模型"中列出的所有约束条件外，依据可持续发展的准则，还可以写出以下约束条件：

(1) 可承载。欲保证整个系统可持续发展，必然要求系统可承载程度在某时段后达到某一最低水平（设为 LI_0），即

$$LI(T) \geqslant LI_0, T \geqslant T_0 \tag{9-42}$$

式中：$LI(T)$ 表示系统在 T 时段可承载隶属度；T_0 表示该时段后要求不等式成立。

(2) 可持续。欲保证整个系统的可持续发展，必然要求系统发展是"可持续"的，即要求态势隶属度超过某一最低水平（设 $SDDT_0$），即

$$SDDT \geqslant SDDT_0 \tag{9-43}$$

式中：$SDDT$ 为发展相对可持续性隶属度。

（二）基于人水和谐量化方法建立的水资源优化配置模型

同样的思路，还有其他方法建立的水资源优化配置模型。这里，仅简要介绍基于人水和谐量化方法的水资源优化配置模型，详细内容可参考文献 [10]。本小节内容在教学中不作要求，只作一般性了解。

1. 目标函数

假如研究区有 K 个子区。以人水和谐为目标，要求"人水和谐度" $HWHD$ 值达最大。即，在某一特定时段，在满足一定条件下，使其总人水和谐度达到最大（即目标函

数值 $HWHD$ 最大)。如下目标函数：

$$\max(HWHD) = \max\left[\sum_{k=1}^{K}\alpha_k \cdot HWHD_k(T)\right] \tag{9-44}$$

式中：α_k 为第 k 子区的权重，$\alpha_1+\alpha_2+\cdots+\alpha_K=1$；$HWHD_k(T)$ 为某一子区 k 在 T 时段的人水和谐度。详细计算方法和说明可参看参考文献 [10]。

2. 约束条件

除具有“基于系统理论建立的模型”中列出的所有约束条件外，依据人水和谐的准则，还可以写出以下约束条件：

(1) 健康准则约束。要求水资源系统特别是河流系统，生态功能没有受到损坏，具有较强的自我修复和更新能力，以及一定的抗干扰能力。在定量上，要求健康度达到某一最低水平（设为 HED_0）。即

$$HED(T) \geqslant HED_0 \tag{9-45}$$

式中，$HED(T)$ 表示系统在 T 时段健康度。

(2) 发展准则约束。要求高效利用享有的资源，支撑社会发展的规模、经济发展的程度。在定量上，要求发展度达到某一最低水平（设为 DED_0）。即

$$DED(T) \geqslant DED_0 \tag{9-46}$$

式中，$DED(T)$ 表示系统在 T 时段发展度。

(3) 协调准则约束。要求水系统必须为人类及经济社会的发展提供必要支撑和安全保障，人类在发展中不断为河流的健康提供保障，并不断采取主动改善的措施。在定量上，要求协调度达到某一最低水平（设为 HAD_0）。即

$$HAD(T) \geqslant HAD_0 \tag{9-47}$$

式中，$HAD(T)$ 表示系统在 T 时段发展度。

第七节　水资源系统分析方法的应用

本节应用实例采用我国学者华士乾所编著的《水资源系统分析指南》[11]一书中对北京官厅水库优化调度的例子进行说明。

官厅水库是北京市永定河引水供水系统的主要水源，主要供给北京市西郊和部分城区的生活及工农业供水，以及下游的防洪任务。水库正常蓄水位 Z_{NC} 为 479m，正常蓄水库容 V_{NC} 为 9.08 亿 m^3，防洪限制水位 Z_{FC} 为 476m，防洪限制库容 V_{FC} 为 3.36 亿 m^3，死水位 Z_{DC} 为 471.47m。自投入运行以来，水库只能起到年调节的作用，因此如何通过合理的调度，以丰补枯，提高水库的供水量以及生活、工业用水的保证率等是官厅水库优化调度主要解决的任务。

1. 数学模型的建立

水库优化调度采用随机动态优化模型，入库径流过程按独立随机序列描述。

2. 目标函数

采用两种目标函数进行描述。一是满足一定保证率约束使供水量最大；二是供水的净效益最大。

（1）满足一定保证率约束使供水量最大：

$$f(S_t,U_t)=\begin{cases} U_t & (W_X)_{min}>U_t\geqslant(W_X)_{min} \\ U_t+C_A[U_t-(W_X)_{min}] & (W_X)_{min}>U_t\geqslant(WD)_{min} \\ U_t+C_I[U_t-(WD)_{min}]-C_A[(W_X)_{min}-(WD)_{min}] & (WD)_{min}>U_t \\ (W_X)_{max}+C_E[U_t-(W_X)_{max}] & (WD)_{max}\geqslant U_t>(W_X)_{max} \end{cases}$$

式中：S_t 为时段初库水位或相应库容；U_t 为水库在 t 时段的供水量；C_A 为农业供水遭到破坏时的罚函数；C_I 为生活和工业供水遭到破坏时的罚函数；C_E 为发电专用水量的折算函数，取值为 0.3；$(W_X)_{max}$、$(W_X)_{min}$ 分别为工农业和生活需水量的最大值和最小值；$(WD)_{min}$ 为生活和工业需水量之和，即水库供水下限；$(WD)_{max}$ 为过水能力为 $100m^3/s$ 时，相应时段的泄水量，也是水库供水上限。

（2）按照供水净效益最大为目标函数：

$$f(S_t,U_t)=(nb)_R U_{Rt}+(nb)_I U_{It}+(nb)_A U_{At}+(nb)_E U_{Et}$$

式中，U_{Rt}、U_{It}、U_{At}、U_{Et} 分别是第 t 时段供给生活、工业、农业、发电专用的水量。

3. 约束条件

库水位约束：$V_{DC}\leqslant S_t\leqslant S_{max,t}$，$S_{max,t}$ 在不同时段分别为 V_{NC} 或 V_{FC}。

供水约束：水库各时段的供水量不小于该时段的生活和工业需水量，不大于生活、工、农业及发电专用的最大需水量。

$$(WD)_{max}\geqslant U_t\geqslant(WD)_{min x}$$

渠道输水能力约束：　$(W_X)_{max}\leqslant 45m^3/s$

4. 状态变量和决策变量

（1）状态变量：S_t 为时段初的库水位或相应库容，将蓄水库容离散化，从死水位算起，每隔 0.5m 取一个，共选取 16 个状态。

（2）决策变量：d_t 为 t 时段的水库供水量（即 U_t），允许决策域为

$$[(WD)_{min,t}\leqslant U_t\leqslant(W_X)_{max,t}]$$

5. 状态转移方程

水库蓄水状态转移方程即水量平衡方程 $S_{t+1}=S_t+W_{It}-U_t-Y_t-L_t$，式中，$W_{It}$ 为 t 时段的入库水量，Y_t 为 t 时段水库弃水量，L_t 为 t 时段水库损失水量。

6. 动态规划递推方程

按照下列递推方程推求水库最优放水策略：

$$F_t(S_t,U_t)=\max[f_t(S_t,U_t)+F_{t+1}(S_{t+1})]$$

7. 数学模型的求解

（1）数据输入。入库径流，包括各时段的不同径流代表值及相应的概率；各种约束，包括各时段蓄水库容的上下限等。

（2）递推计算。采用逆时序递推计算，即从 N 时段开始递推到第一个时段，开始取库水位—蓄水量关系曲线作为初始递推线。递推计算收敛后，即可得出各时段的最优调度线，其总体即为最优调度策略。以净效益为目标的优化调度图略。

8. 模型检验

由于罚函数是任意假定的，因此需要进行检验，以验证得到的调度策略是否合理。检

验的方法就是进行模拟计算，即以实测入库水量系列或人工生成系列，按优化调度图进行时历操作计算，可以得到历年逐时段水库对各用户的供水量，统计供水量不足的时段，就可得到各用户的供水保证率。

思　考　题

1. 简述水资源系统分析方法对水资源规划与管理的作用和意义。

2. 说明水资源系统分析模型的建立步骤，并讨论为什么要进行系统识别和参数估计?

3. 比较优化技术与模拟技术的联系和区别。

4. 查阅一篇应用优化模型解决实际问题的文章，熟悉优化模型建立过程和计算方法。在有条件的情况下，编制该优化模型的计算程序。

5. 简述水资源优化配置模型的建模机理，并分析它在水资源规划中的作用。

参　考　文　献

[1] 阮本清，梁瑞驹，王浩，等．流域水资源管理．北京：科学出版社，2001.

[2] 许新宜，王浩，甘泓．华北地区宏观经济水资源规划理论与方法．郑州：黄河水利出版社，1997.

[3] 张鑫，蔡焕杰．区域生态环境需水量与水资源合理配置．杨凌：西北农林科技大学出版社，2008.

[4] 陈鸿起，谢建仓，汪妮．水安全保障系统的研究与实践．南宁：广西人民出版社，2007.

[5] 谢小康．水资源问题与区域研究．北京：地质出版社，2007.

[6] 左其亭，窦明，吴泽宁．水资源规划与管理．北京：中国水利水电出版社，2005.

[7] 左其亭，陈曦．面向可持续发展的水资源规划与管理，北京：中国水利水电出版社，2003.

[8] 左其亭，窦明，马军霞，水资源学教程．北京：中国水利水电出版社，2008.

[9] 左其亭，周可法，夏军，等．干旱区流域可持续水资源管理量化研究方法及应用．中国科学：D辑，2006，36（A02）：9－14.

[10] 左其亭，张云　人水和谐量化研究方法及应用．北京：中国水利水电出版社，2009.

[11] 华士乾．水资源系统分析指南．北京：水利电力出版社，1988.

第十章　水资源规划

水资源规划是水利规划的重要内容之一，不仅对水资源的开发利用起到重要指导作用，同时也反映出决策者的治水、管水思想。随着近几十年我国治水思想的转变，水资源规划的指导思想也发生了很大变化，特别是可持续发展、人水和谐的指导思想已引起广泛关注并被接纳，最近几年又提出最严格水资源管理制度、水生态文明理念，使水资源规划工作更加丰富和先进。本章在总结前面几章相关基础内容后，将介绍水资源规划的具体工作流程，阐述水资源规划理论方法和规划方案，介绍水资源规划报告书编写和应用实例。

第一节　水资源规划工作流程

一、一般工作流程

水资源规划的主要内容和工作流程，会因研究区域的不同、水资源功能侧重点的不同、所属行业的不同以及规划目标的高低不同有所差异[1]，但基本程序类似，概括如图10-1所示。

图10-1是水资源规划工作的一般流程，可能会随着规划工作对象、重点和深度不同而有所变化。总体来讲，首先要根据规划工作的对象和任务，确定规划的总体目标、指导思想和基本原则；在现场调查、专家咨询、资料收集、整理和分析的基础上，制定规划的主要依据、基本任务，确定规划范围、规划水平年；并进行区划工作，划分规划分区，按照分区进行计算和规划；接着，在收集资料和调查分析的基础上，对水资源及其开发利用情况进行调查评价；再接着，结合区域经济社会发展情况，预测规划水平年需水量；结合区域水资源状况以及现有供水水源和供水设施，预测规划水平年可供水量；在此基础上，分析计算各水平年供、需水平衡状况，提出合理的供配水方案；最后，依据水资源合理配置与供水方案，制定水资源开发利用的总体布局与实施方案，统筹安排水资源的开发、利用、治理、配置、节约、保护等，并提出水资源利用的非工程保障措施，同时对规划实施方案进行效果评价。

二、主要内容介绍

1. 确定规划的总体目标、指导思想和基本原则

在开展水资源规划工作之前，首先要确立规划的目标和方向，这是下一步制定具体方案或措施的依据。规划目标往往要根据研究区域的具体情况和发展需要来制定，如对于西北干旱地区，水资源规划的目标多是进行生态环境修复和建设；在西南湿润地区，水资源规划的目标多是进行水能的开发和利用；而在华北平原广大地区则多是进行水污染治理和水资源保护。总体目标是，通过水资源规划，提出水资源合理开发、高效利用、优化配

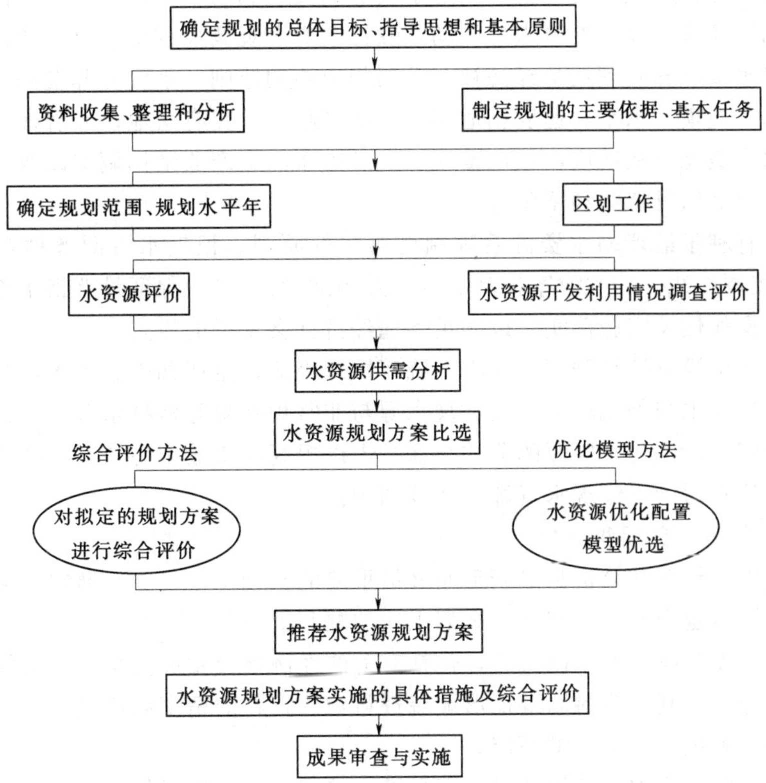

图 10-1 水资源规划工作流程图

置、全面节约、有效保护、综合治理、调蓄涵养、科学管理的布局和方案，促进和保障经济社会可持续发展，实现水资源可持续利用、人与自然和谐相处。

指导思想是水资源规划的“灵魂”。有什么样的指导思想就会做出什么样的规划方案。本书前面提到的指导思想有可持续发展思想、人水和谐思想、最严格水资源管理制度、水生态文明理念。

水资源规划是一项十分复杂、科学性强、具有重要影响的工作，必须坚持一些基本原则，来做好规划工作。比如：

(1) 坚持全面规划和统筹兼顾的原则。坚持全面规划、统筹兼顾、标本兼治、综合治理，除害兴利结合、开源节流治污并重、防洪抗旱并举；妥善处理城市与农村、流域与区域、开发与保护、建设与管理、近期与远期等各方面的关系。

(2) 坚持因地制宜、突出重点的原则。根据水资源状况和经济社会条件，确定适合本地实际的水资源开发利用模式；同时，充分考虑需水增长及地方财力状况，界定各类用水的优先次序，确定水资源开发、利用、配置、节约、保护、治理的重点。

(3) 坚持科学治水的原则。广泛采用先进的科学技术，努力提高规划的科技含量和创新能力。运用现代化的技术手段、技术方法和规划思想，科学配置水资源，缓解面临的主要水资源问题。

(4) 坚持按社会主义市场经济规律治水的原则。要适应社会主义市场经济的要求，研究体制、机制、法律法规问题；科学制定水资源开发、利用、配置、节约、保护、治理的有关政策；利用经济手段，调节水事活动，发挥政府宏观调控和市场机制的作用。

（5）坚持水资源开发利用与经济社会发展相协调的原则。水资源开发利用要与经济社会发展的目标、规模、水平和速度相适应，并适当超前，留有余地；经济社会的发展要与当地的水资源承载能力相适应，城市发展、生产力布局、产业结构调整以及生态环境建设都要充分考虑水资源可持续利用条件。

（6）坚持有利于最严格水资源管理制度落实的原则。根据水资源条件及特点，划定“取用水总量控制红线、用水效率控制红线、限制纳污红线”，保证最严格水资源管理制度三条红线的可操作性及实施落实，以满足当地经济社会发展的需要。

（7）坚持水资源可持续利用的原则。统筹协调生活、生产和生态用水，合理配置地表水与地下水、当地水与外流域调水、常规水源与非常规水源等多种水源关系；在重视水资源开发利用的同时，强化水资源的节约与保护，以提高用水效率为核心，把节约用水放在首位，积极防治水污染，实现水资源可持续利用。

2. 资料的收集、整理和分析

资料的收集、整理和分析是最繁琐而又最重要的基础工作之一。通常，掌握的情况越具体、收集的资料越全面，越有利于规划工作的顺利进行。

水资源规划需要收集的基础资料，包括有关的经济社会发展资料、水文气象资料、地质资料、水资源开发利用资料以及地形地貌资料等。资料的精度和详细程度要根据规划工作所采用的方法和规划目标要求而定。

在收集资料的过程中，还要及时对资料进行整理，包括资料的归并、分类、可靠性检验以及资料的合理插补等。这是对所收集资料的初步处理，也是在资料不全面的情况下所采取的一些必要措施。

另外，在资料整理后，还要进行资料分析，这便于查明研究区域内所存在的问题，并与水资源规划目标进行相互比较和对照。

3. 规划的主要依据、基本任务的确定

规划的依据主要包括：

（1）国家、部门以及地方的法律法规等。如，《中华人民共和国水法》、《中华人民共和国防洪法》、《中华人民共和国水土保持法》、《中华人民共和国水污染防治法》。

（2）国家、部门以及地方的规范、导则等。如，《生活饮用水卫生标准》（GB 5749—2006）、《地表水环境质量标准》（GB 3838—2002）、《水资源评价导则》（SL/T 238—1999）、《江河流域规划编制规范》（SL 201—1997）。

（3）国家、部门以及地方的文件、条例等。如，2011年中央一号文件《中共中央国务院关于加快水利改革发展的决定》、《国务院关于实行最严格水资源管理制度的意见》（国发〔2012〕3号）、《国务院办公厅关于印发实行最严格水资源管理制度考核办法的通知》（国办发〔2013〕2号）、《水利部关于加快推进水生态文明建设工作的意见》（水资源[2013]1号）。

（4）相关的技术大纲、指导性技术文件等。如，《全国水资源综合规划技术大纲》。

（5）地方的相关文件、规划等。如，《国民经济发展和社会发展规划》、《水利发展规划》、《土地资源发展规划》、《农业发展规划》等。

规划的基本任务，是指针对规划工作确定的需要完成的主要任务。这在规划方案论证之前需要确定下来，是规划验收的主要依据之一。一般，规划的基本任务包括：水资源及开发利用现状评价、水资源合理配置方案选择、总体布局和实施方案制定等。

4. 确定规划范围、规划水平年

规划范围是指规划对象的空间范围，要根据实际研究对象合理确定。比如，一个区域的水资源规划，其规划范围就是该区域的全部范围；一个流域的水资源规划，其规划范围就是该流域的全部范围；跨流域水资源规划（比如针对跨流域调水的规划），其规划范围可能是涉及的几个流域范围。

规划水平年是指选定的规划目标年份。分为现状水平年、近期水平年、中期水平年、远期水平年。一般，现状水平年选择规划时间之前1～3年的年份，并且该年份的资料比较齐全，便于分析计算，同时尽量靠近规划时间。比如，规划时是2013年，可以选择2012年，如果2012年数据不全，可以选择2011年、2010年。近期水平年、中期水平年、远期水平年尽量选择是5的倍数，便于与五年规划相衔接。一般，近期水平年选择离规划时不超过5年的年份，近期水平年选择离规划时10年左右的年份，远期水平年选择离规划时20年左右的年份。比如，规划时是2013年，可以选择近期水平年2015年、中期水平年2020年、远期水平年2030年。

5. 区划工作

区域划分，又常称为“区划工作”，是水资源规划的前期准备工作，也是十分重要的一项基础工作。由于区域（或流域）水资源规划往往涉及的范围较广，如果笼统地来研究全区的水资源规划问题，常感到无从下手。再者，研究区内各个局部地区的经济社会发展状况、水资源丰富程度、开发利用水平、供需矛盾有无等许多情况不尽相同。所以，要进行适当的分区，对不同区域进行合理的规划。否则，将掩盖局部矛盾，而不能解决许多具体的问题。

因此，区划工作应放在规划工作的起始阶段。区划工作的目的，是将繁杂的规划问题化整为零，分步研究，避免由于规划区过大而掩盖水资源分布不均、利用程度差异的矛盾，影响规划成果。

在区划时，一般考虑以下因素：

(1) 地形地貌。一方面，不同地形地貌单元，其经济发展水平有差异，比如山区与平原的差距；另一方面，不同地形地貌单元水资源条件也不相同。

(2) 考虑行政区的划分，尽量与行政区划分相一致。由于各个行政区都有自己的发展目标和发展战略，并且，水的管理也常是按照行政区进行的，因此，在进行区划时，把同一行政区放在一起有利于规划。

(3) 按照水系进行分区，并考虑区域内供水系统的完整性。

总体来看，区划应以流域、水系为主，同时兼顾供需水系统与行政区划。对水资源贫乏、需水量大、供需矛盾突出的区域，分区宜小些。

6. 水资源评价

水资源评价的内容主要为水资源数量评价和质量评价。合理的水资源评价，对正确了解规划区水资源系统状况、科学制定规划方案有十分重要的作用。

水资源数量评价包括研究区内水文要素的规律研究，降雨量、地表水资源量、地下水资源量以及水资源总量计算等内容。水资源质量的评价包括河流泥沙分析、天然水化学特征分析、水资源污染状况评价等内容。可针对研究区域的具体情况和规划目标，进行评价内容的选取。

7. 水资源开发利用情况调查评价

调查统计主要经济社会指标、供水基础设施及其供水能力、供水量和用水量，评价供水水质，分析估算用水消耗量，调查分析废污水排放量，评价各地区的用水水平和用水效率，评价水资源的开发利用程度，对地表水过量引用、地下水超采、水体污染等不合理开发利用所造成的生态环境问题进行调查和评价。

8. 水资源供需分析

水资源供需分析，是水资源规划的一项重要工作，也是水资源规划方案比选的重要基础。它包括供水预测、需水预测、水资源平衡分析等内容。其目的是：摸清现状、预测未来、发现问题、指明方向，为今后流域或区域规划工作、实现水资源可持续利用提供依据。

具体来讲，就是在分析流域水资源特性及开发利用现状的基础上，结合流域经济社会发展计划，预测不同水平年流域供水量、需水量，并进行供需平衡分析，提出缓解主要缺水地区和城市水资源供需矛盾的途径。

9. 水资源规划方案比选

根据规划问题和目标，拟定若干规划方案，进行系统分析。在这一步，可以采用数学模型方法，优选得到规划方案。

拟定方案，是在前面几步的基础上，根据规划目标、要求和资料的情况，拟定规划方案。方案的数量取决于规划性质、要求以及规划目标、决策变量等。拟定的方案应尽可能反映各方面的意见和需求。

优选方案，是通过建立数学模型，采用计算机模拟技术，对拟选方案进行检验评价，并进一步改善可选方案的结构、功能、状态、效益，直至得到能满足一切约束条件并使目标函数达到极值的优化方案。也可以采用多方案计算进行综合对比的方法，选择较优的方案。

10. 水资源规划方案实施的具体措施及综合评价

根据优选得到的规划方案，制定相应的具体措施，并进行社会、经济和环境等多准则综合评价，最终确定水资源规划方案。

依据前面所提出的推荐方案，统筹考虑水资源的开发、利用、治理、配置、节约和保护，研究并提出水资源开发利用总体布局、实施方案。

制定总体布局要根据不同地区自然特点和经济社会发展目标要求，努力提高用水效率，合理利用水资源，有效保护水资源，积极治理利用废污水、微咸水和海水等其他水源，统筹考虑开源、节流、治污的工程措施。在充分发挥现有工程效益的基础上，兴建综合利用的骨干水利枢纽，增强和提高水资源开发利用程度与调控能力。

实施方案要统筹考虑投资规模、资金来源与发展机制等，做到协调可行。在制定实施方案时，要做到总体目标、任务与措施相协调，建设规模与发展机制和生产力相协调。在制定总体实施方案的基础上，可根据实际情况，按节水、水资源保护和供水三个体系制定实施方案。

对选择的规划方案进行综合评价，实际上是把它实施后与实施前进行比较，来确定可能产生哪些有利的和不利的影响。由于水资源系统的开发利用涉及到社会、经济和生态环境的多方面，方案实施后，对国民经济、社会发展、生态环境保护均会产生不同程度的影响。因此，必须通过综合评价方法，从多方面、多指标进行综合分析，全面权衡利弊得失，方可确定方案的取舍。

11. 成果审查与实施

最后，把规划成果按程序上报，通过一定程序进行审查。如果审查通过，就可以安排实施；如果提出修改意见，就要进一步修改或重做。

由于水资源规划是一项内容复杂、涉及面较广的系统工程，在实际规划时，很难一次就能拿出一个让所有部门和个人都十分满意的规划。经常需要多次的反馈、协调，直至认为规划成果比较满意为止。另外，随着外部条件的改变以及人们对水资源系统本身认识的深入，要随时对规划方案进行适当的修改、补充和完善。

第二节　水资源规划方法

一、水资源规划方案比选

规划方案的选取及最终方案的制定，是水资源规划工作的最终要求。规划方案有多种多样，其产生的效益及优缺点也各不相同，到底采用哪种方式，需要综合分析并根据实际情况而定。因此，水资源规划方案比选是一项十分重要而又复杂的工作。至少需要考虑以下几种因素：

（1）要能够满足不同发展阶段经济发展的需要。水是经济发展的重要资源，水利是重要的基础产业，水资源往往制约着经济发展。因此，在制定水资源规划方案时，要针对具体问题采用不同的措施。工程性缺水，主要解决工程问题，把水资源转化为生产部门可以利用的可供水源。资源性缺水，主要解决资源问题，如建设跨流域调水工程，以增加本区域水资源量。

（2）要协调好水资源系统空间分布与水资源配置空间不协调之间的矛盾。水资源系统在空间分布上随着地形、地貌和水文气象等条件的变化有较大差异。而经济社会发展状况在地域上分布往往又与水资源空间分布不一致。这时，在制定水资源配置方案时，必然会出现两者不协调的矛盾。这在水资源规划方案制定时需要给予考虑。

（3）要满足技术可行的要求。方案中的各项工程必须能够得到实施，才能达到规划方案的效益。如果其中某一项工程从技术上不可行，以至于不能实施，那么，必将会影响整个规划方案的效益，从而导致规划方案不成立。

（4）要满足经济可行的要求，使工程投资在社会可承受能力范围内，从而使规划方案得以实施。

规划方案只有满足以上各种要求，才能保证该方案经济合理、技术可行、综合效益也在可接受的范围内。但在众多的规划方案中，到底推荐哪个方案，要认真推敲、分析、研究。关于水资源规划方案比选，主要有两类方法：

一类是对拟定的多个可选择规划方案进行对比分析。采用的方法，可以是定性与定量结合的综合分析；也可以是采用综合评价方法，通过综合评价计算，得到最佳的方案。综合评价方法很多，比如，模糊综合评价、主成分分析法、层次分析法、综合指数法等等。这些方法在很多文献中有介绍和应用，在此就不再一一介绍。

另一类可以依据上文（第九章）介绍的水资源优化配置模型，各个选择方案需要满足优化配置模型的约束条件，在此基础上选择综合效益最大的方案。可以通过水资源优化配置模型求解，得到水资源规划方案。也可以通过计算机模拟技术，把水资源优化配置模型编制成计算机程序，通过模拟各种不同配水方案，选择模型约束条件范围内的最佳综合效益的方案，以此为依据选择最佳配水方案。

二、水资源配置方法

这里引用《全国水资源综合规划技术大纲》[2]中介绍的有关水资源配置内容，供读者参考。

水资源配置是指在流域或特定的区域范围内，遵循高效、公平和可持续的原则，通过各种工程与非工程措施，考虑市场经济的规律和资源配置准则，通过合理抑制需求、有效增加供水、积极保护生态环境等手段和措施，对多种可利用的水源在区域间和各用水部门间进行的调配。

水资源配置应通过对区域之间、用水目标之间、用水部门之间进行水量和水环境容量的合理调配，实现水资源开发利用、流域和区域经济社会发展与生态环境保护的协调，促进水资源的高效利用，提高水资源的承载能力，缓解水资源供需矛盾，遏制生态环境恶化的趋势，支持经济社会的可持续发展。

水资源配置以水资源供需分析为手段，在现状供需分析和对各种合理抑制需求、有效增加供水、积极保护生态环境的可能措施进行组合及分析的基础上，对各种可行的水资源配置方案进行生成、评价和比选，提出推荐方案。其所提出的推荐方案应作为制定总体布局与实施方案的基础。在分析计算中，数据的分类口径和数值应保持协调，成果互为输入与反馈，方案与各项规划措施相互协调。水资源配置的主要内容包括基准年供需分析、方案生成、规划水平年供需分析、方案比选和评价、特殊干旱期应急对策制定等。

水资源配置应对各种不同组合方案或某一确定方案的水资源需求、投资、综合管理措施（如水价、结构调整）等因素的变化进行风险和不确定性分析。在对各种工程与非工程等措施所组成的供需分析方案集进行技术、经济、社会、环境等指标比较的基础上，对各项措施的投资规模及其组成进行分析，提出推荐方案。推荐方案应考虑市场经济对资源配置的基础性作用，如提高水价对需水的抑制作用，产业结构调整及其对需水的影响等，按照水资源承载能力和水环境容量的要求，最终应实现水资源供需的基本平衡。

三、水资源供需分析方法

1．水资源供需分析概念、目的和主要内容

水资源供需分析，是指在一定区域、一定时段内，对某一水平年（如现状或规划水平年）及某一保证率的各部门供水量和需水量平衡关系的分析。水资源供需分析的实质是对水的供给和需求进行平衡计算，揭示现状水平年和规划水平年不同保证率时水资源供需盈亏的形势，这对水资源紧缺或出现水危机的地区具有十分重要意义。

水资源供需分析的目的，是通过对水资源的供需情况进行综合评价，明确水资源的当前状况和变化趋势，分析导致水资源危机和产生生态环境问题的主要原因，揭示水资源在供、用、排环节中存在的主要问题，以便找出解决问题的办法和措施，使有限的水资源能发挥更大的经济社会效益。

水资源供需分析的内容包括：①分析水资源供需现状，查找当前存在的各类水问题；②针对不同水平年，进行水资源供需状况分析，寻求在将来实现水资源供需平衡的目标和问题；③最终找出实现水资源可持续利用的方法和措施。

2. 现状水平年供需分析

现状水平年水资源供需分析是指对一个地区当年及近几年水资源的实际供水量与需水量的确定和均衡状况的分析，是开展水资源规划与管理工作的基础。现状供需分析一般包括两部分内容：一是现状实际情况下的水资源供需分析；二是现状水平（包括供水水平、用水水平、经济社会水平）不同保证率下典型年的水资源供需分析。

通过实际典型年的现状分析，不仅可以了解到不同水源的来水情况，各类水利工程设施的实际供水能力和供水量，还可以掌握各用水单位的用水需求和用水定额，为不同水平年的水资源供需分析和对今后的水资源合理配置提供依据。

3. 规划水平年供需分析

在对水资源供需现状进行分析的基础上，还要对将来不同水平年的水资源供需状况进行分析，这样便于及早进行水资源规划和经济社会发展规划，使水资源的开发利用与经济社会发展相协调。不同水平年的水资源供需分析也包括两部分内容：一是分析在不同来水保证率情况下的供需情况，计算出水资源供需缺口和各项供水、用水指标，并作出相应的评价；二是在供需不平衡的条件下，通过采取提高水价、强化节水、外流域调水、污水处理再利用、调整产业结构以抑制需求等措施，进行重复的调整试算，以便找出实现供需平衡的可行性方案。

4.《全国水资源综合规划大纲》介绍的“三次供需分析”方法

水资源供需分析计算一般采用长系列月调节计算方法，以反映流域或区域的水资源供需的特点和规律。大纲规定七大流域采用长系列方法，主要水利工程、控制节点、计算分区的月流量系列应根据水资源调查评价和供水预测部分的结果进行分析计算。无资料或资料缺乏的区域，可采用不同来水频率的典型年法。

水资源配置在多次供需反馈并协调平衡的基础上，一般进行 2～3 次水资源供需分析。一次供需分析是考虑人口的自然增长、经济的发展、城市化程度和人民生活水平的提高，按供水预测的“零方案”，即在现状水资源开发利用格局和发挥现有供水工程潜力的情况下，进行水资源供需分析。若一次供需分析有缺口，则在此基础上进行二次供需分析，即考虑强化节水、污水处理再利用、挖潜配套以及合理提高水价、调整产业结构、合理抑制需求和保护生态环境等措施进行水资源供需分析。若二次供需分析仍有较大缺口，应进一步加大调整经济布局和产业结构及节水的力度，具有跨流域调水可能的，应考虑实施跨流域调水，并进行三次供需分析。实际操作按流域或区域具体情况确定。水资源供需分析时，除考虑各水资源分区的水量平衡外，还应考虑流域控制节点的水量平衡。

5. 水资源供需分析算例

为了说明问题，这里引用《郑州市水资源综合规划》（2008 年）报告中关于郑州市水资源供需分析的计算结果。不对计算过程和结果合理性进行论述，只作为一个算例介绍，对照了解水资源供需分析的基本内容。

郑州市是河南省的省会，作为新亚欧大陆桥的重要枢纽城市之一，郑州市是中国重要的铁路、公路、航空、通信枢纽，重要的商品生产及货物集散地、全国商贸中心改革试点城市，地理位置优越。同时，郑州市的历史源远流长，是中华民族最早的聚居地之一，是中国古代文明的摇篮，文物、古迹、遗址众多，自然地貌复杂多样，构成了丰富的自然和人文资源，已成为中原地区文化旅游中心，这些为郑州市建成中原城市群的中心城市、中国历史文化名城、国际文化旅游城市、全国重要的现代化物流中心、区域性金融中心、先进制造业和科技创新基地和中部崛起的龙头城市奠定了基础。然而，郑州市水资源短缺，时空分布不均，人均水资源量不足全国人均水资源量的 1/10、河南省的 1/2，水资源已成为郑州市快速发展的关键制约要素。

按照郑州市辖 5 个市、1 个县再加上郑州市区共 7 个计算单元进行计算，对现状水平年 2005 年和规划水平年 2020 年、2030 年水资源供需分析计算。

（1）2005 年郑州市供用水平衡计算分析。根据《郑州市水资源公报》，2005 年郑州市供水用水统计汇总见表 10-1。郑州市 2005 年总用水量、总供水量均为 $158941\times10^4m^3$，供用水达到平衡。但这种平衡是在现实地下水严重超采的条件下实现的。根据计算，2005 年地下水超采 $56985.18\times10^4m^3$，超采了 101%。也就是说，如果按照地下水可供水量进行供水，2005 年郑州市将缺水 $56985.18\times10^4m^3$，占总用水量的 35.85%。

表 10-1　2005 年郑州市供水用水统计汇总表　单位：$\times10^4m^3$

行政区	用水量						合计用水量	地表水供水量			地下水供水量		引黄河干流水	合计供水量
	城镇生活	农村生活	第二产业	第三产业	生态环境	农业		蓄水工程	引水工程	提水工程	浅层水	深层水		
巩义	754	1442	10093	31	16	3572	15908	435	667	402	6967	7437		15908
登封	791	1090	4607	94	20	2134	8736	1450	446	460	4708	1672		8736
荥阳	443	1154	6439	156	5	11573	19770	545	819	407	1895	16104		19770
新密	792	1435	6792	142	50	2954	12165	1008	467	706	2481	7503		12165
郑州市区	12373	1595	14413	2462	9110	13388	53341	1500	810	4078	16872	10918	19163	53341
新郑	482	1070	5005	196	32	3749	10534	35	66	98	3990	6345		10534
中牟	747	1517	2851	142	237	32993	38487	0	0	0	25573	914	12000	38487
全区	16382	9303	50200	3223	9470	70363	158941	4973	3275	6151	62486	50893	31163	158941

注　数据来源《郑州市水资源公报》（2005 年）。

表 10-2　　2005年郑州市供需水分析详表　　单位：$\times 10^4 m^3$

50%保证率

行政区	需水量							供水量								余缺水量
	城镇生活	农村生活	第二产业	第三产业	生态环境	农业	合计	地表水	地下水	引黄河干流水	南水北调水	引陆浑水库	雨水利用	污水回用	合计	
巩义	754	1442	10093	31	15	3643	15978	2102.79	7204.01	25	0	0	187.98	0	9519.78	−6458.22
登封	791	1090	4307	94	18	2177	8777	3822.60	5800.52	0	0	0	191.12	0	9814.24	1037.24
荥阳	443	1154	6439	156	5	10647	18844	1394.48	5879.89	1560	0	0	218.84	0	9053.21	−9790.79
新密	792	1435	5792	142	45	2806	12012	2987.55	6758.65	0	0	0	120.00	0	9866.20	−2145.80
郑州市区	12373	1595	14413	2462	8900	12719	52462	8988.29	8332.79	18443	0	0	26.93	0	35791.01	−16670.99
新郑	482	1070	5005	196	30	3562	10345	1479.66	5544.61	0	0	0	42.80	0	7067.07	−3277.93
中牟	747	1517	2851	142	220	32333	37810	4041.13	16873.35	11270	0	0	0.00	0	32184.48	−5625.52
全区	16382	9303	50200	3223	9233	67887	156228	24816.50	56393.82	31298	0	0	787.67	0	113295.99	−42932.01

75%保证率

行政区	需水量							供水量								余缺水量
	城镇生活	农村生活	第二产业	第三产业	生态环境	农业	合计	地表水	地下水	引黄河干流水	南水北调水	引陆浑水库	雨水利用	污水回用	合计	
巩义	754	1442	10093	31	18	3971	16309	1921.16	7204.01	25	0	0	187.98	0	9338.15	−6970.85
登封	791	1090	4607	94	22	2286	8890	3209.43	5800.52	0	0	0	191.12	0	9201.07	311.07
荥阳	443	1154	6439	156	6	11286	19484	1132.02	5879.89	1560	0	0	218.84	0	8790.75	−10693.25
新密	792	1435	6792	142	54	3031	12246	2640.60	6758.65	0	0	0	120.00	0	9519.25	−2726.75
郑州市区	12373	1595	14413	2462	10680	13101	54624	8596.51	8332.79	18443	0	0	26.93	0	35399.23	−19224.77
新郑	482	1070	5005	196	36	3668	10457	1222.44	5544.61	0	0	0	42.80	0	6809.85	−3647.15
中牟	747	1517	2851	142	264	34919	40440	4041.13	16873.35	11270	0	0	0.00	0	32184.48	−8255.52
全区	16382	9303	50200	3223	11080	72262	162450	22763.29	56393.82	31298	0	0	787.67	0	111242.78	−51207.22

表 10-3 规划水平年 2020 年郑州市供需水分析详表

单位：$\times 10^4 m^3$

50%保证率

行政区	需水量							供水量								余缺水量
	城镇生活	农村生活	第二产业	第三产业	生态环境	农业	合计	地表水	地下水	引黄河干流水	南水北调水	引陆浑水库	雨水利用	污水回用	合计	
巩义	2838	1561	15532	196	74	3421	23622	5022.79	7204.01	3675	0	0	272.25	5880.87	22054.92	−1567.08
登封	1702	1242	5767	499	101	1923	11234	3822.60	5800.52	0	0	0	239.92	2752.10	12615.14	1381.14
荥阳	1792	1470	7852	769	83	11909	23875	1394.48	5879.89	1560	9140	0	252.17	3445.55	21672.09	−2202.91
新密	2435	1551	8519	640	86	2762	15993	2987.55	6758.65	0	0	0	176.82	3261.11	13184.13	−2808.87
郑州市区	34185	3326	17494	8867	30368	13311	107551	8988.29	8332.79	31258	31470	15000	663.56	6463.18	102175.82	−5375.18
新郑	1999	863	6733	924	321	3648	14488	1479.66	5544.61	1500	8350	0	88.62	2882.28	19845.17	5357.17
中牟	1945	1667	4089	632	392	31966	40691	4041.13	16873.35	14470	2740	0	21.44	14210.22	52356.14	11665.14
全区	46896	11680	65986	12527	31425	68940	237454	27736.50	56393.82	52463	51700	15000	1714.78	38895.31	243903.41	6449.41

75%保证率

行政区	需水量							供水量								余缺水量
	城镇生活	农村生活	第二产业	第三产业	生态环境	农业	合计	地表水	地下水	引黄河干流水	南水北调水	引陆浑水库	雨水利用	污水回用	合计	
巩义	2838	1561	15532	196	81	3713	23921	4841.16	7204.01	3675	0	0	254.43	5880.87	21855.47	−2065.53
登封	1702	1242	5767	499	106	1999	11315	3209.43	5800.52	0	0	0	228.16	2752.10	11990.21	675.21
荥阳	1792	1470	7852	769	89	12648	24620	1132.02	5879.89	1560	9140	0	243.50	3445.55	21400.96	−3219.04
新密	2435	1551	8519	640	93	2903	16141	2640.60	6758.65	0	0	0	163.60	3261.11	12823.96	−3317.04
郑州市区	34185	3326	17494	8867	31279	13732	108883	8596.51	8332.79	31258	31470	15000	555.58	6463.18	101676.06	−7206.94
新郑	1999	863	6733	924	332	3861	14712	1222.44	5544.61	1500	8350	0	79.93	2882.28	19579.26	4867.26
中牟	1945	1667	4089	632	424	34844	43601	4041.13	16873.35	14470	2740	0	17.47	14210.22	52352.17	8751.17
全区	46896	11680	65986	12527	32404	73700	243193	25683.29	56393.82	52463	51700	15000	1542.67	38895.31	241678.09	−1514.91

表 10-4　　规划水平年 2030 年郑州市供需水分析详表　　单位：$\times 10^4 m^3$

50%保证率

行政区	需水量							供水量								余缺水量
	城镇生活	农村生活	第二产业	第三产业	生态环境	农业	合计	地表水	地下水	引黄河干流水	南水北调水	引陆浑水库	雨水利用	污水回用	合计	
巩义	3843	1586	16595	347	74	3389	25834	5022.79	7204.01	3675	0	0	291.59	6989.99	23183.38	−2650.62
登封	2267	1305	7723	879	101	1894	14169	3822.60	5800.52	0	0	0	251.64	4357.25	14232.01	63.01
荥阳	2223	1592	8939	1312	100	12059	26225	1394.48	5879.89	1560	9140	0	259.81	4661.29	22895.47	−3329.53
新密	3267	1570	9322	1099	86	2742	18086	2987.55	6758.65	0	0	0	192.96	4059.10	13998.26	−4087.74
郑州市区	42870	4173	19074	12931	31277	13545	123870	8988.29	8332.79	31258	31470	15000	931.14	8095.74	104075.96	−19794.04
新郑	2732	780	9013	1544	321	3770	18160	1479.66	5544.61	1500	8350	0	105.41	4234.38	21214.06	3054.06
中牟	2650	1677	5325	1151	434	31995	43232	4041.13	16873.35	14470	2740	0	33.58	19509.51	57667.57	14435.57
全区	59852	12683	75991	19263	32393	69394	269576	27736.50	56393.82	52463	51700	15000	2066.13	51907.26	257266.71	−12309.29

75%保证率

行政区	需水量							供水量								余缺水量
	城镇生活	农村生活	第二产业	第三产业	生态环境	农业	合计	地表水	地下水	引黄河干流水	南水北调水	引陆浑水库	雨水利用	污水回用	合计	
巩义	3843	1586	16595	347	81	3707	26159	4841.16	7204.01	3675	0	0	270.84	6989.99	22981.00	−3178.00
登封	2267	1305	7723	379	106	1973	14253	3209.43	5800.52	0	0	0	238.15	4357.25	13605.35	−647.65
荥阳	2223	1592	8939	1312	107	12841	27014	1132.02	5879.89	1560	9140	0	249.82	4661.29	22623.02	−4390.98
新密	3267	1570	9322	1099	93	2863	18214	2640.60	6758.65	0	0	0	177.34	4059.10	13635.69	−4578.31
郑州市区	42870	4173	19074	12931	32215	13968	125231	8596.51	8332.79	31258	31470	15000	778.52	8095.74	103531.56	−21699.44
新郑	2732	780	9013	1544	332	4074	18475	1222.44	5544.61	1500	8350	0	94.13	4234.38	20945.56	2470.56
中牟	2650	1677	5325	1151	469	34984	46256	4041.13	16873.35	14470	2740	0	27.37	19509.51	57661.36	11405.36
全区	59852	12683	75991	19263	33403	74410	275602	25683.29	56393.82	52463	51700	15000	1836.17	51907.26	254983.54	−20618.46

(2) 2005年郑州市供需水平衡计算分析。2005年供水量引用“供水预测”计算结果，不同频率（本节仅列出50%、75%）的需水量引用“需水预测”计算结果，供需水平衡计算见表10-2。从表10-2可以看出，在50%频率下，郑州市全区需水量156228×10^4m^3，而可供水量只有113295.99×10^4m^3，缺水42932.01×10^4m^3，缺水率为27%。其中，缺水率最高的是荥阳市，达到52%，次之是巩义市，达到40%；在75%频率下，郑州市全区需水量162450×10^4m^3，而可供水量只有111242.78×10^4m^3，缺水51207.22×10^4m^3，缺水率为32%。其中，缺水率最高的仍是荥阳市，达到55%，次之是巩义市，达到43%。

(3) 2020年郑州市供需水平衡计算分析。按照规划，在实施南水北调工程（向郑州市供水51700×10^4m^3）、陆浑水库西水东进工程（向郑州市区供水15000×10^4m^3）、引用一定量的雨水、污水的条件下，75%频率可供水量为241678.09×10^4m^3，此时按照需水预测，需水量为243193×10^4m^3，全区缺水量为1514.91×10^4m^3，缺水率为1%，结果如表10-3。总体来看，缺水率不高，这是由于在实施南水北调工程的基础上，又增加了陆浑水库西水东进工程，增加了可供水量。

(4) 2030年郑州市供需水平衡计算分析。按照规划，在实施南水北调工程（向郑州市供水51700×10^4m^3）、陆浑水库西水东进工程（向郑州市区供水15000×10^4m^3）、引用一定量的雨水、污水的条件下，75%频率可供水量为254983.54×10^4m^3，此时按照需水预测，需水为275602×10^4m^3，全区缺水量为20618.46×10^4m^3，缺水率为7%，结果如表10-4。也就是说，在实施南水北调工程、陆浑水库西水东进工程的基础上，仍有较大的缺水。

四、水资源优化配置方法的应用

除了应用上文介绍的水资源供需分析方法外，还可以采用水资源优化配置模型方法来选择水资源规划方案。在本书第九章介绍了水资源优化配置模型方法。水资源优化配置就是运用系统工程理论，将区域（或流域）水资源在各子区、各用水部门间进行最优化分配。也就是要建立一个有目标函数、约束条件的优化模型。通过优化模型的求解，获得水资源配置方案，以此为依据来制定水资源规划方案。当然，有很多情况下，并不完全是采用模型计算的数值结果，因为模型本身不一定考虑的因素全面，但至少可以作为参考。

第三节 水资源规划方案中主要内容综述

按照以上介绍的内容，可以通过一系列研究工作，选定水资源规划方案。在选定水资源规划方案之后，需要对水资源规划方案的具体实施作出具体安排。根据水资源规划的研究内容，制定的规划方案应该涉及水资源配置实施方案、水资源保护实施方案、社会发展规模、经济结构调整与发展速度等方面。

一、水资源配置实施方案

根据经济社会发展以及生态环境保护的目标与要求，按照经济社会发展水平，考虑需要与可能，制定流域和区域水资源开发利用与治理保护总体实施方案，包括分期目标、主要任务、基础设施建设、非工程措施制定，投资规模，预期效果等。在制定实施方案时，要做到总体目标、任务与措施相协调，建设规模与发展机制和生产力发展水平相协调[2]。

水资源配置方案，是水资源规划的中心内容。一方面，其内容是为水资源配置方案的选择及制定服务；另一方面，又通过水资源配置方案的制定来间接调控经济社会发展和生态环境保护。这是新时期水资源规划的研究思路，与以往的水资源规划有所不同。

制定水资源配置实施方案是水资源规划的重要工作。它应该是在水资源优化配置模型的基础上，结合本区实际制定分区、分行业、分部门、分时段（根据解决问题的深度不同来选择详细程度）的配置计划。

从水资源配置实施来看，可根据实际情况，制定增加供水和节水实施方案。

1. 增加供水实施方案[2]

根据供水预测和水资源配置确定的供水目标、任务和要求以及不同地区的水资源条件，考虑技术经济因素、对生态环境的影响、不同水质的用水要求和利用其他水源的可行性等，在充分发挥现有工程效益的基础上，规划新的水工程项目，提出不同地区增加新的供水能力的水源地；根据总体布局，制定合理的水资源开发利用模式、步骤、规模、方案；制定通过开源增加供水的实施方案；研究相配套的投融资体制、建设和管理体制、运营机制。

实施方案中应确保建设重点。包括近期实施骨干项目的规模、投资以及建设与管理机制。

（1）蓄水工程：根据水资源配置推荐方案确定的规划水平年地表水供水量对调蓄库容的要求和总体布局，按照边际成本低、建设周期短、建设条件好、增加供水量多及其效益显著等方面的要求，制定蓄水工程的实施方案，提出大型蓄水工程的总投资、总库容、总供水量和总体经济效益。

（2）引水工程：根据水资源配置推荐方案和总体布局，在考虑多种水源工程最佳组合情况下制定引水工程实施方案，提出新增大型引水工程的引水量、供水范围、供水总量、总投资和总体经济效益。

（3）提水工程：提出新增提水工程的设计提水能力、装机容量、总投资、总提水量和总体经济效益。

（4）调水工程：坚持“先节水、后调水，先治污、后通水，先环保、后用水”的原则，论证调出区可调水量，调入区需调水量；论证调水规模以及对调出区的生态环境和水资源供需状况的影响；制定调水工程的外调水与当地水联合调配以及建设和管理机制。

（5）地下水工程：根据供水预测和水资源配置中对地下水开发利用的总体安排，确定分区地下水开发利用的规模、措施和实施方案。实施方案要包括对超采区开采规模的压缩与控制等。

（6）其他水源工程：根据水资源配置对其他水源开发利用的总体安排和地区特点，制定其他水源开发利用的模式、步骤、规模、投入及措施。

2. 节水实施方案[2]

依据节约用水和水资源配置确定的节水方向和节水目标，明确节水重点，提出适宜的分区节水模式与措施，提出节水的发展步骤、规模、进度、投资及发展机制。

（1）农业节水：通过灌区节水改造，采取渠道衬砌、低压管道、喷灌、微灌等节水灌溉工程措施及非工程节水措施，提高水分生产率，发展节水灌溉面积，制订相应实施方案。工程节水措施要与调整种植结构、建立用水定额管理指标体系、制定合理水价体系、建立与完善供水计量设施及收费机制以及改革灌区管理体制（包括建立用水户协会）等非工程措施相结合。要特别研究农业节水的发展机制。

(2) 工业、城镇生活、建筑业和商饮业服务业节水：制定定额考核，采用节水型新设备、新技术、新工艺的实施方案与投资估算；制定采用或更换节水器具的实施方案与投资估算；制定供水管网更新改造的实施方案与投资估算等。研究节水实施的机制和投资渠道，形成合理的水价体系；实施供水定额管理、用水实行计量收费和超定额累进加价等管理制度。

二、水资源保护实施方案

水资源保护规划是在调查、分析河流、湖泊、水库等污染源分布、排放等内容的基础上，与水文状况和水资源开发利用情况相联系，利用水量水质模型，探索水质变化规律，评价水质现状和趋势，预测各规划水平年的水质状况，划定水体功能分区范围及水质标准，按照功能要求制定环境目标，计算水环境容量和与之相应的污染物消减量，并分配到有关河段、地区、城镇，对污染物排放实行总量控制，同时，根据流域（或区域）各规划水平年预测的供水量和需水量，计算实施水资源保护所需要的生态环境需水量，最终提出符合流域（或区域）经济社会发展的综合防治措施。这一工作已成为维系水资源可持续利用的关键。

水资源保护规划的目的在于保护水质，合理地利用水资源，通过规划提出各种措施与途径，使水质不受污染，以免影响水资源的正常用途。从而保证满足水体的主要功能对水质的要求，并合理地、充分地发挥水体的多功能作用。

进行规划时，首先必须了解被规划水体的种类、范围、深度要求和规划的任务等。把水资源保护的对象和目标纳入水资源规划中，制定水资源保护规划的具体方案。有关水资源保护规划的内容可见第八章。

对工业与城市污染控制，可根据当地经济社会发展水平和水资源条件，以及污染物入河总量控制要求，提出调整工业布局和产业结构、推行清洁生产、加大工业废污水处理力度以及关、停、并、转污染严重企业等方面的建议；对城市污水处理，提出城市污水处理设施建设的规模与布局、城市管网改造、清污分流、入河排污口整治的建议；制定加强水资源保护的各项工程措施的实施计划，包括制定引水冲污工程的规模，排污口调整与治理的规模、措施，水源地与地下水保护的实施方案，并结合建立市场经济体制的要求，研究提出与之相配套的投资、建设与管理体制、运营机制等；提出建立和完善水资源保护管理体制与政策法规体系的建议[2]。

三、对支撑社会发展规模的建议

水资源规划不仅仅针对水资源系统本身，实际上它还涉及社会、经济、环境等多方面。关于这一点，已在上文有详细论述。在以往的流域规划中，常常要求对规划流域和有关地区的经济社会发展与生产力布局进行分析预测，明确各方面发展对流域治理开发的要求，以此作为确定规划任务的基本依据。不同规划水平年的经济社会发展预测应在国家和地区国土规划、国民经济发展规划和有关行业中长期发展规划的基础上进行。要求符合地区实际情况，并与国家对规划地区的治理开发要求和政策相适应。简单地讲，也就是在制定水资源规划时，考虑规划区域经济社会发展规划，以适应经济社会发展的需求。

而实际上却并非如此简单，经济社会发展与水资源利用、生态环境保护之间相互交叉、相互促进、互为因果。需要通过水资源优化配置来制定一个涉及社会、经济、水资源、生态环境的系统方案。

1. 人口规划

人口是构成一个地区或一个社会的根本因素，也可以说，人口是研究任何一个地区或社会所有问题的一个非常重要的驱动因子。因此，人口规划是社会发展规划中的一个基础性工作。

在水资源规划中，适度控制人口增长，不仅可以减小社会发展对水资源承载能力的压力，而且会促进区域经济社会的可持续发展和改善生态环境质量。

人口规划，是依据一定的人口预测模型，并在一定约束条件下，满足经济社会可持续发展的目标要求和条件约束。也就是说，在水资源优化配置模型中，包括人口预测子模型，并纳入到优化模型中，通过模型求解得到人口发展规划方案。

我国是一个人口大国，人口密度较大，人口问题一直是影响经济社会可持续发展的主要因素。控制人口增长、实行计划生育是我国国民经济发展的一项基本国策。

2. 农村发展规划

农村是经济社会区域内农业占主要地位的活动场所，在经济活动中，它是构成国民经济第一产业的主要部分。规划内容包括：农业生产布局、农村土地利用和农业区划、农村乡镇企业规划。

3. 城镇发展规划

城市作为人口和经济高度集中的地区，在整个经济社会发展中起到了重要的作用。研究城市的发展并做好城市发展规划工作，将带动整个区域经济的发展。因此，城镇发展规划是一项十分重要的工作。主要内容包括：城市化进程，城市土地利用，城市体系建设。

四、对经济结构调整与发展速度的建议

我国已经根据社会生产活动的历史发展顺序，划分出三类产业。在各类产业中，又可以细划出若干部门。我国三类产业划分的基本依据是：

第一产业：农业。包括种植业、林业、牧业、渔业。不包含农林牧渔服务业。农业作为基础生产力，不仅是农村生活的保障，而且是广大城镇人民所需粮食、蔬菜等基本生活资料的来源，是社会生活安定的基本保障。农业又是工业原料的重要来源，也是国民经济积累的重要来源。

第二产业：工业和建筑业。工业是一个庞大的产业，又是用水大户，无论是经济规划，还是水资源规划，都要将工业进一步划分成若干个行业。我国把工业划分为矿业、制造业、水气电热供应业三部分。工业是国民经济的支柱，是国家财政的主要来源，是国民经济综合实力的标志。建筑业创造不可移动的物质产品，可以带动建材工业及其他许多相关产业的增长，是今后相当长时间内我国经济发展的重要增长点。

第三产业：是指第一、第二产业以外的其他部门。具体包括：运输业、仓储业，邮电通信业，商贸餐饮业，旅游业，金融保险业，房地产业，农林牧渔服务业，地质勘察业，水利管理业，社会服务业，卫生、教育和社会福利业，教育文化艺术和广播电影电视业，科学研究和综合技术服务业，国家机关、党政机关、社会团体及其他。第三产业为物质生产部门提供支持，为提高人民生活质量提供服务，为经济发展提供良好的社会环境，是国民经济中越来越重要的组成部分。

在进行水资源规划时，需要按照国家编制的统计资料，结合地区和行业不同特点，可以重新对行业进行归并和划分，分别统计分析，以满足用水行业配水的要求。

对于水资源规划工作，最终报告要提出的关于经济规划部分，至少要包括以下内容：

(1) 对三类产业的总体规划，主要确定三类产业在国民经济建设中的比重，指出重点发展哪些产业，重点扶持哪些产业。明确三类产业的总体布局和结构，实现经济结构合理的发展模式。

(2) 对各行业发展速度进行宏观调控。对部分行业或部门进行重点支持，合理提高发展速度；对部分行业或部门实行限制发展或取消，以逐步适应发展需要。例如，在有些生态环境破坏严重的地区，要限制农业耕作面积的扩大，甚至要求“退耕还林还草”。而有些行业又要鼓励加强，如旅游业，特别是生态旅游在许多地区很受欢迎。

制定经济结构调整和发展速度的基础，应是在水资源规划总体框架下，通过水资源优化配置，在一定约束条件下，满足社会、经济、生态环境综合效益最大的目标。因此，制定经济结构调整和发展速度规划的一般步骤如下：

(1) 合理划分经济结构体系，也就是产业类型及行业划分，并分别统计和分析，作为选择水资源规划模型决策变量的依据，也是制定经济结构调整和发展速度的参考因素。

(2) 建立经济发展模型，并与社会发展模型相耦合，建立经济社会发展模型。作为系统结构关系约束条件，嵌入水资源优化配置模型中。

(3) 依据水资源优化配置模型的求解结果，按照经济系统的决策变量，并参考本地区国民经济和社会发展计划，制定经济结构调整规划和各行业发展规模和速度的规划。

五、保障水资源规划方案实施的非工程措施[2]

非工程措施是从抑制水资源的不合理需求、增加有效供水、保护生态环境的角度提出的，与工程措施配合协调的，有关水资源管理的法律、行政、经济、技术、宣传教育等方面的制度与措施。这些措施贯穿水资源的开发、利用、治理、配置、节约和保护全过程。应根据水资源配置推荐方案和水资源开发利用以及生态环境保护的总体布局，紧密结合基础设施建设实施计划来制定。

制定合理抑制和调控水资源需求的机制与制度：加强对水资源的需求管理，实行用水总量控制和定额管理，要以提高用水效率为核心，加大各种非工程措施节水的力度，建立合理的水价形成机制，建立高效、公平、可持续的水资源配置和管理制度，实现流域或区域水资源的合理配置。

制定建立水资源实时调度系统的方案：建立和完善水资源管理信息与决策支持系统，实行地表水与地下水联合运用、跨流域调水与当地水源联合调度和多种水源合理开发，进行科学调度，提高水资源承载能力。

加强水资源监测系统建设：制定实行水资源数量与质量、供水与用水、排污与环境相结合的统一监测网络体系；建立和完善供、用、排水计量设施，建立现代化水资源监测系统。

逐步建立多元化、多渠道的投融资体系，对贫困地区、西部地区开发利用和保护水资源的行动实施优惠政策。

加强人力资源建设，增强全社会水资源可持续利用的观念，依靠科技创新和推广，提高决策的科学化和民主化水平，提高实施总体布局和实施方案的现代化科技水平。

实施其他支持保障措施，如加强领导责任制，加强部门、流域、区域分工协调等。

第四节　水资源规划报告书编写

一、水资源规划报告书编写的基本要求[3]

在完成了水资源规划所要求的分析计算工作之后，需要提交一份“水资源规划报告书”及其附图、附表，作为水资源规划工作的最终成果。

水资源规划编制应根据国民经济和社会发展总体部署，遵循自然和经济发展规律，确定水资源可持续利用的目标、方向、任务、重点、步骤、对策和措施，统筹水资源的开发、利用、治理、配置，规范水事行为，促进水资源可持续利用和保护。

规划的主要内容包括：水资源调查评价、水资源开发利用情况调查评价、需水预测、供水预测、水资源配置、总体布局与实施方案、规划实施效果评价等。

（1）水资源调查评价。通过水资源调查评价，可为其他部分工作提供水资源数量、质量和可利用量的基础数据和成果，是水资源规划的重要基础工作。

（2）水资源开发利用情况调查评价。通过水资源开发利用情况的调查评价，可提供对现状用水方式、水平、程度、效率等方面的评价成果；提供现状水资源问题的定性与定量识别和评价结果；为需水预测、供水预测、水资源配置等部分的工作提供分析成果。

（3）需水预测。需水预测是在水资源开发利用情况调查评价的基础上，根据经济社会发展规律和研究区自然条件，对经济社会需水、生态需水、河道内其他需水等所做的预测，为水资源配置提供需水方面的预测成果。

（4）供水预测。供水预测是在对现有供水设施的工程布局、供水能力、运行状况以及水资源开发程度与存在问题等综合调查分析的基础上，充分考虑技术经济因素、水质状况、对生态系统的影响以及开发不同水源的有利和不利条件，对供水量所做的预测成果。

（5）水资源配置。在进行供需分析多方案比较的基础上，通过经济、技术和环境分析论证与比选，确定合理配置方案。水资源配置以统筹考虑流域水资源供需分析为基础，将流域水循环和水资源利用的供、用、耗、排水过程紧密结合，并按照公平、高效和可持续利用的原则来进行。水资源配置在接收上述各部分工作成果输入的同时，也为上述各部分工作提供中间和最终成果的反馈，以便相互迭代，取得优化的水资源配置布局；同时为总体布局、水资源工程和非工程措施的选择及其实施确定方向和提出要求[2]。

（6）总体布局与实施方案。根据水资源条件和合理配置结果，提出对调整经济布局和产业结构的建议，提出水资源调配体系的总体布局，制定合理抑制需求、有效增加供水、积极保护生态系统的综合措施及其实施方案，并对实施效果进行检验[2]。

对水资源规划报告书的编写有以下基本要求：

(1) 理论与实践相结合。规划编制要从实际出发，结合国情、水情和各流域、各地区的实际情况，以解决重大水资源问题为出发点，按照科学和求实精神编制规划。同时，针对水资源开发利用和管理中出现的新情况和新问题，采用现代的新思想、新方法、新技术，坚持理论与实践相结合的工作方法，求实创新地编制规划。

(2) 协调各类水资源规划间的关系。为保障规划工作的有序进行，一要协调好水资源综合规划与专门规划之间的关系，突出综合规划的全面性、系统性和综合性，专门规划应当服从综合规划并与综合规划成果相衔接；二要协调好全国规划与流域规划、流域规划与区域规划之间的关系，一般，地区规划要服从流域规划，地市级地区规划要服从省级区规划。

(3) 做好与相关规划的有机衔接。要以《中华人民共和国水法》等法律法规和《国民经济和社会发展五年计划纲要》等国家或地方相关计划及相关规划为基本依据。制定规划要与国民经济和社会发展总体部署、生产力布局以及国土整治、生态建设、环境保护、防洪减灾、城市总体规划等相关规划有机衔接。在报告初稿撰写过程中或完稿之后，最好要征求相关单位的意见。

(4) 确保规划计算正确、结果可靠。要重视与规划有关的基础数据一致性的审查、复核与分析工作，并采用多种方法进行相互比较、综合平衡，进行数据的合理性分析；对中间成果和最终成果进行综合分析、检查、协调、汇总。确保规划成果正确、科学、合理、实用。

(5) 要求报告思路清晰、层次分明、语句通顺，杜绝错别字。编写的水资源规划报告是一个完整的技术文件，作为水资源规划的最终成果，也是水资源开发利用和保护的指导性文件，要求在撰写过程中要思路清晰、层次分明、详略得当、图文并茂、用词准确；要求在撰写之后再认真修改，同时需要专人审查并在报告的审查人位置上署名。

二、水资源规划报告书的内容目录

根据一般流域或区域水资源规划的撰写步骤，并参考《全国水资源综合规划技术大纲》[2]，列出水资源规划报告书编写的一般内容如下：

1 概述

　1.1 规划范围及规划水平年

　1.2 区域概况

　1.3 规划的总体目标、指导思想及基本原则

　1.4 规划编制的依据及基本任务

　1.5 规划的技术路线

　1.6 规划主要成果介绍

2 水资源调查评价

　2.1 降水

　2.2 蒸发能力及干旱指数

　2.3 河流泥沙

　2.4 地表水资源量

　2.5 地下水资源量

2.6 地表水水质

2.7 地下水水质

2.8 水资源总量

2.9 水资源可利用量

2.10 水资源演变情势分析

3 水资源开发利用情况调查评价

3.1 经济社会资料分析整理

3.2 供水基础设施调查统计

3.3 供水量调查统计

3.4 供水水质调查分析

3.5 用水量调查统计

3.6 用水消耗量分析估算

3.7 废污水排放量调查分析

3.8 供、用、耗、排水成果合理性检查

3.9 用水水平及效率分析

3.10 水资源开发利用程度分析

3.11 与水相关的生态与环境问题调查评价

3.12 现状水资源供需分析

4 节约用水

4.1 指导思想、目标与任务

4.2 现状用水水平分析

4.3 节水标准与指标

4.4 节水潜力分析

4.5 节水目标与措施

4.6 节水方案拟订

4.7 节水投资估算

5 水资源保护

5.1 相关依据与标准

5.2 水功能区划的补充和调整

5.3 水功能区水质目标拟定

5.4 水功能区纳污能力计算

5.5 污染物入河量估算

5.6 污染物控制量与削减量

5.7 地表水水质保护措施

5.8 地下水保护

5.9 与水相关的生态环境保护与修复

6 需水预测

6.1 预测依据

6.2 经济社会发展指标分析
6.3 经济社会需水预测
6.4 生态需水预测
6.5 河道内其他需水预测
6.6 需水预测汇总
6.7 成果合理性分析
7 供水预测
7.1 地表水供水
7.2 地下水供水
7.3 其他水源开发利用
7.4 主要水源工程及投资
7.5 供水预测与供水方案
8 水资源配置
8.1 基本思路
8.2 基准年供用水平衡分析
8.3 基准年供需分析
8.4 方案生成
8.5 规划水平年供需分析
8.6 方案比选与推荐方案评价
9 总体布局与实施方案
9.1 总体布局
9.2 工程实施方案
9.3 非工程措施
10 规划实施效果评价
10.1 评价内容
10.2 水资源系统总体效率评价
10.3 实施方案的经济效益评价
11 水资源管理机制及保障体系
11.1 水资源管理机制
11.2 水资源规划实施的保障体系

第五节 应用实例

作为一个应用实例，本节介绍作者于 2008 年参与完成的《郑州市水资源综合规划》报告的主要内容。因为该规划报告大概 50 万字，篇幅大，本节仅仅节选其中部分内容，部分内容仅作简要说明。另外，需要说明的是，由于时间过去多年，情况发生很大变化，本节所介绍的内容不作为实际工作依据，仅仅为了举例说明水资源规划报告的编写内容。

一、概述

1. 规划范围及规划水平年

本次规划范围为郑州市的全部地区。行政分区为郑州市区及所辖的 5 个市和 1 个县，分别为郑州市区、巩义市、登封市、荥阳市、新密市、新郑市和中牟县，总面积 7446.3km²。其中，郑州市区包括中原区、二七区、管城区、金水区和惠济区（上街区汇到荥阳市），中牟县包括郑汴产业带，新郑市包括新郑航空港区。郑州市按流域分为 6 个流域水资源四级分区，其中淮河流域 3 个区，黄河流域 3 个区，分别为沙颍河平原区、沙颍河山区、涡河区、伊洛河区、小浪底—花园口干流区和花园口以下干流区。行政及水资源四级分区见图 10-2，各行政分区及面积情况分别见表 10-5。

本次规划重点以县（市）区为行政单位，同时结合流域四级区，保持流域与行政区域规划有机结合。现状基准年为 2005 年；近期水平年为 2010 年；中期水平年为 2020 年；远期水平年为 2030 年。

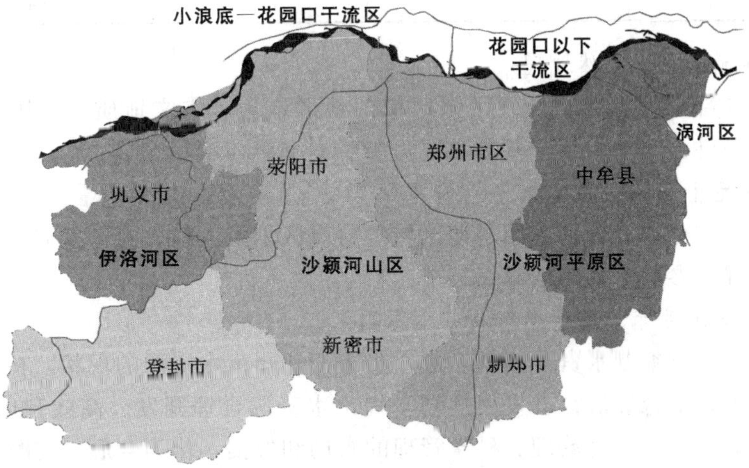

图 10-2　郑州市行政及水资源四级分区图

表 10-5　　郑州市水资源规划行政分区表

序号	行政区	流域三级区		流域四级区		总面积（km²）
		编　码	名　称	编　码	面积（km²）	
1	巩义	D060300	伊洛河区	伊洛河区	669.2	1041
		D060400	小浪底—花园口干流区	小浪底—花园口干流区	371.8	
2	登封	E020100	王蚌区间北岸	沙颍河山区	1081.2	1219
		D060300	伊洛河区	伊洛河区	137.8	
3	荥阳	E020100	王蚌区间北岸	沙颍河山区	380.6	949.7
		D060400	小浪底—花园口干流区	小浪底—花园口干流区	569.1	
4	新密	E020100	王蚌区间北岸	沙颍河山区	959.6	978
		D060400	小浪底—花园口干流区	小浪底—花园口干流区	18.4	

续表

序号	行政区	流域三级区		流域四级区		总面积（km^2）
		编　码	名　称	编　码	面积（km^2）	
5	郑州市区	E020100	王蚌区间北岸	沙颍河山区	247.8	992.6
				沙颍河平原区	654	
		D060400	小浪底—花园口干流区	小浪底—花园口干流区	62.6	
		D070300	花园口以下干流区	花园口以下干流区	28.2	
6	新郑	E020100	王蚌区间北岸	沙颍河山区	403.8	873
				沙颍河平原区	469.2	
7	中牟	E020100	王蚌区间北岸	沙颍河平原区	1154.1	1393
				涡河区	84.2	
		D070300	花园口以下干流区	花园口以下干流区	154.7	
全市					7446.3	7446.3

2．区域概况Ⅰ——自然地理

本小节分6部分内容分别介绍了该区域的地形地貌、水文地质、土壤、植被覆盖条件、水文气象条件、河流水系。基本情况可参看本书第四章第五节。

3．区域概况Ⅱ——经济社会

本小节分4部分内容分别介绍了该区域的行政区划及人口、经济发展、工业、耕地及农业。基本情况可参看本书第四章第五节。

4．规划的总体目标、指导思想及基本原则

总体目标：通过编制水资源规划，进一步查清郑州市水资源的现状，在分析水资源承载能力的基础上，结合经济社会发展规划，提出水资源合理开发、高效利用、优化配置、全面节约、有效保护、综合治理、科学管理的布局和方案，作为今后一定时期内水资源开发利用与管理活动的重要依据和准则，促进和保障“人水和谐”发展，以水资源的可持续利用支撑经济社会的可持续发展。

指导思想：全面贯彻国家新时期的治水方针，以水资源可持续利用保障经济社会可持续发展作为编制规划的主线，坚持兴利除害结合、开源节流治污并重，通过水资源的全面节约、有效保护、优化配置、合理开发、高效利用、综合治理和科学管理，促进“人水和谐”发展。

基本原则：坚持水资源开发利用与经济社会协调发展的原则；坚持全面规划和统筹兼顾的原则；坚持水资源可持续利用的原则；坚持按社会主义市场经济规律治水的原则；坚持科学治水的原则；坚持因地制宜、突出重点的原则。

5．规划编制的依据及基本任务

在本小节列举了本次规划的主要依据，包括全国性的有关法律法规、技术文件、标准以及郑州市相关规划、文件、地方管理条例和办法等，并界定了本次规划的基本任务。

6．规划的技术路线

主要包括三个部分：

（1）基础工作部分：在水资源调查、开发利用调查、节约用水、水资源保护、需水预测、供水预测的基础上，进行供需分析，初步拟订水资源配置方案，选择水资源配置模型的约束条件。

（2）配置工作部分：在上述工作的基础上，以可持续发展思想和人水和谐理论为指导，应用系统理论方法，建立基于人水和谐量化理论的水资源优化配置模型。通过水资源供需分析、多方案比较，确定合理配置方案。

（3）方案制定部分：根据水资源条件和合理配置结果，提出对调整经济布局和产业结构的建议，提出水资源调配体系的总体格局，制定合理抑制需求、有效增加供水、积极保护生态环境的综合措施及其实施方案，并对实施效果进行检验。

7. 规划主要成果介绍

在本小节简要归纳了本次规划的主要成果。

二、水资源调查评价

1. 降水量

本小节分7部分内容分别介绍了降水量计算采用的基本资料、降水量地区分布及变化规律、分区降水量计算成果、各评价系列年降水量成果比较、降水量的年际变化、各年代平均降水量变化趋势分析、现状年2005年降水量。关于水资源调查评价部分详细内容可参看本书第四章第五节。

2. 蒸发能力及干旱指数

本小节分4部分内容分别介绍了该区域的代表站的选取及折算系数、水面蒸发量空间分布、水面蒸发量的年内和年际分配、干旱指数及其变化。

3. 河流泥沙

本小节分别介绍了主要河流代表水文站多年平均含沙量及悬移质输沙量、输沙模数的地区分布。

4. 地表水资源量

本小节分6部分内容分别介绍了该区域的基本资料及还原计算、河川年径流的地区分布、河川径流的统计参数及时空变化特征、分区地表水资源量、地表水资源量年内年际变化特征、出入境水量。

5. 地下水资源量

计算按分区进行，共分为6个区19个计算单元。山区地下水资源量采用排泄量法计算；平原区、岗区地下水资源量采用补给量法计算，同时计算排泄量和地下水蓄变量，并进行水均衡计算。

6. 地表水水质

本小节分8部分内容分别介绍了该区域的水化学类型、现状水质评价、水库水质现状、河流底质污染现状、水质变化趋势、水资源分区水质现状、水功能区水质达标分析、地表水供水水源地水质评价。

7. 地下水水质

本小节分6部分内容分别介绍了该区域的地下水化学类型及特征、地下水质量现状、水质变化趋势、地下水污染情况、大型地下水水源地水质情况。

8. 水资源总量

本小节详细计算了郑州市各分区不同频率的水资源总量，计算结果如本书第四章第五节。

9. 水资源可利用量

本小节分 4 部分内容分别计算确定了该区域的地表水资源可利用量、地下水资源可开采量、当地水资源可利用总量、客水可利用量，计算结果如本书第四章第五节。

三、水资源开发利用情况调查评价

1. 经济社会资料分析整理

收集统计与水密切关联的经济社会指标，是分析现状用水水平和预测未来需水的基础，其指标主要有人口、国内生产总值、工农业产值、耕地面积、灌溉面积、粮食产量、牲畜数等。这里就不再详细列出统计结果表。

2005 年郑州市总人口 715.99 万人，其中农业人口 449.65 万人，占总人口的 62.8%；非农业人口 266.34 万人，占总人口的 37.2%。2005 年工业总产值、农业总产值和国内生产总值（GDP）依次为 2411.52 亿元、126.22 亿元和 1660.60 亿元（均按当年价计）。2005 年郑州市耕地 496.01 万亩，农作物播种面积 775.13 万亩，粮食产量 152.99 万 t。2005 年郑州市有效灌溉面积 270.64 万亩，实灌面积 246.36 万亩。

2. 供水基础设施调查统计

本小节分 3 部分内容分别介绍了该区域的蓄水工程供水、引水和提水工程、地下水供水设施。

3. 供水量调查统计

本小节分 3 部分内容分别介绍了该区域的行政分区供水量调查分析、水资源分区供水量调查分析、供水量变化趋势分析。

4. 供水水质调查分析

本小节分别介绍了地表水供水水质、地下水供水水质的调查分析结果。

5. 用水量调查统计

本小节分 4 部分内容分别介绍了该区域的行政分区用水量调查分析、水资源分区用水量调查分析、用水量变化趋势分析、城市供用水量。

6. 用水消耗量分析估算

本小节对郑州市用水消耗情况进行分析。

7. 废污水排放量调查分析

本小节对郑州市的污废水排放情况进行分析。

8. 供、用、耗、排水成果合理性检查

本小节从历年用水量与经济社会的关系、历年用水量与降水量的关系，来对计算成果的合理性进行检查。

9. 用水水平及效率分析

本小节分 8 部分内容分别介绍了该区域的人均 GDP、人均用水量、万元 GDP 用水量、灌溉亩均用水量、城镇人均生活用水量、工业万元产值用水量、用水弹性分析、典型灌区分析。

10. 水资源开发利用程度分析

对郑州市地表水控制利用率、水资源总量利用消耗率及浅层地下水开采率进行估算，综合评估水资源开发利用程度。

11. 与水相关的生态环境问题调查评价

本小节从河道基流减少与河道断流、水土流失和土地沙化、地下水严重超采三方面阐述郑州市与水相关的生态环境问题。得出结论：多数河流为季节性河流，河道基流减少或经常断流，其下游往往成为排污河道；现状年水土流失面积 3705.4km^2，沙区面积 526km^2，两项合计 4231.4km^2，占全市总面积的 56.8%；本区地表水资源极其匮乏，地下水超采，现状年超采率为 20%左右。

四、节约用水

1. 概述

在本小节简要介绍了节水规划的指导思想、目标与任务、规划依据。

2. 现状用水水平分析

本小节首先计算了用水指标及水资源开发利用程度、耗水量及耗水水平。在此基础上，计算评估了现状节水水平。

3. 节水标准与指标

根据郑州市的水资源条件、经济社会发展状况、科学技术水平、水价等条件，参考河南省以及省外的用水定额以及先进用水水平的指标与参数，通过采取综合节水措施，确定本地区的分类用水定额、用水效率等指标及其适用范围。最后用于计算节水量。按照生活节水指标、工业节水指标、建筑业及服务业节水指标、农业节水指标分类进行计算。经计算，实施节水措施后，$P=50\%$时，郑州市 2010 年、2020 年和 2030 年分别可节水 $15896.49\times10^4m^3$、$25429.33\times10^4m^3$ 和 $29941.66\times10^4m^3$。

4. 节水潜力分析

节水潜力是以各部门和各行业（或作物）通过综合节水措施所达到的节水指标为参照标准，分析现状用水水平与节水指标的差值，并根据现状发展的实物量指标计算可能最大的节水数量。按照农业节水潜力、工业节水潜力、建筑业及服务业节水潜力、生活节水潜力分类进行计算。经计算，总节水潜力为 $11048.63\times10^4m^3$。

5. 节水目标与措施

郑州市节水型社会建设目标分为近期、中期和远期三个阶段，分别对应制定相应的节水目标。节水措施包括：城市生活及服务业节水措施、第二产业节水措施、农业节水措施、污水回用。

6. 节水方案拟订

提出两套方案，即基本方案和强化节水方案。基本方案是现状节水力度水平下的方案。在基本方案需水预测的基础上，根据水资源配置的要求，进行节水潜力的分析。强化节水方案下提出的方案即为强化节水方案。强化节水方案为在经济合理、技术可行的条件下，增加节水投入力度的方案。

7. 节水投资估算

投资包括管理体制与运行机制建设、经济结构和经济布局调整、各业节水与非常规水资源开发利用、配置工程和管理设施建设、水环境与水生态保护、公众意识与能力提高等方面的投资。经初步估算，到2020年各行业节水投资共218069.66万元，到2030年各行业节水投资共达371109.84万元。

五、水资源保护

关于郑州市实例区水资源保护规划的内容已在本书第八章第六节作过详细介绍，这里只对报告中各小节主要内容作概括性介绍。详细内容可参看本书第八章第六节。

1. 相关依据与标准

介绍了进行郑州市水资源保护规划时依据的相关法律法规、标准以及相关文件。

2. 水功能区划

根据《河南省水功能区划报告》，结合郑州市实际情况及水功能区划原则、条件和方法，郑州市内共划分19个一级水功能区、44个二级水功能区。

3. 水功能区水质目标拟定

根据郑州市水功能区水质现状、排污状况、不同水功能区的特点、水资源配置对水功能区的要求以及当地技术经济等条件，拟定各一、二级水功能区现状条件与规划条件下的水质目标。

4. 水功能区纳污能力计算

本小节内容包括纳污能力设计条件的确定、水域及排污口概化、模型选取、纳污能力计算。最终计算出44个二级水功能区的纳污能力。

5. 污染物入河量估算

本小节内容包括调查范围与方法、污染物源强系数与入河系数确定、现状水平年污染物入河量估算、规划水平年污染物入河量估算。最终计算出44个二级水功能区的污染物排放量及入河量。

6. 污染物控制量与削减量

通过计算得到郑州市不同水平年水功能区污染物入河总量控制、废污水排放及其处理规划成果。

7. 地表水水质保护措施

本小节详细介绍了地表水水质保护措施，具体包括污染源控制措施、水环境修复工程措施、地表水饮用水源地保护、地表水水质监测体系建设、地表水水质保护管理措施。

8. 地下水保护

本小节详细介绍了地下水保护措施，具体包括地下水超采区保护、地下水地质灾害区保护、地下水污染区保护、地下水饮用水源地保护、地下水动态监测网络建设、地下水保护管理措施。

9. 与水相关的生态环境保护与修复

本小节详细介绍了与水相关的生态环境保护与修复措施，具体包括生态环境保护区建设、森林生态城建设、生态水系建设。

六、需水预测

1. 预测依据

介绍了进行郑州市需水预测时依据的相关法律法规、标准以及相关文件。

2. 经济社会发展指标分析

在对人口现状调查和统计分析的基础上，对规划水平年人口数进行预测。在对国民经济发展现状分析的基础上，对规划水平年国内生产总值、产业结构、工业产值、农业产值、灌溉面积进行预测。

3. 经济社会需水预测

将需水门类分为生活、工业、农业、生态环境四个一级类，每个一级类可再分成若干个二级类和三级类。经济社会需水预测按照生活需水、农业需水、第二产业需水分别进行计算。

4. 生态环境需水预测

按照河道内、河道外需水分别进行计算。

5. 需水预测汇总

综合以上各部门需水量预测结果，得到郑州市各行政分区 2010 年、2020 年和 2030 年基本方案的需水总量，见表 10－6。在 $P=75\%$ 水平年，郑州市 2010 年、2020 年和 2030 年的需水总量分别为 $199170\times10^4 m^3$、$243193\times10^4 m^3$ 和 $275602\times10^4 m^3$，2010～2020 年间的年均增长率为 2.02％，2020～2030 年间年均增长率为 1.26％，其中 2010 年、2020 年和 2030 年郑州市区占郑州市需水总量的 41％～45％之间，随着郑州市区城区的不断扩大，郑州市区的需水量比例也在增加。到 2030 年郑州市总需水量为 26 亿到 28 亿 m^3，比现状年用水量增加了 10 亿～12 亿 m^3。

同样，得到强化节水方案下的需水总量，见表 10－7。在 $P=75\%$ 水平年，强化节水方案下 2010 年、2020 年和 2030 年的需水总量分别为：$182761\times10^4 m^3$、$216810\times10^4 m^3$ 和 $243865\times10^4 m^3$。强化节水方案 2010 年、2020 年和 2030 年分别比基本方案下节水 $16409\times10^4 m^3$、$26383\times10^4 m^3$ 和 $31737\times10^4 m^3$。

表 10－6　郑州市基本方案下需水预测结果汇总　　单位：$\times10^4 m^3$

行政区	2010 年			2020 年			2030 年		
	$P=50\%$	$P=75\%$	$P=95\%$	$P=50\%$	$P=75\%$	$P=95\%$	$P=50\%$	$P=75\%$	$P=95\%$
巩义	18661	18974	19106	23622	23921	24118	25834	26159	26484
登封	9290	9386	9483	11234	11316	11395	14169	14253	14316
荥阳	21084	21892	22372	23875	24620	24905	26225	27014	27313
新密	13371	13587	13708	15993	16141	16322	18086	18214	18401
郑州市区	81198	82370	84272	107551	108883	111062	123870	125231	127228
新郑	11740	11874	12187	14488	14712	14955	18160	18475	18681
中牟	38462	41087	42389	40691	43601	44942	43232	46256	47183
全区	193806	199170	203517	237454	243193	247699	269576	275602	279606

表 10-7　郑州市强化节水方案下需水预测结果汇总　单位：$\times 10^4 m^3$

行政区	2010 年			2020 年			2030 年		
	$P=50\%$	$P=75\%$	$P=95\%$	$P=50\%$	$P=75\%$	$P=95\%$	$P=50\%$	$P=75\%$	$P=95\%$
巩义	16911	17185	17305	20519	20790	20959	21937	22233	22391
登封	8604	8688	8774	10038	10105	10172	13110	13175	13238
荥阳	19352	20126	20466	21092	21708	21950	23004	23541	23992
新密	12008	12202	12311	13494	13622	13778	14867	14995	15182
郑州市区	76584	77677	79555	100037	101182	103258	115625	116792	118634
新郑	10913	11031	11307	13127	13284	13512	16263	16363	16484
中牟	33539	35852	37044	33716	36119	37143	34828	36766	38146
全区	177911	182761	186762	212023	216810	220772	239634	243865	248067

七、供水预测

郑州市供水水源主要包括地表水、地下水（浅层地下水）和其他水源（雨水集蓄、污水回用和深层地下水）。现状条件下的地表水主要为当地地表水和过境地表水（包括伊洛河和黄河）。规划水平年可利用南水北调中线工程的部分跨流域调水。

1. 地表水供水

地表可供水量包括蓄水工程（水库、塘坝）可供水量、引水工程可供水量、提水工程可供水量和跨流域调水工程可供水量。计算得到郑州市不同水平年、不同保证率的地表水可供水量，见表 10-8。

表 10-8　郑州市地表水可供水量　单位：$\times 10^4 m^3$

行政区	2010 年			2020 年、2030 年		
	50%保证率	75%保证率	95%保证率	50%保证率	75%保证率	95%保证率
巩义	5047.79	4866.16	4568.29	8697.79	8516.16	8218.29
登封	3822.60	3209.43	2269.06	3822.60	3209.43	2269.06
荥阳	12094.48	11832.02	11505.80	12094.48	11832.02	11505.80
新密	2987.55	2640.60	2079.06	2987.55	2640.60	2079.06
郑州市区	71716.29	71324.51	70948.34	86716.29	86324.51	85948.34
新郑	9829.66	9572.44	9071.84	11329.66	11072.44	10571.84
中牟	18051.13	18051.13	18051.13	21251.13	21251.13	21251.13
合计	123549.50	121496.29	118493.52	146899.50	144846.29	141843.52

2. 地下水供水

地下水供水预测是以矿化度小于 2g/L 的浅层地下水资源可开采量作为依据，计算结果见表 10-9。

表 10-9　　郑州市地下水可供水量　　单位：$\times 10^4 m^3$

行政区	地下水可供水量			
	2005 年	2010 年	2020 年	2030 年
巩义	7204.01	7204.01	7204.01	7204.01
登封	5800.52	5800.52	5800.52	5800.52
荥阳	5879.89	5879.89	5879.89	5879.89
新密	6758.65	6758.65	6758.65	6758.65
郑州市区	8332.79	8332.79	8332.79	8332.79
新郑	5544.61	5544.61	5544.61	5544.61
中牟	16873.35	16873.35	16873.35	16873.35
合计	56393.82	56393.82	56393.82	56393.82

3. 其他水源开发利用

郑州市其他供水水源主要包括雨水集蓄利用、污水处理再利用和深层承压水利用三部分。对于郑州市来说，雨水利用总量不是很大，但它是解决西部山区部分群众生活用水的重要措施，也是城市环境用水与回补地下水的重要措施。当前郑州市的污水再利用数量有限，仅为污水处理厂的草坪灌溉用水，但其回用的潜力非常大，是今后解决部分工业用水和生态环境用水的重要途径。

4. 主要水源工程及投资

根据郑州市现状和规划可能的水源情况，列出主要水源工程。其中，包括污水处理厂及中水回用情况，骨干供水工程投资。

八、水资源配置

1. 基本思路

简要介绍水资源配置的基本思路、重点内容。

2. 基准年"一次"供需分析

基准年供需分析的目的是摸清水资源开发利用在现状条件下存在的主要问题，分析水资源供需结构、利用效率和工程布局的合理性，提出水资源供需分析中的供水满足程度、余缺水量、缺水程度、缺水性质、缺水原因及其影响、水环境状况等指标。计算结果表明，在75%频率下，郑州市全区需水量 $162450\times 10^4 m^3$，而可供水量只有 $111242.78\times 10^4 m^3$，缺水 $51207.22\times 10^4 m^3$，缺水率为32%。

3. 规划水平年供需分析

本小节所论述的规划水平年供需水分析，是以计算的不同水平年（2010年、2020年、2030年）需水量、可供水量为基础，通过"一次"、"二次"（即强化节水）供需水量计算，分析缺水状况。

经"一次"供需水量计算，到2030年，在实施南水北调工程（向郑州市供水 $51700\times 10^4 m^3$）、陆浑水库西水东进工程（向郑州市区供水 $15000\times 10^4 m^3$）、引用一定量的雨水、污水的条件下，75%频率可供水量为 $254983.54\times 10^4 m^3$，此时按照"零方案"预测，需水为 $275602\times 10^4 m^3$，全区缺水量为 $20618.46\times 10^4 m^3$，缺水率为7%。也就是说，在实施南水北调工程、陆浑水库西水东进工程的基础上，仍有较大的缺水。

经“二次”供需水量计算，到2030年，“强化节水方案下”75%频率需水量为243865×$10^4 m^3$，全区总体不缺水，但在郑州市区、新密市、荥阳市出现缺水，缺水率分别为11%、9%、4%。因此，需要进行水资源空间上的优化分配，保障各分区用水。

4. 基于人水和谐量化方法的水资源配置优化模型

核心工作是建立基于人水和谐量化方法的水资源配置优化模型。模型建立方法如本章第二节所述。

5. 水资源配置方案生成与比选

针对上面建立的优化模型，采用计算机模拟技术，通过模拟各种不同水资源规划方案，选择模型约束条件范围内的最佳综合效益的方案，以此为依据选择最佳水资源规划方案。这里仅列出规划水平年2020年、2030年75%保证率的水资源配置推荐方案结果，见表10-10、表10-11（2010年以及各年50%、95%保证率结果，就不再一一列出）。

6. 推荐的水资源配置方案结果分析与评价

分别从供需水量平衡角度、方案实施可行性和调度管理层次上、环境层次上、从经济层次上、从区域协调发展层次上，对各规划水平年推荐的水资源配置方案结果进行分析与评价，以说明推荐的方案是合理的。

7. 特殊干旱期水资源保障应急对策

首先分析规划区可能的特殊干旱情况，主要计算其对应的缺水量。经分析计算，从最不利组合来看，在2020年，总缺水21203.48×$10^4 m^3$，缺水率为9.6%；在2030年，总缺水35926.03×$10^4 m^3$，缺水率为14.5%。正是因为在规划水平年采取了一系列措施，包括调水、节水、污水处理、污水回用等，使郑州市水资源利用状况得到极大改善，即使在特殊干旱年份缺水状况并不严重，缺水率均低于目前郑州市正常年份的缺水率（50%频率下基准年缺水率为28%），总体来看应该是可以接受的。

缓解特殊干旱期缺水的对策应包括工程和非工程应急措施。制定防御特殊干旱预防性措施和应急对策。

建议的预防性措施包括：

（1）建立和完善干旱的监测和预报系统，及时掌握水资源供需状况，提高预测干旱灾害的能力。

（2）建立抗旱指挥系统，加强防旱、抗旱指挥的组织和应变能力。

（3）战略性资源储备，到特殊干旱年份可以适当超采一部分地下水，作为应急供水。

建议的应急对策预案包括：

（1）在特殊干旱期，首选措施是超采部分地下水，把地下水看作是一个后备“地下水库”。按照目前地下水开采数量估算，在规划可开采水量的基础上可以再多用56985.18×$10^4 m^3$，足以满足临时缺水的补给。但要求地下水位在丰水期及时得到恢复。

（2）其次，可以考虑从黄河流域调一部分水，途径之一是临区的陆浑水库调水，之二是从干流调水。本次规划建议在2010年建设陆浑水库西水东进工程，作为郑州市的供水水源和后备水源，可以紧急多供水5000×10^4～10000×$10^4 m^3$。

表 10－10　　规划水平年 2020 年 75%保证率水资源配置推荐方案详表　　单位：$\times 10^4 m^3$

行政区	需水量							供水量							
	城镇生活	农村生活	第二产业	第三产业	生态环境	农业	合计	地表水	地下水	引黄河干流水	南水北调水	引陆浑水库	雨水利用	污水回用	合计
巩义	2768.07	1561.00	14106.38	194.02	81.00	3145.00	21855.47	4841.16	7204.01	3675	0	0	254.43	5880.87	21855.47
登封	1702	1242	5767	499	106	1999	11315	3209.43	5800.52	0	0	0	228.16	2076.89	11315.00
荥阳	1745	1470	6235	755	89	11414	21708	1132.02	6186.93	1560	9140	0	243.50	3445.55	21708.00
新密	2283	1551	6572	627	93	2456	13622	2640.60	7434.65	0	0	0	163.60	3383.15	13622.00
郑州市区	32420.93	3326.00	15128.13	8701.36	31279.00	10820.59	101676.06	8596.51	8332.79	31258	31470	15000	555.58	6463.18	101676.06
新郑	1999	863	6733	924	332	3861	14712	1222.44	5544.61	0	6350	0	79.93	1515.02	14712.00
中牟	1945	1667	4089	632	421	34844	43601	4041.13	16873.35	11270	2740	0	17.47	8659.05	43601.00
全市	44863.00	11680	58330.57	12332.38	32404	68579.58	228489.53	25683.29	57376.86	47763	49700	15000	1542.67	31423.71	228489.53

表 10－11　　规划水平年 2030 年 75%保证率水资源配置推荐方案详表　　单位：$\times 10^4 m^3$

行政区	需水量							供水量							
	城镇生活	农村生活	第二产业	第三产业	生态环境	农业	合计	地表水	地下水	引黄河干流水	南水北调水	引陆浑水库	雨水利用	污水回用	合计
巩义	3753.96	1586.00	14232.95	347.00	81.00	2980.09	22981	4841.16	7204.01	3675	0	0	270.84	6989.99	22981.00
登封	2248.38	1305.00	7311.46	371.19	106.00	1763.32	13605.35	3209.43	5800.52	0	0	0	238.15	4357.25	13605.35
荥阳	2155	1592	7073	1285	107	11329	23541	1132.02	6467.89	1560	9140	0	249.82	4991.27	23541.00
新密	3075	1570	6812	1077	93	2368	14995	2640.6	7334.65	0	0	0	177.34	4842.41	14995.00
郑州市区	40726	4173	16194	12662	32215	10822	116792	8596.51	9165.79	35258	31470	15000	778.52	16523.18	116792.00
新郑	2732	780	9013	1544	332	4074	18475	1222.44	5544.61	1500	8350	0	94.13	1763.82	18475.00
中牟	2650	1677	5325	1151	469	34984	46256	4041.13	13873.35	10470	2740	0	27.37	12104.15	46256.00
全市	57340.33	12683.00	65961.41	18937.19	33403.00	68320.42	256645.35	25683.29	58390.82	52463.00	51700	15000	1836.17	51572.07	256645.35

（3）在用水方面，因为郑州市人口和工业集中且密度大，在特殊干旱年份需要优先保障生活用水、工业用水，可以适当压缩农业用水（估计可以减少用水 $8000\times10^4m^3$）。

（4）假如在极度干旱情况下，需要采取特殊应急预案，比如：调整供水方式，必要时定时定量供水，或以集中供水替代分散供水；向受灾区提供紧急援助措施，如居民生活用水采用水车送水等。

九、总体布局与实施方案

（一）总体布局思路

以“建立郑州市人与水和谐共处的水资源保障体系”为基本出发点，在技术先进、经济可行、统筹兼顾、协调发展的前提下，按照“留住天上水，拦蓄地表水，用足黄河水，保护地下水，用好再生水，优化北调水”的水资源开发利用战略，提出构建“郑州市蓄—供—排—处理—回用大水网”的战略思想。总体布局思路如下：

（1）坚持“全面规划、统筹兼顾、综合利用、标本兼治、讲究实效”的原则，坚持“开源”、“节流”、“治污”并举，工程措施和非工程措施相结合，对供水、用水、节水、治污、水资源保护等方面进行统筹安排，实现对地表水、地下水及其他水源在不同区域、不同用水目标、不同用水部门水量与水质的统一、合理调配，协调好开发与保护、近期与远期、流域与区域，城市与农村、投资规模与资金来源以及相应管理机制等关系。

（2）遵循“突出重点，节水优先、保护为本，经济合理、技术可行”的原则。突出对供水、用水、节水、治污与生态环境保护等基础设施所构成的水网络体系的统筹安排，重视对水资源开发、利用、治理、配置、节约与保护等领域的非工程措施的制定。

（3）工程措施与非工程措施配合协调，建设高效、科学的法律、行政、经济、技术、宣传教育等方面的制度与措施。

（二）总体布局

针对郑州市特点，综合考虑经济、社会、资源、环境协调发展的需要，在规划水平年，逐步建立具有超前意识的“郑州市蓄—供—排—处理—回用大水网”工程体系，实现郑州市水利基础设施建设、水务管理与服务等全市水利一体化。该工程体系中主体工程包括：14 座中型水库、7 个南水北调供水口门、8 个引黄闸（站）、7 个地下水工程、13 个骨干供水工程、10 个骨干排水（河道治理）工程、15 个污水处理厂、7 个污水回用工程。详细工程情况一览表和工程布置图，在此不再一一列举。

在该工程体系中又包含 3 个工程技术体系：①水资源供给保障体系；②水资源与水环境保护体系；③现代水务信息化管理体系。

1. 水资源供给保障体系

按照水资源优化配置形成的总体开发利用格局，开源与节流并举，在对现有工程除险加固、续建配套与节水改造的同时，重点抓好南水北调外调水、引黄河水，加大污水回用、雨水利用工程建设力度，建设骨干水利工程，架构由“南水北调配套工程、引黄工程、陆浑水库西水东进工程、14 座中型水库及配套供水工程、引提水工程、强化节水工程、污水处理及回用工程、雨水利用工程”组成的统一调控、多水源并举的郑州市水资源配置格局。

2. 水资源与水环境保护体系

在工程体系建设中，通过强化节水、扩大污水处理厂规模、修建污水回用工程、地下水地表水保护工程，努力提高水的利用效率，减少污染物排放量，逐步提高污水处理能力和回用比例。

3. 现代水务信息化管理体系

建立并完善水利信息化网络，推进水务管理现代化，以科学技术促进水务一体化管理水平的提高，确保水资源综合规划得以实施。

（三）工程实施方案

1. 增加供水实施方案

(1) 郑州市南水北调配套工程。郑州市是南水北调中线工程主要受水区之一，根据河南省人民政府文件（豫政文〔2007〕195号）批复，南水北调中线工程向郑州市供水量为5.17亿m^3/a。

南水北调工程郑州段从新郑市乔户入境，途经新郑、中牟、郑州市区、荥阳，由孤柏嘴过黄河，总长133km。受水范围包括：新郑、中牟、郑州市区、荥阳，新郑航空港和上街区。

设计7座分水口门。19号李垌口门向新郑市供水，20号小河刘分水口门向新郑机场、中牟县供水，21号刘湾分水口门向郑州市郑东新区、加州工业城供水，22号密垌泵站口门、23号中原西路分水口门向郑州市中西部供水，24号前蒋寨分水口门向荥阳市供水，新增加的蒋头分水口门向上街区供水。

新建7个水厂。新建东区水厂，日供水能力20万m^3。新建刘湾水厂，日供水能力10万m^3。新建中牟水厂，日供水能力4万m^3。扩建中牟第三水厂。新建航空港区水厂，日供水能力4万m^3。新建新郑水厂，日供水能力14万m^3。新建荥阳水厂，日供水能力21万m^3。新建上街区水厂。

新建7座泵站。李垌泵站，分别向老观寨、望京楼水库输水充库；小河刘泵站向新郑航空港供水；刘湾泵站向刘湾水库提水充库；密垌泵站向尖岗水库提水充库；中原西路泵站，反向提水入常庄水库；前蒋寨泵站向荥阳蓄水池和水厂输水；蒋头泵站向上街区蓄水池和水厂输水。

改扩建5座调蓄水库。老观寨、望京楼水库作为新郑水厂的调节水库。利用刘湾水库作为刘湾水厂和东区水厂两个水厂的调节水库。尖岗和常庄水库作为柿园水厂和白庙水厂两个水厂的调节水库。

主要工程量：输水管道总长125.75km，分水口门7座，新建水厂7个，扩建水厂1个，置换水厂2个，调蓄水库5座，调蓄水池4座，泵站7座，修建暗渠4.4km。工程永久占地1017.13亩，临时占地9199.91亩。

工程总投资匡算：配套工程以2006年第二季度为价格水平年，总投资为103893万元。其中：新郑市10585万元；中牟县15636万元；郑州市区、新郑航空港54894万元；荥阳市14288万元，上街区8490万元（根据《郑州市南水北调配套工程规划》）。

(2) 陆浑水库西水东进工程。该工程以陆浑水库为初始水源，线路西起陆浑水库东干渠末端，在坞罗水库西罗口村处向北，穿过坞罗河，在南山口镇跨越 310 国道巩义改线段后，经隧洞东行至白窑村南采用渡槽跨过后寺河后，采用隧洞穿过大峪沟镇、小关镇，到达郑冲村东，然后管线经过新中镇南，在米河镇水头村跨越汜水河，进入荥阳市境内，沿刘河至崔庙公路，由刘河镇南经隧洞穿过任洼村；途径三仙庙水库南、崔庙镇北、西马寨村北，经白操岗村南邢村北，到程炉村南折向东南进入郑州市二七区，于李家沟村南跨过孔河，沿刘胡洞村北向东，在楼河村北入尖岗水库。

根据陆浑灌区供水情况，在对已建成的灌溉渠道需要采用防渗处理等措施，可实现从陆浑水库向郑州自流供水，年调水量 1.5 亿 m^3 左右。

主要工程量：该工程线路全长 56.59km，其中隧洞长 23.08km，管线长 33.51km，线路中渡槽 8 座。

工程总投资匡算：该工程总投资匡算为 9 亿元（参考《郑州市生态水系规划报告》，2007）。其中：干渠及干渠以下郑州市区工程为 8.30 亿元；巩义市境内干渠以下工程为 0.20 亿元；荥阳市境内干渠以下工程为 0.50 亿元。

（3）中型水库（蓄水）工程。郑州市现有中型水库 14 座，小型水库约 149 座（扣除了常年无水或多年来已丧失了供水作用的小水库），大小塘坝 338 处（总容积 $843\times10^4m^3$）。除了中型水库为工业、农业和生活供水外，小型水库和塘坝基本上为农业生产服务。

郑州市 14 座中型水库均已建成多年，近期也进行了水库除险加固、防渗等处理工作。作为南水北调调节水库的老观寨、望京楼、刘湾、尖岗、常庄水库的防渗、截污及配套工程已计入南水北调配套工程中。这里不再重复计算其投资。

（4）骨干地表水供水工程。

引水工程：

小浪底引水工程——主要利用小浪底 220m 高程水位，沿邙岭穿洞跨沟把水送至巩义市的扎峪关坡 195m 高程，采用 $D1400$ 的球墨铸铁管，全程 50km，该工程日供水能力 10 万 t，年供水量 3650 万 m^3。估计投资 2664.50 万元。

杨桥引黄工程——对杨桥灌区引黄工程进行改建。该工程已列入节水规划中，将进行灌区续建配套与节水改造（投资已计入到节水工程中）。

三刘寨引黄工程——对三刘寨灌区引黄工程进行改建。该工程已列入节水规划中，将进行灌区续建配套与节水改造（投资已计入到节水工程中）。

提水工程：

巩义市二电厂供水（提水）工程——水源地选在益家窝和稍柴的伊洛河滩区，利用平管侧渗，过滤后，建泵站直接提水，建泵站一处，采用 12SH—13 泵 3 台，$D800$ 混凝土管 1700m，日提水能力 3 万 t，向巩义市二电厂供水。规划供水量 $1095\times10^4m^3$，投资 3471.15 万元。

巩义市坞罗供水东区（提水）工程——利用坞罗水库蓄水和陆浑灌区的优势条件，新建 4 万 t/d 供水工程，向巩义市供水。规划供水量 $1460\times10^4m^3$，投资 4628.20 万元。

巩义市天芝供水（提水）工程——主要是利用天坡水库本身的蓄水和陆浑灌区的水源，设计供水规模 1 万 t/d，向巩义市供水。规划供水量 $365\times10^4m^3$，投资 1234.80

万元。

郑州市区花园口提灌站向东风渠供水工程——利用花园口提灌站，抽取黄河水，向东风渠供水。规划供水量 $1892\times10^4m^3$，投资 1892.00 万元。

郑州市区岗李水库向龙湖供水（提水）工程——将岗李水库扩建作为滩区水源水库，在岗李水库北侧紧靠南裹头大坝建沉沙池。在南裹头上游处建泵站抽去黄河水，经沉沙池沉沙后，送至水源水库，穿过黄河大堤经东风渠、魏河供水至龙湖。规划供水量 $1892\times10^4m^3$，投资 1892.00 万元。

新郑市“引黄入新”提灌工程——在中牟县蒋冲提灌区的基础上，修建二级提灌，向新郑西北部水资源困难的地区输水，以解决新郑东北部地区的农业灌溉问题，同时对该地区的地下水进行补源，缓解这一区域水资源紧缺的矛盾。规划灌溉面积 5 万亩，提水量 $1650\times10^4m^3$，投资 2772.00 万元。

中牟县蒋冲提灌工程——采用杨桥灌区输水渠道将黄河水提引至中牟县南，改变中牟县南部农业生产条件。规划灌溉面积 9.45 万亩，供水量 $3200\times10^4m^3$，投资 5365.00 万元。

(5) 骨干地下水供水工程。根据本次规划，地下水的开采主要来源于浅层地下水，限制深层地下水开采，关闭一部分不合理的地下水开采井，重新布设一部分开采井。

巩义浅层地下水工程——现状年地下水总开采量为 $14404\times10^4m^3$，规划水平年允许开采量 $7204.01\times10^4m^3$，控制减少量 $7199.99\times10^4m^3$，新增投资 0.3247 亿元。

登封浅层地下水工程——现状年地下水总开采量为 $6380\times10^4m^3$，规划水平年允许开采量 $5800.52\times10^4m^3$，控制减少量 $579.48\times10^4m^3$，新增投资 1.4968 亿元。

荥阳浅层地下水工程——现状年地下水总开采量为 $17999\times10^4m^3$，规划水平年允许开采量 $5879.89\times10^4m^3$，控制减少量 $12119.11\times10^4m^3$，新增投资 5.4593 亿元。

新密浅层地下水工程——现状年地下水总开采量为 $9984\times10^4m^3$，规划水平年允许开采量 $6758.65\times10^4m^3$，控制减少量 $3225.35\times10^4m^3$，新增投资 5.8604 亿元。

郑州市区浅层地下水工程——现状年地下水总开采量为 $27790\times10^4m^3$，规划水平年允许开采量 $8332.79\times10^4m^3$，控制减少量 $19457.21\times10^4m^3$，深层地下水、浅层地下水均已超采，需要关闭一部分不合理的地下水开采井。

新郑浅层地下水工程——现状年地下水总开采量为 $10335\times10^4m^3$，规划水平年允许开采量 $5544.61\times10^4m^3$，控制减少量 $4790.39\times10^4m^3$，新增投资 2.1298 亿元。

中牟县浅层地下水工程——现状年地下水总开采量为 $26487\times10^4m^3$，规划水平年允许开采量 $16873.35\times10^4m^3$，控制减少量 $9613.65\times10^4m^3$，深层地下水、浅层地下水均已超采，需要关闭一部分不合理的地下水开采井。

(6) 集雨工程。根据节水规划，在郑州市范围，近期试点新建集雨节灌水窖 6 万个，每年 1.5 万个，街心花园、公园、规模以上单位等兴建积雨环境用水工程 100 项，投资 0.75 亿元。本次按照 2010 年、2020 年、2030 年规划，分别新增投资 0.3923 亿元、0.2563 亿元、0.2530 亿元，合计 0.9016 亿元。

(7) 污水回用工程。根据节水规划，在郑州市范围，近期试点新建中水回用工程 27 项。其中：郑州市区 20 项、各辖县（市、区）至少一项，2010 年完成，总投资 0.5 亿元。本次按照 2010 年、2020 年、2030 年规划，分别新增投资 0.6125 亿元、0.1226 亿元、0.9288 亿元，合计 1.6639 亿元。

2. 节水实施方案

农业节水：根据节水规划，新建节水灌溉示范项目 12 项，辖各县（市、区）至少建设一项，总投资 0.05 亿元；推广农田节水灌溉面积 252900 亩，每年 16860 亩，总投资 0.64 亿元。

工业节水：根据节水规划，形成节水能力 1.2 亿 m^3，总投资 1.6 亿元。

生活节水：根据节水规划，生活用水计量水表更新，每年 10 万块，生活用水器具更新改造：每年 15 万件，总投资 0.45 亿元。

城镇配水改造：城镇配水管网改造工程，按每年 100km 估算，总投资 13 亿元。

节水型社会建设：创建节水社区，郑州市区 12 个、各县（市）1 个（共 19 个），总投资 0.19 亿元；创建节水灌区，郑州市区 5 个、各县（市）1 个（共 12 个），总投资 0.24 亿元；创建节水企业（单位），郑州市区 5 个、各县（市）1 个（共 12 个），总投资 0.31 亿元。

3. 水资源保护实施方案

地表水污水处理工程：包括 15 个污水处理厂及配套工程建设，总投资 19.26 亿元。

地表水源地保护工程：包括水源地农村面源污染控制、入湖库支流生态保护、水源地保护及综合整治、湖库生态修复与保护、水源地水土流失综合治理。总投资 14.3609 亿元。

河道治理工程：包括东风渠、七里河、金水河、熊耳河、魏河、贾鲁河、索须河、潮河、枯河、南运河的治理。总投资 14.3609 亿元。

地下水源地保护工程：包括郑州市北郊水源地隔离保护工程、郑州市九五滩水源地隔离保护工程、巩义市三水厂水源地隔离保护工程、巩义市万泉水源地隔离保护工程、新密市自来水公司水源地隔离保护工程、中牟县自来水公司水源地隔离保护工程、郑州市北郊水源地固废集中处置工程、郑州市九五滩水源地固废集中处置工程、郑州市北郊水源地铁、锰处理工程。总投资 0.47 亿元。

地表水水质监测系统：包括水功能区断面水质监测系统 36 套、饮用水源地水质监测系统 17 套，总投资 1.747 亿元。

地下水水质监测系统：包括地下水自动化动态监测设备，现场数据采集系统与传输设备，水质全分析费用等。总投资 0.241 亿元。

4. 水务信息化建设

水利信息基础设施：是业务应用系统的硬件支撑平台，由信息采集传输设施、水务信息网络、水务数据中心、水务调度管理中心等四部分组成。投资 1.25 亿元。

业务应用体系：包括水务信息实时监控、防汛抗旱指挥决策支持、水资源管理信息、水环境管理信息、水土保持管理信息、水利工程建设管理信息、灌区管理信息、水资源调度决策支持、电子政务和办公自动化、公共信息服务等。投资 0.75 亿元。

信息化保障环境：是水务信息化建设得以顺利进行的基本支撑，由水务信息化标准体系与安全体系、建设及运行管理制度、政策法规的制定与实施、资金保障、人才队伍培养等构成。投资0.1亿元。

十、规划实施效果评价

1. 评价内容

在水资源规划方案提出之后，还需要再回过头来，从不同层次、不同角度来全方位评价规划实施的效果，综合评估规划推荐方案实施后的效果，识别对规划实施效果影响较大的主要因素，并提出相应的对策。

2. 人水和谐程度评价

按照人水和谐程度评价方法，定量评估水资源规划方案实施后的人水和谐状况。通过计算认为，在郑州市实施一系列措施之后，郑州市人水和谐状况得到很大提高，有效地促进人与自然和谐相处，促进郑州市生态水系城市建设和环境友好城市建设。

3. 水资源系统总体效率评价

分别从提高水资源供水效果方面、提高水环境安全效果方面、改善水资源配置格局方面、缓解重点缺水地区和城市水资源紧缺状况方面、改善生态与环境的效果方面、改善供水安全保障程度、抗风险能力和效果方面，来分析论证水资源系统总体效果。分析认为，通过水资源规划方案的实施，有效地提高了整体水资源系统效益。

4. 实施方案的经济效益评价

在本小节，分别论证了节水措施实施后的节水量和增产效益，水资源保护措施实施后带来的水资源保护效益，增加供水方案实施后供水能力的提高和产生的经济效益，非工程措施实施后对抑制不合理需求、有效增加供给和积极保护生态环境的效果，以及水利工程投资对区域经济的拉动作用。

十一、水资源管理机制及保障体系

1. 水资源管理机制

（1）水资源统一管理机制。坚持“利用”与“保护”统一，“开源”与“节流”统一，“水量”与“水质”统一。实施水务统一管理，统筹调度地表水与地下水，优化配置城区、郊区以及区外水资源。

（2）水资源管理的经济运行机制。以水价为经济调控杠杆，促进水资源有效利用。明晰水权，确定用水总量控制指标和用水定额控制指标，保证配水方案实施。

2. 水资源规划实施的保障体系

为了保证水资源规划方案的顺利实施，必须建立一系列保障体系。针对郑州市具体情况，本次规划提出的一套保障体系，包括：两方面法律法规保障体系、六方面政策保障体系、四方面水资源管理机制保障体系、两方面宣传与教育保障体系。

法律法规保障体系包括：地方性水法规体系、水行政执法体系。

政策保障体系包括：水资源合理配置政策、节约用水政策、水资源保护政策、产业政策、经济政策、科技支撑政策。

水资源管理机制保障体系包括：政府宏观调控机制、水资源统一管理机制、水市场运行调节机制、城市供水及污水处理市场开放机制。

工程建设保障体系包括：水资源供给保障体系、水资源与水环境保护体系、现代水务信息化管理体系。

宣传与教育保障体系包括：宣传体系与公众广泛参与保障体系、教育与科技支撑保障体系。

思考题

1. 简述水资源规划工作流程和主要内容。
2. 简述水资源规划方案的比选方法。
3. 简述水资源配置方法的原理和基本要求，并分析它在水资源规划中的作用。
4. 以郑州市为例，简述水资源供需分析方法的应用。
5. 简述水资源优化配置方法的一般思路和模型，并分析其在水资源规划中应用前景。
6. 简述水资源规划报告书的编写要求及一般章节安排。
7. 试选择某一地区，搜索相关资料，完成一个水资源规划的工作任务，并撰写水资源规划报告。

参考文献

[1] 左其亭，窦明，吴泽宁．水资源规划与管理．北京：中国水利水电出版社，2005.
[2] 水利部水利水电规划设计总院．全国水资源综合规划技术大纲，2008.
[3] 左其亭，窦明，马军霞．水资源学教程．北京：中国水利水电出版社，2008.

第十一章　水资源管理方案制定

水资源管理，是针对水资源分配、调度的具体管理，是水资源规划方案的具体实施过程。通过水资源合理分配、优化调度、科学管理，以做到科学、合理地开发利用水资源，支撑经济社会发展，改善生态环境，并达到水资源开发、经济社会发展及生态环境保护相互协调的目的。本章将结合前面介绍的基础理论知识，阐述水资源管理的工作流程，介绍水资源管理方法，综述水资源管理主要措施，最后介绍水资源管理报告书编写和应用实例。

第一节　水资源管理工作流程

一、一般工作流程

水资源管理是水行政主管部门的重要工作内容，它涉及水资源的有效利用、合理分配、保护治理、优化调度以及所有水利工程的布局协调、运行实施及统筹安排等一系列工作。其目的是，通过水资源管理的实施，以做到科学、合理地开发利用水资源，支持经济社会发展，保护生态系统，并达到水资源开发、经济社会发展及生态系统保护相互协调的目标[1]。

与水资源规划相比，水资源管理的工作目标、流程、手段差异更大，受人为作用影响的因素更多[2]。但从水资源配置的角度来说，其工作流程基本类似，可概括如图 11－1 所示。

图 11－1 是水资源管理工作的一般流程，可能会随着水资源问题的复杂性不同、水资源管理工作任务、重点和深度不同而有所变化。总体来讲，首先要根据水资源管理工作的对象和任务，确定管理的总体目标、指导思想和基本原则；在现场调查、专家咨询、资料收集、整理和分析的基础上，制定信息获取与传输途径，剖析研究区水资源问题以及水资源管理工作中存在的问题；在以上分析基础上，归纳水资源管理需要解决的问题及主要工作内容；再接着，选择合适的方法，对水资源管理方案进行选择和论证；在此基础上，制定水资源管理措施，并对水资源管理实施的可行性、可靠性进行分析，最后，是水资源运行调度与实时管理。

二、主要内容介绍

1. 确定管理的总体目标、指导思想和基本原则

与水资源规划工作相似，在开展水资源管理工作之前，也要首先确定水资源管理的目标和方向，这是管理手段得以实施的依据和保障。如在对水库进行调度管理时，丰水期要以防洪和发电为主要目标，而枯水期则要以保障供水为主要目标。

与水资源规划工作相似，指导思想同样是水资源管理的“灵魂”。有什么样的指导思

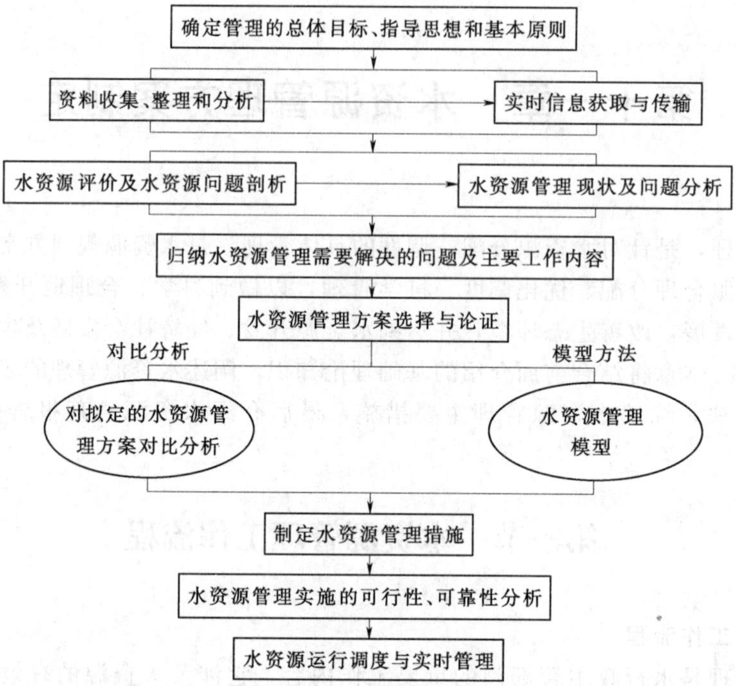

图 11-1　水资源管理一般工作流程图

想就会采取什么样的管理措施。本书前面提到的指导思想有可持续发展思想、人水和谐思想、最严格水资源管理制度、水生态文明理念。

水资源管理涉及人类与自然界，针对的问题解决起来可能比较复杂和棘手，在具体工作中又具有实时性，必须坚持一些基本原则，来做好管理工作。在本书第二章介绍了水资源管理的基本原则。

2. 资料的收集、整理和分析

资料的收集、整理和分析是最繁琐而又最重要的基础工作之一。通常，掌握的情况越具体、收集的资料越全面，越有利于水资源管理工作的开展。

水资源管理需要收集的基础资料，与水资源规划类似，包括有关的经济社会发展资料、水文气象资料、地质资料、水资源开发利用资料以及地形地貌资料等。

在资料收集、整理之后，还要对资料进行分析，确定哪些资料是用于水资源管理措施制定时使用或参考，哪些资料作为实时的信息需要在管理过程中不断获取、传输和更新。这是实现水资源管理实时调度的基础。

3. 实时信息获取与传输

实时信息的获取与传输是水资源管理工作得以顺利开展的基础条件，通常需要获取的信息有水资源信息、经济社会信息等。水资源信息包括来水情势、用水信息以及降水观测等。经济社会信息包括与水有关的工农业生产变化、技术革新、人口变动、水污染治理以及水利工程建设等。总之，需要及时了解与水有关的信息，对未来水利用决策提供基础资料。

为了对获得的信息迅速作出反馈，需要把信息及时传输到处理中心。同时，还需要对获得的信息及时进行处理，建立水情预报系统、需水量预测系统，并及时把预测结果传输到决策中心。资料的采集可以运用自动测报技术；信息的传输可以通过无线通信设备或网络系统来实现。

4. 水资源评价及水资源问题剖析

关于水资源评价工作内容已在第四章详细介绍过。在水资源评价工作的基础上，正确了解研究区水资源系统状况，科学分析存在的水资源问题，比如水短缺、水污染等。这是科学制定水资源管理措施的重要基础。

5. 水资源管理现状及问题分析

调查统计主要经济社会指标、供水基础设施及其供水能力、供水量、用水量、供水水质，评价用水水平和用水效率，评价水资源的开发利用程度。对不合理的水资源开发利用进行分析总结，剖析水资源管理带来的问题，总结水资源管理本身存在的问题。

6. 归纳水资源管理需要解决的问题及主要工作内容

在以上分析的基础上，归纳本研究区水资源管理目前需要解决的问题，进一步确定水资源管理的主要工作内容。本书第二章详细介绍了水资源管理的主要内容。可以根据研究区水资源条件、存在的管理问题以及工作任务，具体选择水资源管理主要内容。

7. 水资源管理方案选择与论证

在以上大量研究工作的基础上，对水资源管理方案选择与论证，大致有两种途径，一是对选定的水资源管理方案进行对比分析，通过定性、定量相结合手段，分析确定选择的水资源管理方案；二是根据研究区的社会、经济、生态环境状况、水资源条件、管理目标，建立该区水资源管理模型。通过对该模型的求解，得到最优管理方案。关于模型的类型及其求解方法已在前文介绍过。

8. 制定水资源管理措施

根据比选得到的水资源管理方案，统筹考虑水资源的开发、利用、治理、配置、节约和保护，研究制定相应的具体措施，并进行社会、经济和环境等多准则综合评价，最终确定水资源管理措施。

9. 水资源管理实施的可行性、可靠性分析

对选择的管理方案实施的可行性、可靠性进行分析。可行性分析，包括技术可行性、经济可行性，以及人力、物力等外部条件的可行性；可靠性分析，是对管理方案在外部和内部不确定因素的影响下实施的可靠度、保证率的分析。

10. 水资源运行调度与实时管理

水资源运行调度是对传输的信息，在通过决策方案优选、实施可行性、可靠性分析之后，作出的及时调度决策。可以说，这是在实时水情预报、需水预报的基础上，所作的实时调度决策。

第二节　水资源管理方法

本节介绍在水资源管理中常用到的几种代表性方法。实际上，水资源管理方法很多，

不限于如下介绍的几种方法。

一、水资源管理的综合评价方法

运用多个指标对多个参评对象（如水资源管理方案）进行评价的方法，称为综合评价方法。其基本思想是将多个指标转化为一个能够反映综合情况的指标来进行评价。比如，在优选水资源管理方案时，首先确定被评价对象，再选择评价指标，然后进行综合评价计算，最后根据计算结果做出选择判断。

关于综合评价的方法比较多，这里只介绍多指标模糊综合评价方法。该方法源于模糊数学，是模糊数学中最基本的数学方法之一。模糊数学理论是由美国自动控制专家查德（L. A. Zadeh）教授于1965年提出，用以表达事物的模糊性。

模糊综合评价方法的大致思路如下：

(1) 确定被评价对象，构建评价指标体系。评价指标体系的构建是进行综合评价的基础。评价指标选取的是否适宜，将直接影响综合评价结果的准确性。

(2) 选择隶属函数，构建评价矩阵。建立适合的隶属函数，对评价指标对应的隶属度进行计算，从而构建出评价矩阵。

(3) 计算或选定权重值，构建权重向量。通过专家经验法或者层次分析法等，确定不同评价因素或指标的权重，构建权重向量。

(4) 评价矩阵和权重向量合成计算，得到综合评价结果。选择适合的合成方法对其进行合成，并对结果向量进行分析。关于合成方法也有很多种，最常用是加权乘积计算，即

$$\text{加权平均评价值}(F)=\text{单指标隶属度值}(\mu_p)\times\text{权重}(W_p)$$

如果被评价对象可以划分出两个以上的评价因素，再在每个评价因素中选择评价指标。这时评价计算就变成多因素、多指标综合评价计算。这里简要介绍文献［3］中采用的综合评价方法（叙述上有改动）。

（一）选定隶属函数，对单指标量化

1. 定量指标的量化方法

由于指标体系中包含有定量指标和定性指标，且定量指标的量纲不完全相同，为了便于计算和对比分析，单指标定量描述采用模糊隶属度分析方法。通过模糊隶属函数 $\mu_j(x)=f_j(x)$，把各指标统一映射到［0，1］上，隶属度 $\mu_j\in[0,1]$，具有较大的灵活性和可比性。

文献［3］中提出采用分段线性隶属函数量化描述方法。在指标体系中，各个指标均有一个隶属度值 μ_j，取值范围为［0，1］。作以下假定：各指标均存在5个（双向指标为10个，见后文）代表性数值：最差值、较差值、及格值、较优值和最优值。取最差值或比最差值更差时该指标的隶属度值 μ_j 为0，取较差值时该指标的隶属度值 μ_j 为0.3，取及格值时该指标的隶属度值 μ_j 为0.6，取较优值时该指标的隶属度值 μ_j 为0.8，取最优值或比最优值更优时该指标的隶属度值 μ_j 为1。

正向指标是指隶属度值 μ_j 随着指标值的增加而增加的指标（比如人均水资源量），逆向指标是指隶属度值 μ_j 随着指标值的增加而减小的指标（比如万元工业产值用水量）。设 a、b、c、d、e 分别为某指标的最差值、较差值、及格值、较优值和最优值（图11-2、图11-3），利用5个特征点 $(a,0)$、$(b,0.3)$、$(c,0.6)$、$(d,0.8)$ 和 $(e,1)$ 以及上

面的假定，可以得到某指标隶属度值 μ_j 的变化曲线以及表达式。表达式是分段线性公式，很容易写出计算公式，在此就不再一一列举。

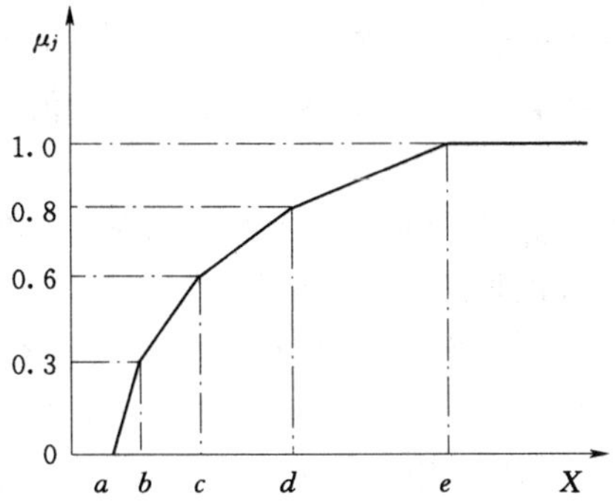

图 11-2 正向指标隶属度值 μ_j 变化曲线

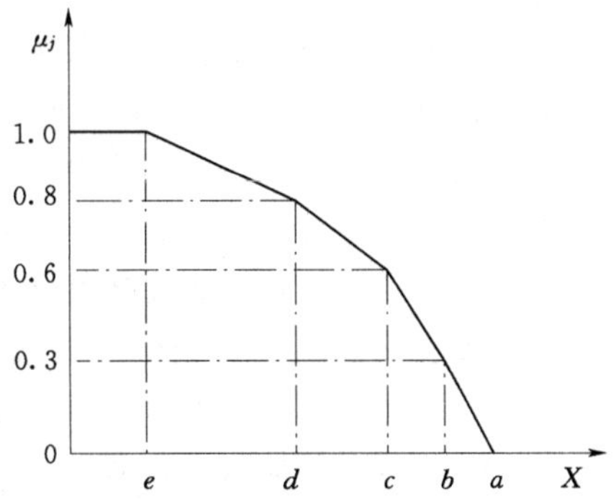

图 11-3 逆向指标隶属度值 μ_j 变化曲线

双向指标是指隶属度值 μ_j 随着指标值的增加而增加，当增加到某个值后隶属度值 μ_j 又随着指标值增加而减小的指标（比如水资源开发利用率）。设 a（j）、b（i）、c（h）、d（g）、e（f）分别为某双向指标的最差值、较差值、及格值、较优值和最优值（图 11 4），利用特征点（a，0）、（b，0.3）、（c，0.6）、（d，0.8）、（e、1）、（f，1）、（g，0.8）、（h，0.6）、（i、0.3）、（j、0）以及上面的假定，可以得到双向指标隶属度值 μ_j 的变化曲线以及表达式。

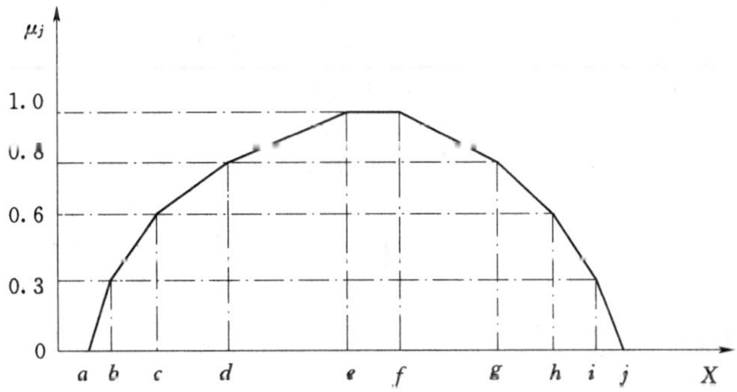

图 11-4 双向指标隶属度值 μ_j 变化曲线

有关代表性数值（图中 a、b、c、d、e、…）的确定，可以采用以下方法：

（1）采用目前行业比较公认的标准。

（2）采用国际和国内一些组织和科研机构的研究成果。

（3）考虑国家或地区已制定的发展规划，将某一时期的规划目标值作为最优值，并考虑现状，综合确定及格值和最差值。

（4）综合考虑发展中国家和发达国家所处的不同水平，将发达国家目前认为比较好的状况值加一定比例定位为最优值，考虑发展中国家现状确定及格值或最差值。

（5）考虑人们对各指标所反映量化方面的期望值和对现状的认可程度来确定。总之，代表性数值在确定的过程中必须考虑所研究对象的具体特点和实际情况。

2. 定性指标的量化方法

对一些定性指标的量化，按百分制先划分若干个等级，并制定相应的等级划分细则，制定问卷调查表，采用打分调查法获取单指标的隶属度值 μ_j 。

（1）通过对研究区域情况比较熟悉的多个专家评判打分，将各专家所打分数，分析样本分布的合理性后，求平均值再转换（除以 100）成该指标的隶属度值 μ_j（取值范围［0，1］)。该方法比较简单，但主观性较大。

（2）如果条件允许，制定问卷后，将问卷发放给熟悉研究区域的专家、水利行业的管理者和决策领导、区域分布比较均匀的群众三部分构成的调查群体，进行广泛的调查。问卷回收率大于 80%，在调查群体人数不少于 30 人时，专家所打的分值与对应的人数符合正态分布，再计算其加权值。若区间较小，则认为平均值较为精确，若区间较大，则对此区间内的散点再求其加权平均值，认为所得的新加权平均值相比第一次加权平均值更精确。在专家人数小于 30 人时，可以根据样本所反映的信息选择使用平均数法、中位数法、众数法这三种方法，尽可能地减少人为因素，确定出相对合理的权重值。采用该方法可以体现公众参与，也更能反映人们对现状的认可程度以及对理想值的期望。

（二）多指标的综合计算

根据单一指标隶属度按照权重加权计算，即 $E_p=\sum_{i=1}^{n}w_i\mu_i\in[0,1]$ 。也可采用根据单一指标隶属度按照指数权重加权计算，即 $E_p=\prod_{j=1}^{m}\mu_j{}^{\beta_j}\in[0,1]$ 。

（三）多因素综合计算

假如该问题有 P 个影响因素，每个影响因素都可以根据以上 2 步计算对应的多指标综合 E_p 值，然后按照 P 个影响因素的权重进行计算。即

$$F=\sum_{p=1}^{P}\alpha_p E_p$$

或

$$F=\prod_{p=1}^{P}E_p\,\alpha_p$$

式中：α_p 为第 p 个影响因素的权重，$\sum_{p=1}^{P}\alpha_p=1$。

二、水资源管理的优化模型方法

在本书第九章介绍了水资源优化配置模型方法。在第十章也介绍过采用水资源优化配置模型方法来选择水资源规划方案。同样，在水资源管理中，也可以采用水资源优化配置模型方法。

水资源管理采用优化模型方法，具有重要的现实意义，对水资源合理利用有重要的指导作用。特别是在目前情况下，人类面临着前所未有的水资源问题、环境问题以及经济社会发展问题，要实现经济社会发展、水资源利用、生态系统保护的协调发展和综合目标最大，显然需要优化技术来参与。即应用优化技术来协调水资源系统各要素之间的关系，实现社会效益、经济效益、环境效益的综合目标最大，保证经济社会可持续发展。

三、水资源管理的风险分析方法

关于风险分析的研究成果很多，这里仅简要介绍一些基本知识和应用。

风险分析是对自然界和人类社会中存在的各种风险问题进行风险识别、风险估计、风险评价，并在此基础上优化组合各种风险管理技术，作出风险决策。通过对风险实施有效的控制和妥善处理风险带来的损失，期望以最少的成本获得最大的安全保障。

水资源管理中广泛存在着不确定性，由此带来的风险广泛存在。比如，由于水文变量（水位、流量）本身的不确定性带来的水文风险，由于水文模型参数估计和结构不确定性带来的水文风险，导致在洪水预测与防治、水资源调度等方面存在很大的风险。可以想象，如果都是确定性的，就不存在风险。也就是说，如果水文变化是确定的，是否会产生洪水、干旱也是确定的，那就很容易进行防洪与抗旱。因此，“风险”是与“不确定性”联系在一起的，确定的事物是不存在风险的。

风险分析的具体工作内容很多，概括起来，其主要内容可分为风险识别、风险估计、风险评价、风险处理、风险决策五个方面。

1. 风险识别

风险识别就是要找出风险之所在和引起风险的主要因素，并对其后果作出定性的估计。风险识别是风险分析的第一步，也是风险分析中的一个重要阶段。能否正确地识别风险，对风险分析能否取得较好的效果有极为重要的影响。一般，风险识别方法有：系统分析方法（包括层次分解和风险树），专家调查方法（包括智暴法和德尔菲法）及情景分析法。

2. 风险估计

风险估计是在风险识别的基础上，通过对所收集的大量的损失资料加以分析，运用概率论和数理统计方法，对风险发生的概率及其后果作出定量的估计。

3. 风险评价

风险评价是根据风险估计得出的风险发生概率和损失后果，把这两个因素结合起来考虑，用某一指标决定其大小，如期望值、标准差、风险度等。再根据国家所规定的安全指标或公认的安全指标，去衡量风险的程度，以便确定风险是否需要处理和处理的程度。

4. 风险处理

风险处理就是根据风险评价的结果，选择风险管理技术，来对风险问题进行必要的处置。比如，避免、消除和减少意外事故发生的机会，限制已发生的损失继续扩大的一切措施，重点在于改变引起意外事故和扩大损失的各种条件，如回避风险、风险分散、工程措施等。

5. 风险决策

风险决策是风险分析中的一个重要阶段。在对风险进行了识别、作了风险估计及评价，对其提出了若干种可行的风险处理方案后，需要由决策者对各种处理方案可能导致的风险后果进行分析，并作出决策。即决定采用哪一种风险处理的对策和方案。

比如，防洪系统往往是一个十分复杂的系统，存在许多不确定因素。如，可能造成上游来水流量迅速增加的不确定因素，可能造成河段设计安全下泄流量和水位等数据出现偏差的不确定因素，可能造成河段水流变化及演变模拟计算不准的不确定因素，防洪工程本身建筑结构设计、施工和管理养护过程中可能存在导致防洪能力下降的不确定因素等。风险分析就是针对各种不确定性因素带来的风险问题，剖析其风险因素，估计各个因素在工程运用期间可能的变化，通过组合求得工程出现事故的可能性，即风险率，为进一步研究采取措施和对策提供重要的决策依据。在此基础上，进一步研究如何以合理的投入，建立有效降低洪水风险的防御体系，采取有效措施将洪水灾害造成的影响控制在可承受的程度内。

四、水资源综合管理方法

水资源综合管理（Integrated Water Resources Management），也称水资源一体化管理、水资源统一管理、水资源集成管理，这是在当前水资源短缺、水环境污染、洪涝灾害等水问题不断加剧的情况下，人们提出的一种水资源管理新思路、新方法。水资源综合管理的实施，可以比较有效地解决很多水问题。

水资源综合管理的概念在世界范围内尚没有一个明确、清晰且被大家广为接受的定义。比较有代表性的是全球水伙伴组织（Global Water Partnership，简称 GWP）给出的定义："水资源综合管理是以公平的方式、在不损害重要生态系统可持续性的条件下，促进水、土及相关资源的协调开发和管理，从而使经济和社会财富最大化的过程。"

水资源系统是一个复杂的系统，水资源管理是一项十分复杂的管理工作。需要进行综合管理，其原因如下：

（1）单一措施（法律、行政、经济等）无法满足复杂的水资源管理的需要。

（2）单一部门、行业、地区无法解决涉及多部门、多地区的水资源问题。

（3）水短缺、洪水、水污染问题是相互联系的，需要综合考虑多方面。

（4）日益严重的水问题与人类活动有关，需要协调人与自然的关系。人与自然的关系本身就是十分复杂的关系。

针对复杂的水资源管理，需要进行综合管理，具体表现在：

（1）用水部门统一管理，实现水务一体化。

（2）地表水、地下水、外调水、非常规水统一管理。

（3）水质—水量统一管理。

（4）用水与发展协调，实现人水和谐。

（5）上下游、地区间、流域间协商用水、和谐发展。

随着城市化进程的不断加快，城市生活用水、生产用水在整个水资源利用总量中所占的比重日益增加，地方政府及相关供水部门为了地区经济发展的需要，在对水资源开发利用时常常会忽视其行为可能对同一流域内其他临近区域的影响。针对这一问题，在水资源综合管理模型中，纳入不同取水方案进行比较，通过不同取水方案对流域内其他区域生态、经济等的影响分析，来指导水资源的合理开发利用，较好实现流域和区域的综合。

五、水资源可持续利用管理方法

"发展"是人类永恒的主题，是人类满足自身需要的实践活动的全部过程和结果。人类为了发展就必须占用一定的自然空间以从事生产活动，消耗自然界资源，并向自然界排放废物、废气和废水。如果人类活动强度超过地球的最大支撑能力，就必然会导致人类生存条件的恶化甚至丧失。历史记载了 20 世纪中期以来西方国家发生的多次重大公害事件。比如，1985 年英国威尔士由于化工厂将酚排入迪河，造成 200 万居民饮用污染水，44%的人口中毒。这些事件令人铭记在心，也让人们不断反思自己的行为。当然，人类社会要发展，要促进经济增长，但决不能以过度消费资源、牺牲环境为代价。因为地球生命支撑系统（如水、土地、环境等）是人类发展和赖以生存的根本保证。然而，它的支撑能力是有限的，如果超过了它的限度，就会出现问题。

水是人类维持生命和发展经济不可缺少的宝贵资源。水资源的开发利用为人类社会进步、国民经济发展提供了必要的基本物质保证。十分遗憾的是，由于人类不合理的开采和利用水资源，产生了一系列与水有关的问题，如水资源短缺、水环境污染等。

因此，从水资源与社会、经济、环境的关系来看，水资源不仅是人类生存不可替代的一种宝贵资源，而且是经济发展不可缺少的一种物质基础，还是生态系统维持正常状态的基础条件。哪一方面离开水资源，也不能正常运行，更谈不上经济社会的持续、稳定发展。因此，保持水资源可持续利用是可持续发展的基本要求。反过来，水资源开发利用必须坚持可持续发展的观点。

水资源可持续利用（Sustainable Utilization of Water Resources），是指保障生态系统完整性和支撑经济社会可持续发展的水资源开发利用方式。实现可持续发展是水资源可持续利用的目标。当然，实现这一目标并非是一件易事，它涉及到社会、经济发展和资源、环境保护等多个方面，以及它们之间的相互协调，同时，也涉及到国际间、地区间的广泛合作、全社会公众的参与等众多复杂问题[4]。

水资源可持续利用管理方法，就是应用可持续发展理论来指导水资源开发利用实践。在本书第十章已经介绍了基于可持续发展量化研究方法建立的水资源优化配置模型。该模型也同样应用于水资源可持续利用管理。所建立的水资源可持续利用优化模型，是一个十分复杂的多阶段非线性优化模型，可以采用计算机模拟技术来优选得到水资源管理方案。

第三节 水资源管理主要措施综述

水资源管理是一项复杂的水事行为，包括很广的管理内容。需要建立一套严格的管理体制，来保证水资源管理制度的实施；需要公众的广泛参与，建立水资源管理的良好群众基础；水资源是有限的，使用水资源应该是有偿的，需要采用经济措施及其他间接措施，以实现水资源宏观调控；针对复杂的水资源系统和多变的经济社会系统，必须具有水资源实时调度的能力。通常，水资源管理措施包括改善体制、加强公众参与，采用经济运行机制，制定管理方案并进行实时调度等多个方面。

一、措施之一：管理体制与公众参与

为了实现水资源管理的目标，确保水资源的合理开发利用、国民经济可持续发展以及人民生活水平不断提高，必须建立完善的管理体制和法律法规措施，加强公众的参与。这是非常重要的，也是非常关键的。

1. 完善水资源管理体制，对水资源管理起主导作用

纵观国内外水资源管理的经验和优势，可以看出，水资源开发利用和保护必须实行全面规划、统筹兼顾、综合利用、统一管理，充分发挥水资源的多种功能，以求获得较大的综合效益。同时，可以看出，水资源管理体制越健全，这些优势体现得越充分。

我国主要江河流域面积大，人口众多，管理手段还比较落后，各地区开发利用程度不

同，管理水平也不一。这就要求我国的水资源管理必须根据我国国情，逐步健全水资源管理体制，按照《水法》规定，对水资源实行流域管理与行政区域管理相结合的管理体制。

2. 加强宣传，鼓励公众广泛参与，是水资源管理制度落实的基础

水资源管理措施的实施，关系到每一个人。只有公众认识到"水资源是宝贵的，水资源是有限的"，"不合理开发利用会导致水资源短缺"，"必须大力提倡节约用水"，才能保证水资源管理方案得以实施。

公众参与，是实施水资源可持续利用战略的重要方面。一方面，公众是水资源管理执行人群中的一个重要部分，尽管每个人的作用没有水资源管理决策者那么大，但是，公众人群的数量很大，其综合作用是水资源管理的主流，只有绝大部分人群理解并参与水资源管理，才能保证水资源管理政策的实施，才能保证水资源可持续利用；另一方面，公众参与能反映不同层次、不同立场、不同性别人群对水资源管理的意见、态度及建议。水资源管理决策者仅反映社会的一个侧面，在做决定时，可能仅考虑某一阶层、某一范围人群的利益。这样往往会给政策执行带来阻力。例如，许多水资源开发项目的论证没有充分考虑受影响的人群，导致受影响群众的不满情绪，对项目实施带来不利影响。

3. 水资源管理法制建设及执法能力建设

这是水资源管理实施的法律基础。

加强和完善水资源管理的根本措施之一，就是要运用法律手段，将水资源管理纳入法制轨道，建立水资源管理法制体系，走"依法治水"的道路。

新中国成立后，我国政府十分重视治水的立法工作，已经制定了《中华人民共和国水法》、《中华人民共和国水污染防治法》、《中华人民共和国水土保持法》、《中华人民共和国防洪法》等。

1988 年《中华人民共和国水法》的颁布实施，标志着我国走上了依法治水的轨道。2002 年 8 月又重新对水法进行修订，颁布实施了新的《中华人民共和国水法》。

上述这些法律、法规是我国从事水事活动的法律依据。

二、措施之二：经济运行机制

水资源管理的另一个措施，是采用经济运行机制。这依赖于政府部门制定的有关经济政策，以此为杠杆，来间接调节和影响水资源的开发、利用、保护等水事活动，促进水资源可持续利用和经济社会发展。水资源管理的经济运行机制包括以下方面。

1. 以水价为经济调控杠杆，促使水资源有效利用

水价作为一种有效的经济调控杠杆，涉及经营者、普通水用户、政府等多方因素，用户希望获得更多的低价用水，开发经营者希望通过供水获得利润，政府则希望实现其社会政治目标。但从综合的角度来看，水价制定的目的在于，在合理配置水资源，保障生态环境、美学等社会效益用水以及可持续发展的基础上，鼓励和引导合理、有效、最大限度地利用可供水资源，充分发挥水资源的间接经济社会效益。

在水价的制定过程中，要考虑用水户的承受能力，必须保障起码的生存用水和基本的发展用水；而对不合理用水部分，则通过提升水价，利用水价杠杆，来强迫减小、控制、逐步消除不合理用水，以实现水资源有效利用。

2. 依效益合理配水，分层次动态管理

该措施的基本思路是：首先全面、科学地评价用水户的综合用水效益，然后综合分析供需双方的各种因素，从理论上确定一个“合理的”配水量。再认真分析各用水户交纳水资源费（税）的承受能力，根据用水的费用—效益差异，计算制订一个水资源费（税）收取标准。比较用水户的合理配水量与实际取水量，对其差额部分予以经济奖惩。对于超标用水户，其水资源费（税）的收取标准应在原有收费（税）标准上，再加收一定数量的惩罚性罚款，以促进其改进生产工艺，节约用水；对于用水比较合理的非超标用水户，应根据其盈余情况给予适当的奖励。这样就将单一的水资源费（税）改成了分层次的水资源费（税），实现了水资源的动态经济管理（引自阮本清等，2001）。

3. 明晰水权，确定两套指标，保证配水方案实施

水利部曾提出“明晰水权，确定两套指标”的管理思路。明晰水权是水权管理的第一步，要建立两套指标体系，一套是水资源的宏观控制体系，一套是水资源的微观定额体系。前者用来明确各地区、各行业、各部门乃至各企业、各灌区各自可以使用的水资源量。也就是要确定各自的水权。另外，可以将所属的水权进行二次分配，明细到各部门、各单位，每个县、乡、村、组及农户。第二套体系用来规定社会的每一项产品或工作的具体用水量要求，如炼 1t 钢的定额是多少、种 1 亩小麦的定额是多少等。有了这两套指标的约束，各个地区、各个行业、每一项工作都明确了自己的用水和节水指标，就可以层层落实节水责任，可持续发展才有可能得到保障。

三、措施之三：水资源管理方案及实时调度

水资源管理方案的制定，是水资源管理研究的中心任务，也是水资源管理日常工作所需的重要内容。前文已用了大量篇幅论述水资源管理有关的理论和应用研究内容，为水资源管理方案的制定奠定了基础。

制定“水资源管理方案”由来已久。早期，人们对水资源认识水平较低，对水资源管理的经验还不成熟，与水资源管理有关的理论研究基础还比较薄弱。同时，由于经济社会发展还比较落后，用水量还比较小，供需矛盾、水资源问题还不十分突出。在这种情况下，人们对水资源管理的重视程度不高，认识水平也比较低，手段也不先进，这一时期的水资源管理方案可能是比较单一的、比较简单的。

但随着人口增长和经济社会的发展，人类在创造财富的同时，增加了引用水量，同时增加了污水排放量，对水资源带来前所未有的压力，出现了水资源短缺、水污染严重、供需矛盾突出等问题。在这种情况下，人们想到了“通过水资源管理来解决”的思路，希望通过对水资源开发、利用和保护的组织、协调、监督和调度等方面措施的实施，以做到科学、合理地开发利用水资源，支持经济社会发展，改善自然生态环境，并达到水资源开发、经济社会发展及自然生态环境保护相互协调的目标。如今，水资源管理已成为水利部门一项十分重要的工作，它考虑的因素较多，制定的水资源管理方案也比较复杂，实施的科学性也较强。

水资源管理方案的制定过程可概括为以下几步：

（1）根据研究区的具体实际，调查估算水资源量和可供水资源量，分析水资源利用现状以及水资源开发利用过程中出现的主要问题。

(2) 收集水资源管理的法律依据，本区域水资源管理的具体任务、目标和指导思想。重点要体现可持续发展的思想。

(3) 了解经济社会发展现状和发展趋势，建立经济社会主要指标的发展预测模型，计算生活用水量、生产用水量（包括工业、农业）。

(4) 调查生态环境现状，计算合理的生态环境需水量。

(5) 建立可持续发展目标下的水资源优化管理模型。

(6) 通过优化模型的求解和优化方案的寻找，来制定水资源管理方案的具体内容。

水资源管理方案的内容主要包括：

(1) 制定水资源分配的具体方案。包括分流域、分地区、分部门、分时段的水量分配，以及配水的形式、有关单位的义务和职责。

(2) 制定目标明确的国家、地区实施计划和投资方案。包括工程规模、投资额、投资渠道以及相应的财务制度等。

(3) 制定水价和水费征收政策。以水价为经济调控杠杆，促使水资源合理有效利用。

(4) 制定水污染保护与防治政策。水资源管理工作应当承担水资源保护与水污染防治的义务。因此，在制定水资源管理方案时，要具体制定水污染防治对策。

(5) 制定突发事件的应急对策。在洪水季节，需要及时预报水情、制定防洪对策、实施防洪措施。在旱季，需要及时评估旱情、预报水情、制定并组织实施抗旱具体措施。

(6) 制定水资源管理方案实施的具体途径，包括宣传教育方式、公众参与途径以及方案实施中出现问题的对策等。

另外，要实时进行水量分配与调度。这是水资源管理部门需要具备的一项十分重要的工作。一方面，“时间就是金钱，时间就是生命”。在有些情况下，需要水利部门对水资源的调配作出及时决策。比如，在洪水季节、在突发性地震、战争等时期，合理的水资源调配不仅会挽救人民财产的损失，还会挽救人的生命。另一方面，水资源系统变化是随机的，对不确定性的水资源系统要做到合理的调配，必须要具有实时调度能力。

第四节 水资源管理报告书编写

一、水资源管理报告书编写的基本要求

在完成了水资源管理所要求的调查、分析、计算工作之后，需要提交一份“水资源管理报告书”及其附图、附表，作为水资源管理工作的指导性技术报告。

水资源管理方案和措施的制定，涉及水资源的有效利用、合理分配、保护治理、优化调度以及水利工程的布局协调、运行实施及统筹安排等一系列工作。应遵循自然和经济发展规律，遵照相关法律政策，运用行政、法律、经济、技术和教育等手段，制定水资源的合理分配方案，处理好防洪和兴利的调度原则，提出并执行对供水系统及水源工程的优化调度方案，制定水资源管理制度、政策和条例等非工程措施。

水资源管理报告书应包括以下主要内容。

(1) 水资源调查评价及问题剖析。通过水资源调查评价、水资源开发利用情况的调查评价，可为其他部分工作提供水资源数量、质量和可利用量以及开发利用的基础数据和成

果。通过调查和分析，剖析该地区水资源存在的问题。

（2）水资源管理现状及存在的问题剖析。通过调查和分析，总结该地区水资源管理的主要政策、制度以及经验，分析其中存在的问题，为改善这些问题奠定基础。

（3）水资源管理方法研究。根据目标要求和任务需要，开展水资源管理方法研究，为水资源管理措施制定奠定基础。

（4）水资源管理措施制定及可行性、可靠性分析。水资源管理措施包括：水资源管理体制，公众参与的具体方案，经济运行机制，制定水资源管理方案并进行实时调度。并对水资源管理措施的可行性、可靠性进行分析。

（5）水资源运行调度与实时管理。根据水资源管理措施，制定水资源运行调度的具体途径，并进行实时管理。

对水资源管理报告书的编写有以下基本要求：

（1）理论与实践相结合。水资源管理措施的制定，要从实际出发，结合国情、水情和各流域、各地区的实际情况，以解决重大水资源问题为出发点，按照科学和求实精神，制定水资源管理方案。同时，针对水资源开发利用和管理中出现的新情况和新问题，采用现代的新思想、新方法、新技术，坚持理论与实践相结合的工作方法，求实创新地编制方案。

（2）做好与水资源规划的有机衔接。水资源规划是为开发水资源、防治水患、保护生态环境、提高水资源综合利用效益而制定的总体措施计划与安排，为将来的水资源开发利用提供指导性建议。水资源管理是指对水资源开发、利用和保护的组织、协调、监督和调度等方面的实施。简单地说，水资源规划是对水资源开发利用的总体安排，还没有具体实施；水资源管理是具体实施。因此，水资源管理措施制定应该以水资源规划为指导，并且在实施过程中不断改进补充完善，使水资源工作更加有效和完善。

（3）要与已有的水资源管理体制和政策相衔接。水资源管理涉及《中华人民共和国水法》等法律法规、水价和水费征收等水资源管理政策。在制定水资源管理措施时，既要充分考虑已有的水资源管理体制和政策，又要考虑目前管理体制和政策存在的问题，不断改进和完善水资源管理方案。

（4）确保计算正确、分析有据、结果可靠。要重视有关的基础数据一致性的审查、复核与分析工作，并采用多种方法进行相互比较、综合平衡，进行数据的合理性分析；对中间成果和最终成果进行综合分析、检查、协调、汇总。确保成果正确、科学、合理、实用。

（5）要求报告思路清晰、层次分明、语句通顺，杜绝错别字。编写的水资源管理报告是一个完整的技术文件，要求在撰写过程中思路清晰、层次分明、详略得当、图文并茂、用词准确；要求在撰写之后再认真修改，同时需要专人审查并在报告的审查人位置上署名。

二、水资源管理报告书的内容目录

根据一般流域或区域水资源管理的撰写步骤，并参考几个曾经撰写的水资源管理报告，列出水资源管理报告书编写的一般内容如下：

1 概述

1.1 背景

1.2 总体目标、指导思想及基本原则

1.3 编制依据及基本任务

1.4 技术路线

2 研究区概况

2.1 区域自然地理

2.2 经济社会概况

3 水资源面临的问题

3.1 水资源评价

3.2 水资源开发利用情况评价

3.3 面临的水资源问题分析与总结

4 水资源管理现状及存在的问题

4.1 现状水资源管理总结

4.2 水资源管理存在的问题

5 水资源管理方法

5.1 水资源供需平衡分析

5.2 水资源管理方案选择与论证

6 水资源管理措施

6.1 水资源管理方案

6.2 水资源经济运行机制

6.3 水资源管理体制

7 水资源管理实施的可行性、可靠性分析

8 水资源运行调度与实时管理

9 结束语

第五节　应　用　实　例

作为一个应用实例，本节介绍作者于 1999 年、2001 年参与完成的《博斯腾湖可持续水资源管理应用研究》、《博斯腾湖水资源可持续利用调度系统研究》报告的主要内容[5]。因为报告篇幅大，本节仅仅节选其中部分内容，部分内容仅作简要说明。另外，需要说明的是，由于时间过去多年，情况发生很大变化，本节所介绍的内容不作为实际工作依据，仅仅为了举例说明水资源管理报告的编写内容。

一、概述

博斯腾湖是新疆南部一颗璀璨的明珠，是现有西北内陆地区最大的淡水湖泊，是新疆巴音郭楞蒙古自治州工农业发展的重要水源地。对本地区的经济社会发展以及生态环境保护有着十分重要的意义。然而，新中国成立以来，由于工农业发展，减少了湖泊淡水来量，增加了入湖排水量、排污量，使得该湖 1987 年矿化度一度上升到 1.87g/L，博斯腾湖从淡水湖变成了微咸湖，生态环境受到了威胁，引起了国内外的关注。巴音郭楞蒙古自治州人民政府也采取一些有效措施，使湖水矿化度有所降低（如 1997 年降至 1.31g/L）。

但仍面临一系列的挑战。因此，如何科学合理地管理好水资源，保护博斯腾湖，具有重要的意义。

二、研究区概况

博斯腾湖位于新疆维吾尔自治区巴音郭楞蒙古自治州境内，是目前我国最大的内陆淡水湖泊。它既是开都河的尾闾，又是孔雀河的源头，兼有开都河来水的水资源调控、孔雀河流域农田灌溉、工业及城乡生活用水、流域生态环境保护和向塔里木河中下游紧急调水等多种功能。在水资源十分珍贵的新疆南部地区，有着十分重要的地位。博斯腾湖流域概图见图 11－5。

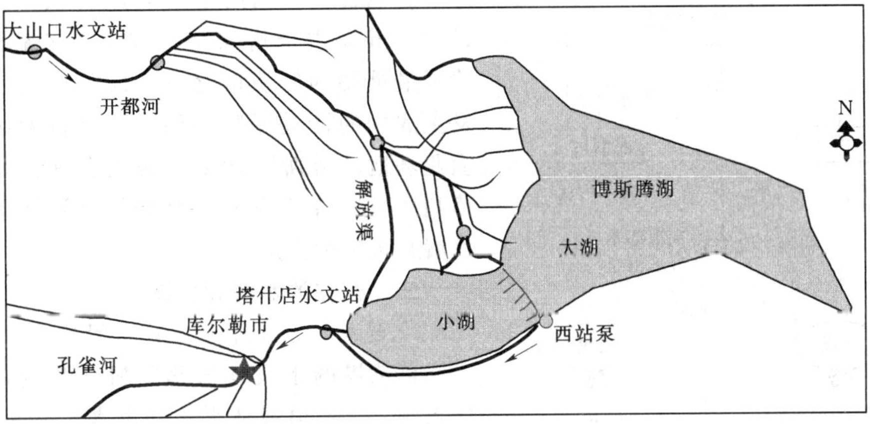

图 11－5 博斯腾湖流域概图

博斯腾湖位于天山南麓的焉耆盆地东南，属中生代断陷湖。其水域辽阔，东西长达 55km，南北平均宽 20km。在水位 1048.75m 时，水面面积为 1002.4km²，容积为 88 亿 m³，平均水深为 8.8m，最深为 17m。湖盆呈深碟状，中间底平，靠近湖岸水深急剧变浅。

湖区深居欧亚大陆中心，光照允足，热量丰沛，空气干燥，雨量稀少，为强烈内陆沙荒漠气候。湖区多年平均降水量为 68.2mm，年蒸发量为 1800～2000mm。

博斯腾湖分为大、小两个湖区，大湖区是湖体的主要部分，在大湖西南部还有一连串的浅泊，盛长芦苇，习称小湖苇区。此外，在大湖西北和黄水湾一带也分布大量的芦苇。博斯腾湖及其滨湖地区芦苇，在 20 世纪 60 年代初期，曾位居全国四大苇区之首。据 1965－1966 年调查，总蕴藏量约 40 万 t。1981 年普查，已减至 31.6 万 t。目前，面积和产量仍在不断萎缩，品质也在下降。然而，博斯腾湖芦苇不仅有很高的工业价值，而且对整个湖区乃至整个流域的生态系统都有重要的影响。因此，保护博斯腾湖芦苇，调节湖泊水质、水量、保护生态环境，关系到博斯腾湖这颗璀璨明珠的生死存亡。

流入博斯腾湖的河流有开都河、黄水沟、清水河等，常年性河流只有开都河。开都河发源于西部积雪的高山（天山中部），由冰雪融水和夏季降雨补给，也是天山南坡水量丰富的河流之一。全长 513km，流域面积达 2.2 万 km²。平均年径流量为 34.12 亿 m³。在宝浪苏木分水枢纽处，该河流又分为东、西两支，东支注入博斯腾湖大湖，西支注入博斯腾湖小湖。

博斯腾湖出流汇入孔雀河，是孔雀河的源头。自 1983 年博斯腾湖西泵站投入运行以来，孔雀河口被封堵，大湖水通过西泵站扬水输入孔雀河；小湖水通过达吾提闸流入孔雀河。孔雀河是库尔勒市和尉犁县的主要水源，并肩负着向孔雀河下游生态输水的任务。

整个流域系统入流为开都河大山口水文站（自然径流）入流以及西北山系小河等。出流由大湖西泵站扬水、小湖达吾堤闸出流以及开都河经解放渠输水等汇合在塔什店水文站，流向孔雀河下游。博斯腾湖流域具体的水资源系统结构如图 11－6 所示。

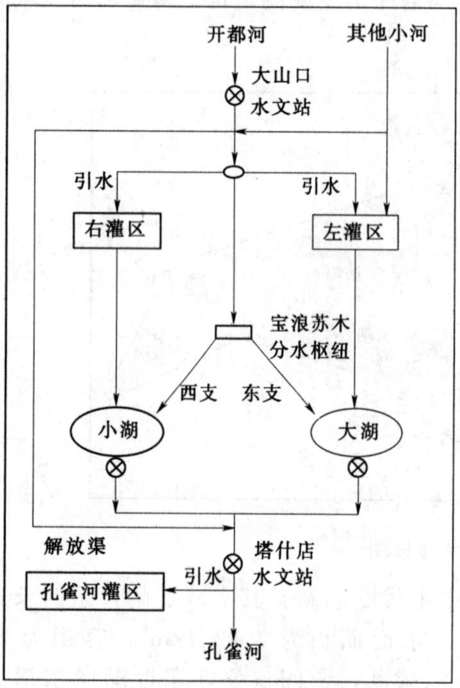

图 11－6　博斯腾湖流域水资源系统结构图

博斯腾湖流域涉及的人口占巴音郭楞蒙古自治州的 80%，总控制灌溉面积占全州的 2/3 以上。地表水可利用量占全州 50%，宜垦荒地 1500 万亩，占全州 33%。同时，该流域也是自治区最重要的经济区之一，既是塔里木石油开发主战场的社会保障前沿，又是自治区重要的渔业基地。博斯腾湖水资源的合理开发和可持续利用对巴音郭楞蒙古自治州经济社会可持续发展起决定性作用。

三、存在的水资源问题[5]

1. 连续枯水年带来的缺水问题

自然界的水文现象是随机变化的，从长系列来看，常常出现枯水年和丰水年交替的现象。当然这种变化有时有规律可循，特别是呈周期变化。但有时又出现连续丰水年或连续枯水年。这些非规律性的水文现象对人类开发利用水资源和防止水灾害都带来不利影响。在博斯腾湖流域，从有监测资料以来，已出现过连续枯水年和连续丰水年。比如，1982～1990 年是本流域的一个连续枯水年份。此时期的博斯腾湖水位出现连续低水位。

流域出现连续枯水年，带来的直接结果是水资源量减少、可利用水资源减小以及博斯腾湖水位逐渐降低。一方面，给该流域用水带来直接影响，特别是孔雀河流域灌溉及城市、工业用水受影响较大。对人民生活提高、经济社会发展需水不利；另一方面，由于枯水期来水量减少，博斯腾湖的水体循环减弱，特别是淡水来水量减小，使得湖泊水质变差。对保护博斯腾湖水环境，维护博斯腾湖这样一个淡水湖泊不利；再一方面，由于连续枯水年导致进入博斯腾湖湿地的水量减小，再加上湖泊水位下降，必然导致博斯腾湖芦苇的衰退，引起不良的生态环境变化。这对保护博斯腾湖流域生态环境不利。因此，连续枯水年带来的缺水问题，是博斯腾湖水资源研究需要解决的问题之一。

2. 连续丰水年带来的洪水问题

在某些年份，博斯腾湖流域又表现出特殊的丰水。比如，1997～2000 年期间，开都河来水量明显高于一般年份。由于流域出现丰水期特别是连续丰水年的出现，对该流域水资源利用和人民生命财产的安全带来很大威胁。一方面，在洪水季节，开都河防洪问题、博斯腾湖周边地区的防洪问题，是摆在水利部门和政府面前的一项十分重要的工作。在历史上已有很多年份发生较大洪水，比如 1999 年、2000 年、2002 年多次发生超过灾害流量的特大洪水和超历史最大洪水，对人民财产和生命安全带来严重影响；另一方面，由于连续丰水期，导致博斯腾湖水位不断上涨，会淹没大量农田和住宅，会带来土地盐碱化，严重影响安定团结、经济发展和资源可持续利用；再一方面，由于博斯腾湖连续高水位，会淹死大量芦苇（由于芦苇生长有一个适宜深度），对正常情况形成的芦苇生态系统有一定干扰。因此，连续丰水年带来的洪水问题，也是博斯腾湖水资源研究需要解决的问题之一。

3. 博斯腾湖水质问题

在历史上，都认为博斯腾湖是一个淡水湖泊，其矿化度在 20 世纪 60 年代以前基本维持在 1.0g/L 以下，符合淡水湖的水质标准。而到 20 世纪 60 年代以后，矿化度在 1.0g/L 以上，最高达到 1.87g/L，成了微咸水湖。这种变化对博斯腾湖水的应用实际上已经有很大影响，影响到水的生活引用、工业、农业引用，影响到博斯腾湖生态环境，影响到水生生物包括渔业的发展。假如矿化度继续升高，博斯腾湖变成咸水湖，极大地限制了该湖泊水体的应用。可以想象，那对于依靠博斯腾湖为生的巴音郭楞蒙古自治州人民来说，是一件极其严重的灾难。另外，随着经济社会的发展，工业废水、生活污水、农田排水不断增加，除带来博斯腾湖水体矿化度增加外，已经带来富营养化等水污染问题。博斯腾湖水质问题历来是人们十分关注的方面，它同博斯腾湖水量的意义同等重要。

4. 博斯腾湖生态环境保护问题

博斯腾湖周围湿地区盛长芦苇，是我国著名的芦苇产地。博斯腾湖芦苇，不仅产量高，而且质地优良，属全国最优品种。博斯腾湖芦苇湿地区不仅是鱼类的繁殖场所，也是各种水禽的栖息地，具有维持生物多样性、调蓄洪水、防止自然灾害、降解污染等不可替代的多种功能，对博斯腾湖及其周边地区的生态环境保护具有重要意义。因此，研究水资源问题不能仅仅盯在水资源系统本身，也要关注博斯腾湖生态环境问题。

5. 博斯腾湖水位控制问题

博斯腾湖是一个十分特殊而重要的内陆干旱区湖泊，具有十分重要的特殊地位。它的运行在高水位、低水位时都不利。严格地讲，需要将博斯腾湖水位控制在某一最佳的范围内，对湖泊水资源利用、生态环境保护以及防止洪水和干旱都有重要意义。

博斯腾湖高水位运行，一旦出现溃坝，将威胁周边地区财产安全。对芦苇正常生长也有一定影响。同时，由于博斯腾湖高水位运行，周边农田排水顶托，地下水位升高，加剧土壤盐碱化。

博斯腾湖低水位运行，不仅威胁到上下游生产、生活用水，而且影响博斯腾湖本身水循环。另外，博斯腾湖低水位运行直接影响到芦苇生长，对生态环境保护不利。

此外，博斯腾湖水位变化太频繁或变幅较大时也有不利方面。由于水位涨落变化频繁或幅度较大，本可利用的土地和草地、林地难以利用，不利于湖滨土地资源、林草资源的开发利用；影响水生生物的繁殖和生长，不利于渔业资源开发利用；影响旅游基础设施建设的布置和规划的实施，影响旅游景点效果，不利于旅游业发展。

从多方面来看，控制博斯腾湖水位在一个合理的范围内是十分必要的。因此，科学和及时地控制博斯腾湖水位就成为博斯腾湖水资源调度的一个重要方面。

四、水资源管理面临的挑战

从总体来看，博斯腾湖所在流域的水资源系统结构相对简单，但在水资源管理方面又富有挑战性，仍存在许多难点问题。例如，如何控制大湖水位为最佳？如何控制宝浪苏木东、西支分水比既经济又有利于大湖水的淡化？如何保护湖泊生态环境、维护芦苇面积和产量？等等。针对博斯腾湖及其流域水资源管理的具体实际，要解决人们关心的水资源管理问题，其中以下几个具体问题必须得到明确回答：

（1）为了达到淡化博斯腾湖的目的，同时又要兼顾该地区农业生产的要求，应该如何合理控制开都河农田引水量？

（2）为了保证农业生产的需水量，同时又有减弱土壤盐碱化的考虑，按照当地水利部门规划，拟采取开发利用地下水资源。那么，地下水开采量应控制在什么样标准为宜呢？

（3）为了更好地淡化大湖水体，同时又要保护小湖芦苇生态系统，客观要求合理支配进入大湖、小湖的水量。这就向人们提出另一个问题：如何控制宝浪苏木东、西支分水比？

（4）博斯腾湖大湖面积辽阔，水位变化在海拔 1044.5～1048m。如果水位过高，湖水面积增大，水面蒸发量也随之增大，且因水位过高会引起周围土壤排水困难，形成盐碱化。如果湖水位过低，又会影响湖泊生态系统、渔业及向孔雀河的输水量。因此，这又给人们提出了另外一个问题：如何控制大湖水位为最佳？

（5）如何控制博斯腾湖大湖泵站的抽水量才能既满足大湖水体“抽盐补淡，淡化水体”的需要，又满足向孔雀河输水量的要求和经济效益的考虑？

五、水资源管理方法应用及方案论证

针对博斯腾湖流域具体情况，本实例选择定量化指标，按照可持续发展量化研究方法，对研究区可持续发展态势进行判别；在此基础上，建立了博斯腾湖流域可持续水资源管理优化模型；根据优化模型，选择水资源管理方案。详细说明可参考文献［2］～［5］。

六、水资源管理方案

这里仅介绍博斯腾湖流域水资源管理最后的决策方案，详细过程不再介绍，可参考文献［2］～［5］。

（1）按目前状态（1986～1997年）计算，博斯腾湖所在流域可持续发展态势为中性态势。这种发展不是良性的可持续发展。如果再按目前状态发展下去（预测到 2020 年），将由中性逐步发展到恶性态势。因此，只有采取必要措施，才能保证该区走可持续发展道路。

（2）通过方案对比，可以看出：

1）调整经济结构，提高农田灌溉效率，减少农业引水量，是博斯腾湖水资源管理的重要措施。

2）采取人工育苇，增加芦苇面积，保护湖泊生态环境，对博斯腾湖水资源管理有重要意义。

3）合理控制宝浪苏木东西支分水比，对淡化大湖水体，提高湖泊可承载能力有十分重要意义。

(3) 综合计算结果，得出博斯腾湖流域未来（预测到 2020 年）走可持续发展道路的水资源管理决策，见表 11-1。

表 11-1　　博斯腾湖流域水资源管理方案一览表

控 制 变 量	单 位	控 制 值
开都河流域农田引水量	亿 m^3/a	近期（2000 年）：9.3～8.5　远期（2020 年）：5.8
焉耆盆地地下水开采量（规划）	亿 m^3/a	近期（2005 年）：3　远期（2020 年）：5
宝浪苏木东西支分水比		66∶34～68∶32
人工育苇（在自然沼泽芦苇面积基础上，增加）	万亩	4
大湖水位	m	调节水位：1045～1047.5　平均水位：1046
泵站扬水量（大湖总出流量）	亿 m^3/a	10～15
向孔雀河总输水量（含小湖出流）	亿 m^3/a	13～18

1）减小农业引水量。在按目前发展态势预测值的基础上以 1.1%左右的速率递减。大体上是：从近期的 9.3 亿～8.5 亿 m^3/a，到 2020 年减到 5.8 亿 m^3/a。

2）开发焉耆盆地地下水。规划值：2005 年 3 亿 m^3；2020 年 5 亿 m^3。

3）人工育苇。在自然芦苇面积的基础上，增加人工育苇 4 万亩。

4）控制泵站扬水量。10 亿～15 亿 m^3/a 左右。

5）控制宝浪苏木东西支分水比。如果按照目前状态，以控制东西支分水比 66∶34 左右为宜。如果减少开都河引水量，控制东西支分水比 68∶32 左右。

6）控制大湖水位。平均水位 1046m。调节水位在 1045～1047.5m。

7）经博斯腾湖向孔雀河输水量。约 13 亿～18 亿 m^3/a 的水量。

本研究成果为该流域今后水资源可持续利用实实在在地提出了一套管理决策方案，也已得到当地主管部门和有关专家的充分肯定和采用。

思 考 题

1. 简述水资源管理工作流程。

2. 阐述水资源管理的综合评价方法、优化模型方法、水资源综合管理方法、水资源可持续利用管理方法。

3. 结合某一地区，介绍当地的水资源管理主要措施，其存在的问题以及需要改进的方面。

4. 以博斯腾湖流域为研究区域，介绍水资源管理在该地区的应用过程和主要成果，练习水资源管理报告书的编写。

5. 试选择某一地区，搜索相关资料，制定一套水资源管理对策方案。

参 考 文 献

[1]　左其亭，窦明，马军霞．水资源学教程．北京：中国水利水电出版社，2008.

[2]　左其亭，窦明，吴泽宁．水资源规划与管理．北京：中国水利水电出版社，2005.
[3]　左其亭，张云．人水和谐量化研究方法及应用．北京：中国水利水电出版社，2009.
[4]　左其亭，陈曦．面向可持续发展的水资源规划与管理．北京：中国水利水电出版社，2003.
[5]　夏军，左其亭，邵民诚．博斯腾湖水资源可持续利用——理论·方法·实践．北京：科学出版社，2003.